LE CAFÉ DANS L'ÉTAT DE SAINT PAUL
(BRÉSIL)

LE CAFÉ

DANS L'ÉTAT DE SAINT PAUL

(BRÉSIL)

PAR

A. LALIÈRE

Ingénieur Agricole
Professeur de Produits commerçables et de Technologie
à l'Institut Supérieur de Commerce
d'Anvers.

PARIS
AUGUSTIN CHALLAMEL, Éditeur
17, rue Jacob.

ANVERS	SÃO PAULO	RIO DE JANEIRO
LIBRAIRIE O. FORST	ROTSCHILD & Cia	F. BRIGUIET & Cia
69, Place de Meir.	30A, rua 15 de Novembro.	14, rua Nova do Ouvidor.

1909

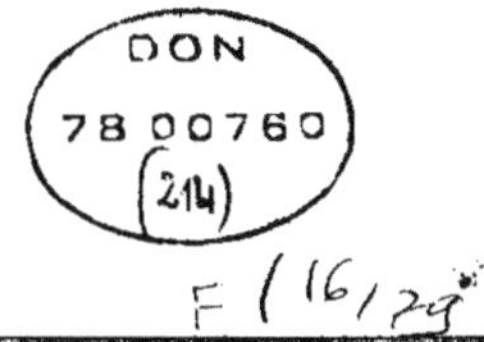

Table des matières.

	Pages
Relevé des diagrammes, gravures et cartes	IX
Publications consultées	XIII
Préface	XV

Première partie.

PRODUCTION DU CAFÉ.

I. — Production mondiale du café	1
Son évolution. Importance relative des pays producteurs.	1
II. — Production du café au Brésil	12
1. — Evolution de la production du café au Brésil	12
2. — Part du café dans les exportations du Brésil	12
3. — Ports exportant le café du Brésil	15
4. — Etats brésiliens producteurs de café	22
III. — Production du café dans l'État de Saint Paul	24
1. — Importance	24
2. — Surface cultivée	25
3. — Nombre de caféiers	26
4. — Valeur des plantations	27
5. — Importance des « fazendas »	28

Deuxième partie.

CULTURE DU CAFÉ DANS L'ÉTAT DE SAINT PAUL.

I. — Historique de la culture du café à Saint Paul	31
II. — Origine botanique du café	38
1. — Noms donnés aux caféiers	38
2. — Espèces de caféiers cultivées à Saint Paul	39
3. — Description du Coffea arabica	42
4. — Description du fruit du caféier	44
III. — Conditions climatériques	46
1º. — *Zones climatologiques de l'Etat de Saint Paul.*	47
A. — *Littoral.*	48
B. — *Hautes régions de la « Serra do Mar »*	49
C. — *Grand plateau intérieur*	51
1. — Température	52
2. — Régime des pluies.	54
2º. — *Zone tempérée et zone chaude.*	60
3º. — *Gelées.*	61
4º. — *Déboisement et climat*	68

Pages

IV. — **Choix du sol** 73
   1. — Propriétés physiques du sol 73
   2. — Composition chimique du sol 74
   3. — Terres de l'Etat de Saint Paul 80

V. — **Préparation du sol** 86
   1. — Défrichement 86
   2. — Creusement des trous 90

VI. — **Établissement de la plantation** 92
   1°. — *A l'aide de jeunes plants recueillis dans les plantations* . . 92
   2°. — *Multiplication par semis* 92
      A. — *Semis directs ou semis en place* 96
      B. — *Semis en pépinière* 98
         1. — Etablissement de la pépinière 98
         2. — Transplantation des jeunes plants 100
         3. — Age des plants à transplanter 101
      C. — *Semis en paniers* 102

VII. — **Entretien de la plantation de café** 106
   1. — Abris contre le soleil 108
   2. — Binages 108
   3. — Arbres d'ombrage 110
   4. — Taille du caféier 110

VIII. — **Fumure des caféiers** 118
   1. — Engrais employés à Saint Paul 123
      A. — *Pailles de café* 123
      B. — *Fumier d'étable* 128
      C. — *Fumure verte* 130
   2. — Engrais chimiques 132

IX. — **Maladies et ennemis des caféiers** 138
   1. — Pourriture du pivot ou maladie de la racine mère . 139
   2. — Sauterelles 141

X. — **Age de production, rendements et longévité des caféiers** 142

XI. — **Cueillette ou récolte du café** 150
   1. — Méthode de terre 150
   2. — Méthode au linge 154
   3. — Transport du café récolté 156

Troisième partie.

"BENEFICIAMENTO" OU PRÉPARATION COMMERCIALE DU CAFÉ DANS L'ÉTAT DE SAINT PAUL.

I. — **Importance du "Beneficiamento"** 161
II. — **Méthodes de préparation** 162
III. — **Choix de la méthode de préparation** 163

Pages

IV. — Méthode sèche dans l'État de Saint Paul . . . 166
  1°. — *Lavage du café en cerises* 166
  2°. — *Séchage du café en cerises* 168
    1. — Description des séchoirs ou « terreiros » . . . 170
    2. — Superficie des « terreiros » 170
    3. — Pratique du séchage 174
    4. — Fin du séchage et durée 178
    5. — Transport du « café em côco » ou café séché en
      cerises 180
    6. — Séchage artificiel 186
  3°. — *Passage du café séché en cerises au ventilateur simple ou*
    ventilateur de « café em côco » 195
  4°. — *Décortication du café séché en cerises* 197
    A. — *Procédés de décortication employés par les petits*
      planteurs 197
      1. — Pilonnage à la main 197
      2. — Pilons actionnés mécaniquement 198
      3. — Meules verticales 198
    B. — *Procédés de décortication employés par les grands*
      planteurs 199
      1. — « Descascador » Engelberg, vieux modèle. 201
      2. — « Descascador » The Engelberg Huller Cº 205
      3. — « Descascador » conique Arens 208
  5°. — *Passage du produit décortiqué au ventilateur double* . . . 213
  6°. — *Triage du café* 216
    1. — Trieur cylindrique ou « Separador » 216
    2. — Trieur « Monitor » 219
  7°. — *Passage au « Catador »* 222
V. — Méthode humide dans l'État de Saint Paul. . . 225
  1°. — *Lavage-triage du produit récolté* 226
  2°. — *Macération* 231
  3°. — *Dépulpage* 232
  4°. — *Fermentation du café dépulpé* 234
  5°. — *Lavage du café en parche* 236
  6°. — *Séchage du café en parche* 237
  7°. — *Fin de la préparation du café par voie humide.* 238
VI. — Installations pour le " beneficiamento " du café
    dans l'État de Saint Paul 238
  1°. — *Centrale de « beneficiamento » Carracedo à Piracicaba. État*
    de Saint Paul. 239
  2°. — *« Beneficiamento » du café à la « fazenda » Bôa Vista. São*
    Manoel. 248
  3°. — *« Beneficiamento » du café. Installation de la « fazenda »*
    Montevideo à Araras. État de Saint Paul 252
  4°. — *Distribution d'eau pour le « beneficiamento » du café.* . . 261

Quatrième partie.

FACTEURS ÉCONOMIQUES DE LA PRODUCTION DU CAFÉ DANS L'ÉTAT DE SAINT PAUL.

Pages

I. — Main-d'œuvre employée dans l'État de Saint Paul. Travailleurs ou colons 265

II. — Outillage agricole des « fazendas » de l'État de Saint Paul 281

III. — Prix de revient du café et situation économique des « fazendeiros » de l'État de Saint Paul. . . . 285

Cinquième partie.

COMMERCE DU CAFÉ DANS L'ÉTAT DE SAINT PAUL.

I. — Centres de production du café dans l'Etat de Saint Paul 299

II. — Transport du café de la « fazenda » au port d'embarquement 3o1

III. — Manipulations du café à Santos 317

IV. — Qualités de café produites dans l'Etat de Saint Paul. Classification commerciale de Santos. . . . 327

V. — Exportation du café de l'Etat de Saint Paul . . . 333

   1º. — Droits de Sortie 333

   2º. — Commerce d'exportation 337

Sixième partie.

LA VALORISATION DU CAFÉ.

I. — Surproduction et baisse des prix du café . . . 36r

II. — Mesures prises par l'Etat de Saint Paul pour combattre la crise 363

III. — Exécution de l'opération de la valorisation du café 367

IV. — Facteurs sur lesquels s'est basé l'Etat de Saint Paul pour intervenir dans la valorisation. Résultats obtenus. Etat actuel de la valorisation 396

   1º — Calculs des valorisateurs 4o1

   2º — Propagande du café 4ro

APPENDICE.

Statistiques diverses 4r9

Relevé des diagrammes, gravures et cartes.

I. — Diagrammes.

Pages

Fig. 1. — Produits exportés du Brésil. 1906 16
Fig. 2. — Production mondiale du café. Moyenne 1902 1903 à
      1906 1907 21
Fig. 6. — Pluies mensuelles à Saint Paul. 1903 58
Fig. 7. — Pluies mensuelles à Saint Paul. 1887 à 1903 59
Fig. 98. — Exportation de café du Brésil. Année 1906 360

II. — Gravures.

Fig. 3. — « Fazenda » Palestina. Etat de Saint Paul 30
Fig. 4. — Plant de caféier « nacional » ou commun couvert de
      fruits 41
Fig. 5. — Caféier d'Arabie ou Coffea arabica 45
Fig. 8. — Forêt vierge dans l'Etat de Saint Paul 81
Fig. 9. — Caféier extrait du sol, dans une plantation de l'Etat
      de Saint Paul 85
Fig. 10. — Forêt dans l'Etat de Saint Paul 87
Fig. 11. — Défrichement pour l'établissement d'une plantation
      de café 89
Fig. 12. — « Fazenda » Santa Cruz. Jeune plantation 95
Fig. 13. — Forêt défrichée et jeune plantation 97
Fig. 14. — « Viveiro » ou pépinière dans une clairière de la forêt 104
Fig. 15. — Transport des « jacasinhos » au « cafezal » pour les
      repeuplements 104
Fig. 16. — Colons italiens transportant les « jacasinhos » à l'inté-
      rieur du « cafezal » vieux pour le remplacement des
      pieds morts 105
Fig. 17. — Mise en place des « jacasinhos » 105
Fig. 18. — Plants de café abrités par des bûches de bois croisées
      ou « arapucas » et des tiges desséchées de maïs . . 107
Fig. 19. — Binage d'un jeune « cafezal » de quatre ans aux envi-
      rons de Piracicaba 109
Fig. 20. — Plant de café. Colonia. «Fazenda» du Dr Carlos Botelho 115
Fig. 21. — Taille des caféiers 117
Fig. 22. — Façon d'appliquer le fumier et de repeupler les « cafe-
      zaes » 129
Fig. 23. — Plantation de café au moment de la floraison . . . 143
Fig. 24. — « Fazenda » Guatapará. Zone de Ribeirão Preto.
      « Cafezal » de 800.000 pieds 145

Pages

Fig. 25. — Avant la cueillette. Colons dans un « carreador ». « Fazenda » Bòa Vista. São Manoel 153

Fig. 26. — « Fazenda » Guatapará. Aspect du « cafezal » au moment de la cueillette 155

Fig. 27. — Cueillette du café par la méthode au linge. « Fazenda » Araraquara 157

Fig. 28. — Réception par le « fiscal » du café cueilli. « Fazenda » Bòa Vista. São Manoel 158

Fig. 29. — Cueillette du café et transport du produit récolté . . 159

Fig. 30. — Transport du café cueilli vers les « terreiros » à l'aide d'un « rego conductor » ou caniveau. « Fazenda » Guatapará 160

Fig. 31. — Lavage du café récolté dans le « lavador » ou lavoir. « Fazenda » Bòa Vista. São Manoel 167

Fig. 32. — « Terreiros » ou séchoirs d'une « fazenda » appartenant à M. Francisco Schmidt. Ribeirão Preto. . . 169

Fig. 33. — « Lavador », « terreiros » et usine de préparation. « Fazenda » Bòa Vista. São Manoel 171

Fig. 34. — « Terreiros » dans une petite plantation. « Fazenda » Conceição. São Pedro. 173

Fig. 35. — « Terreiros ». Colons remuant le café en cerises à l'aide de ratissoires. « Fazenda » Olavo Egydio. São Manoel 175

Fig. 36. — « Terreiros ». Mise du café en lignes parallèles. « Fazenda » Santa Cruz. 177

Fig. 37. — « Terreiros ». Le café est réuni en lignes pour la nuit. « Fazenda » Santa Veridiana. 179

Fig. 38. — « Terreiros ». Le café est rassemblé en un grand tas afin d'en terminer la dessication 181

Fig. 39. — « Fazenda » Guatapará. Vue d'ensemble sur les « terreiros » 182

Fig. 40. — « Fazenda » Guatapará. « Casa de Machinas » ou usine de « beneficiamento » 183

Fig. 41. — « Fazenda » Jacutinga. « Terreiro » et « Machinas de beneficiar ». 184

Fig. 42. — « Fazenda » Jacutinga. Vue prise du pont reliant le « terreiro » aux « tulhas ». 185

Fig. 43. — Vue générale sur les « terreiros » et l'usine de « beneficiamento ». « Fazenda » Diederichsen. Ribeirão Preto 187

Fig. 44. — « Novo seccador Arens » privilegiado pela patente Nº 1567. Brésil 190

Fig. 45. — « Novo seccador Arens » 191

Fig. 46. — Ventilateur simple pour « café em côco » ou café séché en cerises. 196

Pages

Fig. 47. — « Descascador » ou décortiqueur Engelberg, vieux modèle 203

Fig. 48. — « Descascador » The Engelberg Huller Cº, nº 1 . . 206

Fig. 49. — « Descascador » conique Arens & Cº 209

Fig. 50. — « Descascador » conique Arens. Détails des deux tambours et des lamelles 211

Fig. 51. — « Descascador » conique Arens 212

Fig. 52. — « Ventilador dobrado » ou ventilateur double . . . 214

Fig. 53. — Coupe schématique du « ventilador dobrado » ou ventilateur double 215

Fig. 54. — « Separador » ou trieur cylindrique fournissant quatre classes de café 217

Fig. 55. — « Separador » ou trieur cylindrique de la firme Arens et Cº. 218

Fig. 56. — Coupe du trieur « Monitor » 220

Fig. 57. — Trieur à tamis superposés ou « Monitor ». . . . 221

Fig. 58. — « Catador » incliné Arens 223

Fig. 59. — « Fazenda » Guatapará. Transport du café récolté vers le lavoir par un « rego conductor » ou conduite hydraulique 227

Fig. 60. — « Fazenda » Guatapará. Arrivée du café amené par le « rego conductor » aux « lavadouros » ou lavoirs . . 229

Fig. 61. — Lavoir « Maravilha ». 230

Fig. 62. — Dépulpage. Dépulpeurs et laveurs séparateurs de la « Companhia Mechanica e importadora » de São Paulo. 233

Fig. 63. — Usine de dépulpage, bassins de fermentation et bassins de lavage du café en parche 235

Fig. 64. — Centrale Carracedo à Piracicaba. Arrivée du café. Coupe 241

Fig. 65. — Centrale Carracedo à Piracicaba. Plan 243

Fig. 66 et fig. 67. — Centrale Carracedo à Piracicaba. Coupes 244-245

Fig. 68. — Centrale Carracedo à Piracicaba. Vue d'ensemble . 246

Fig. 69. — Machines pour la préparation commerciale du café. « Fazenda » Santa Cruz 249

Fig. 70 et fig. 71. — Aspects du café après son passage aux diverses machines de « beneficiamento ». « Fazenda » Bôa Vista. São Manoel 250-251

Fig. 72. — Machines pour la préparation commerciale du café. 253

Fig. 73. — « Despolpador » ou dépulpeur double « Lidgerwood » 257

Fig. 74. — Détail de la sortie des bacs de fermentation . . . 258

Fig. 75. — Détail des « bacias » ou trémies d'arrivée du café au « terreiro ». 260

Pages

Fig. 76. — « Beneficiamento » ou préparation du café. Méthode
            sèche et méthode humide combinées. Installation de
            la « Fazenda » Montevideo, 600.000 pieds, à Araras.
                            Plan intercalé entre les pages 262-263
Fig. 77. — « Fazenda » Guatapará. Colons et leurs familles . . . 264
Fig. 78. — Jeune « cafezal » de 5 ans et deux lignes de maïs . . 267
Fig. 79. — « Fazenda » Guatapará. Habitations occupées par les
            colons et leurs familles 268
Fig. 80. — « Fazenda » Guatapará. Colonie 274
Fig. 81. — « Fazenda » Santa Veridiana. Colonie 276
Fig. 82. — « Fazenda » Schmidt. Ribeirâo Preto. Vue générale . 278
Fig. 83. — Houe légère en tôle d'acier pour le binage des « ca-
            fezaes » 283
Fig. 84. — Houe pour le creusement des « cóvas » ou trous de
            plantation 283
Fig. 85. — Café et coton. « Fazenda » du Dr Carlos Botelho . . 292
Fig. 86. — Chemin de fer de la « Mogyana » 298
Fig. 87. — Magasins du chemin de fer de la « Mogyana » à Cam-
            pinas 308
Fig. 88. — « São Paulo Railway » ou ligne anglaise allant de
            Jundiahy à Santos 314
Fig. 89. — « São Paulo Railway ». Station de Piassaguera . . 315
Fig. 90. — « São Paulo Railway ». Viaduc 316
Fig. 91. — « São Paulo Railway ». Traction par câble entre San-
            tos et Saint Paul. 318
Fig. 92. — Magasins de café à Santos. « Viragem » ou mise en
            sacs neufs et pesage des balles de café 320
Fig. 93. — Magasins de café à Santos. Mise en piles des balles
            de café 322
Fig. 94. — Magasins de café à Santos. Triage du café . . . 324
Fig. 95. — Embarquement du café à Santos. 336
Fig. 96. — Embarquement du café à Santos. 338
Fig. 97. — Port de Santos 344

III. — Cartes.

1. — Carte relative à la consommation du café. . . . . . . Fin
2. — Carte agricole de l'Etat de Saint Paul . . . . Fin
3. — Carte caféière de l'Etat de Saint Paul . . . . Fin

Publications consultées.

BOLETIM DA AGRICULTURA. — Publié par le « Secretaria da Agricultura, Commercio et obras publicas do Estado de Sào Paulo ».

BOLETIM DO INSTITUTO AGRONOMICO DO ESTADO DE SAO PAULO. — Campinas. Etat de Saint Paul.

DR. CARLOS BOTELHO, Secrétaire d'Agriculture de l'Etat de Saint Paul. — *Relatorio apresentado ao Dr Jorge Tibiriçá, Président de l'Etat.* Année 1905. Sào Paulo 1906.

IDEM. — *Idem.* Année 1906. Sào Paulo 1907.

BULLETIN DE CORRESPONDANCE. — *Publication quotidienne. Statistiques et nouvelles.* Havre.

COMMISSAO GEOGRAPHICA E GEOLOGICA DO ESTADO DE SAO PAULO. — Boletim n° 17. *Servico meteorologico. Dados climatologicos do anno 1903.* Sào Paulo 1906.

JOAO PEDRO CARDOSO, Chef de la Commission géographique et géologique de l'Etat de Saint Paul. — *Relatorio apresentado ao Dr Carlos Botelho, Secretario da Agricultura. Anno 1906.* Sào Paulo 1907.

DR. OLAVO EGYDIO DE SOUZA ARANHA, Secrétaire des finances de l'Etat de Saint Paul. — *Relatorio apresentado ao Dr Jorge Tibiriçá, Président de l'Etat.* Année 1907. Sào Paulo 1908.

DR. F. W. DAFERT. — *Principes de culture rationnelle du café au Brésil.* Paris 1900.

PIERRE DENIS. — *La crise du café au Brésil et la Valorisation.* Etude publiée dans la Revue politique et parlementaire. Paris. Juin 1908.

DR. F. W. DAFERT. — *Collecção dos trabalhos agricolas extrahidos dos relatorios anuaes de 1888 à 1893.* Sào Paulo 1895.

G. DUURING & ZOQN. — *Circulaires et statistiques mensuelles.* Rotterdam.

DR. JOAO PEDRO DA VEIGA FILHO. — *Bolsa de Café : Camara Syndical, Caixa de liquidação e classificação en Santos.* Sào Paulo 1907.

JOAQUIM FRANCO DE LACERDA. — *Producção e consumo de café no mundo.* Sào Paulo 1897.

A. LALIÈRE, Auteur. — *La production du café dans l'Etat de Saint Paul.* Etude publiée sous forme de supplément dans le Courrier de l'Etat de Saint Paul. Anvers 1907.

E. Laneuville. — *Le Café. Statistiques, nouvelles et documents relatifs à la production et à la consommation*. Revue mensuelle publiée au Havre.

Henri Lecomte. — *Le Café*. Paris 1899.

Eugenio Lefèvre, Directeur général au Secrétariat d'Agriculture de l'Etat de Saint Paul. — *Il Caffè. Brevi notizie*. São Paulo 1904.

F. Metz & Cᵒ. — *Circulaires sur le café*. Havre.

Louis Misson. — *La culture du caféier dans l'Etat de São Paulo*. Etude publiée dans les Annales de Gembloux, journal mensuel de l'Association des Ingénieurs sortis de l'Institut agricole de l'Etat à Gembloux. Décembre 1906.

Ministerio da Fazenda, Serviço de Estatistica Commercial. — *Importação & Exportação movimento maritimo, cambial e do café da Republica dos Estados Unidos do Brasil*. Années 1904-1905 & 1906.

Nortz & Cᵒ. — *Circulaires sur le café*. Havre.

O Brasil. *Suas riquezas naturaes. Suas industrias*. Publication du Centro industrial do Brasil. M. Orosco & Cᵒ. Rua da Assembléa, 24. Rio de Janeiro, 1908.

Francisco Ferreira Ramos. — *A Agricultura e a meteorologia*. São Paulo 1901.

Francisco Ferreira Ramos. — *O Café. Contribuição para o estudo da crise*. São Paulo 1902.

Francisco Ferreira Ramos. — *Industries and Electricity in the State of São Paulo*. Brasil. São Paulo 1903.

Francisco Ferreira Ramos, Commissaire général du Gouvernement de l'Etat de Saint Paul. — *La Valorisation du Café au Brésil*. Anvers 1907.

Dr. Augusto Ramos. — *A Industria Cafeêira na America Hespanhola. Relatorio apresentado ao Sr Secretario da Agricultura*. São Paulo 1907.

Revista Agricola. — *São Paulo*.

A. Siciliaño. — *Valorisação do Café, Estudo sobre o Projecto*. São Paulo 1905.

C. F. Van Delden Laerne. — *Le Brésil et Java*. La Haye, Martinus Nijhoff. 1885.

PRÉFACE.

La crise caféière ayant attiré l'attention sur le café, le principal produit de l'Etat brésilien de Saint Paul, le Cercle d'Etudes Coloniales d'Anvers — aujourd'hui fusionné avec le Club Africain — forma, à la fin de l'année 1906, le projet d'organiser une série de trois conférences relatives au café. Les deux premières de ces conférences, que la direction du Cercle voulut bien nous demander de faire, se rapportèrent à la production proprement dite; elles eurent lieu les 15 et 22 janvier 1907. La troisième, qui avait pour sujet l'étude de la valorisation, question d'une importance capitale pour le Brésil et le commerce du café en général, fut donnée, le 29 janvier suivant, par M. l'Ingénieur F. Ferreira Ramos, le distingué Commissaire Général du Gouvernement de l'Etat de Saint Paul pour le Nord de l'Europe.

La préparation de nos conférences nous ayant mis sur la voie d'une documentation nouvelle, nous nous sommes décidé à publier, de février à juillet 1907, une étude sur la production du café dans l'Etat de Saint Paul dans le « Courrier de Saint Paul », organe de propagande du Commissariat Général du Gouvernement de l'Etat de Saint Paul à Anvers.

Au cours de cette publication, notre confrère et ami M. Jean Michel, ingénieur agricole, qui venait de rentrer du Pérou où il avait fait un séjour de cinq années, fut appelé par le Gouvernement de Saint Paul en qualité de professeur d'agriculture à l'Ecole d'Agriculture de Piracicaba (Etat de Saint Paul). Cette circonstance fut pour nous des plus heureuses. M. Jean Michel voulut bien consentir, en effet, à répondre à un questionnaire détaillé que nous lui avions remis. Il devint ainsi un collaborateur précieux que nous nous faisons un devoir de remercier cordialement des nombreux renseignements qu'il nous a fait parvenir, des publications qu'il a recueillies à notre intention ainsi que des photographies intéressantes qu'il a prises au cours de nombreuses visites faites aux fazendas de Saint Paul et qu'il a bien voulu nous communiquer.

Nos remerciements s'adressent aussi : à M. Eugenio Lefèvre, Directeur Général au Secrétariat d'Agriculture de Saint Paul, qui a eu l'obligeance de nous faire parvenir une série de publications et de photographies relatives à l'Etat de Saint Paul; à M. Lupercio Teixeira de Camargo, le distingué fazendeiro de São Manoel qui, à la suite du désir que nous lui avions exprimé en août *1907*, nous envoya également divers renseignements, une série de photographies de sa superbe fazenda et des échantillons intéressants montrant le passage du café aux diverses machines de préparation. Ils s'adressent encore à M. Cintra Ferreira pour les renseignements qu'il a eu l'amabilité de nous communiquer sur le commerce du café à Santos.

Notre collègue et ami, M. F. Georlette, Vice-Consul des États-Unis du Brésil et professeur de langue portugaise à l'Institut supérieur de Commerce, et M. G. Gougenheim, premier Secrétaire à la Mission brésilienne de propagande (délégation d'Anvers), ont bien voulu nous assister dans la traduction de nombreux documents de langue portugaise. Nous les prions d'accepter l'expression de notre vive gratitude.

Enfin, nous avons une dernière dette de reconnaissance, et non la moindre, à acquitter envers M. F. Ferreira Ramos, le sympathique Commissaire Général du Gouvernement de l'État de Saint Paul, qui a eu l'obligeance de nous permettre d'utiliser quarante clichés qui lui avaient servi pour son ouvrage sur la Valorisation du café au Brésil, publié en *1907* ; qui nous a, de plus, puissamment documenté et nous a gracieusement offert les exemplaires de la carte agricole de l'État de Saint Paul qui se trouve à la fin de cet ouvrage.

Notre livre, commencé vers le mois de mars *1908*, est divisé en six parties ayant trait successivement à la production mondiale du café, à la culture, à la préparation commerciale, *aux* facteurs économiques de la production, *au* commerce *et* à la valorisation du café. Il est destiné, dans notre pensée, à envisager, dans son ensemble, la question du café dans l'État de Saint Paul, aussi bien la production proprement dite que le commerce et le problème économique. Il s'adresse donc au producteur comme au négociant et nous avons la conviction que l'un et l'autre y trouveront des renseignements utiles.

Bien que notre étude ait été soigneusement composée, nous n'avons pas la prétention d'avoir fait un travail complet et sans lacunes. Aussi, serions-nous particulièrement heureux que les fazendeiros et les négociants voulussent **bien** nous signaler les modifications qu'ils croiraient nécessaire d'y apporter ; c'est avec reconnaissance que nous en tiendrons compte dans une seconde édition éventuelle.

A. LALIÈRE.

Le *28 Novembre 1908.*

Institut supérieur de Commerce, rue des Peintres, 51, Anvers.

PRODUCTION DU CAFÉ

I. — PRODUCTION MONDIALE DU CAFÉ.
Son évolution.
Importance relative des pays producteurs.

La production mondiale du café qui, en 1825, ne dépassait pas 1.650.000 balles s'est élevée, pour l'année écoulée du 1er juillet 1901 au 30 juin 1902, à 19.818.000 balles de 60 kilogrammes. Le rapprochement de ces deux nombres est frappant et fait ressortir, assez exactement, l'extraordinaire développement qu'ont pris, dans ces derniers temps, les plantations de café des divers pays producteurs. Il est juste de faire remarquer, toutefois, que la production de la saison caféière 1901/1902 a excédé, de beaucoup, la production moyenne qui, pour les dix dernières années — 1897/1898 à 1906/1907 — a été de 16.433.900 balles ; de plus, comme il est très difficile de se procurer les statistiques des récoltes dans tous les pays d'origine, nous avons dû calculer la production mondiale en prenant pour base les exportations ou plus exactement les recettes contrôlées aux ports d'expédition.

Bien que la récolte commerciale (recettes) 1901/1902 ait atteint un nombre de balles jusqu'alors inconnu, elle n'est cependant pas la plus importante que l'on ait relevée, car elle vient d'être dépassée par la fameuse récolte de 1906-1907 dont les recettes ont atteint le chiffre fantastique de 23.920.000 balles, ce qui constitue le record de la production annuelle du café.

Les diverses zones caféières, alimentant le marché mondial, peuvent, au point de vue de leur importance et de l'augmentation de leur production, être réparties en quatre grandes catégories. Dans la *première catégorie* se trouve le *Brésil*, pays favorisé par un climat idéal, dont la production, aujourd'hui la plus importante, a augmenté avec une rapidité étonnante. Dans la *seconde catégorie* se rangent les régions productrices américaines, autres que le Brésil, c'est-à-dire le Mexique, l'Amérique centrale, le Vénézuéla, les Guyanes, la Colombie, l'Equateur, le Pérou, la République de Haïti et les Antilles où la production s'est accrue, d'une manière relativement lente, pour rester, actuellement, stationnaire avec une tendance vers la diminution. Dans la *troisième catégorie* rentrent l'Afrique et l'Arabie, contrées dont la production, après avoir passé par diverses alternatives, n'accuse plus aujourd'hui aucune augmentation. Enfin, à la *quatrième catégorie* appartient l'Asie, moins l'Arabie, c'est-à-dire les Indes néerlandaises et les Indes anglaises, l'île de Ceylan, les Philippines (Manille), où, après s'être rapidement élevée, la production se trouve, à l'heure actuelle, en déclin marqué.

Il ne nous paraît pas utile, pour le moment du moins, de nous étendre plus longuement sur l'importance relative de chacune de ces catégories ; le tableau suivant démontrera mieux que ne pourraient le faire de longues considérations, quelle a été, pour chacune d'elles, par périodes décennales d'abord et par périodes quinquennales ensuite, la marche de la production de 1820 à 1905.

PRODUCTION MONDIALE DU CAFÉ

De 1820 à 1905.

Moyennes annuelles par périodes.

(Balles de 60 kgs.)

PÉRIODES	1re Catégorie.	2me Catégorie.	3me Catégorie.	4me Catégorie.	Moyennes annuelles
	BRÉSIL	Mexique Amérique centrale Indes occidentales Haïti, etc.	ASIE & OCÉANIE moins L'ARABIE	AFRIQUE & ARABIE	
1820-21 à 1829-30 . .	300.000	550.000	775.000	25.000	1.650.000
1830-31 à 1839-40 . .	750.000	650.000	1.100.000	25.000	2.525.000
1840-41 à 1849-50 . .	1.500.000	800.000	1.425.000	25.000	3.750.000
1850-51 à 1854-55 . .	2.250.000	800.000	1.650 000	25.000	4.725.000
1855-56 à 1859-60 . .	2.750.000	800.000	1.800.000	25.000	5.375.000
1860-61 à 1864-65 . .	2.525.000	1.000.000	2.000.000	25.000	5.550.000
1865-66 à 1869-70 . .	3.150.000	1.200 000	2.250.000	50.000	6.650.000
1870-71 à 1874-75 . .	3.350.000	1.650.000	2.250.000	75.000	7.325.000
1875-76 à 1879-80 . .	4.000.000	1.800.000	2.400.000	75.000	8.275.000
1880-81 à 1884-85 . .	5.900.000	2.175.000	2.325.000	125.000	10.526.500
1885-86 à 1889-90 . .	5.330.020	2.397.560	1.464.840	112.860	9.305.280
1890-91 à 1894-95 . ,	6.422.640	3.034.920	1.116.400	175.400	10.749.360
1895-96 à 1899-00 . .	9.041.800	3.284.280	1.035.480	222.800	13.584.360
1900-01 à 1904-05 . .	12.431.600	3.120.600	785.200	170.400	16.507.800

L'examen de ce tableau comparatif donne une idée très nette de l'évolution de la production caféière et de la place relative qui revient, dans cette production, aux diverses zones de culture. On y remarque, entre autres, que la production du café a suivi, au Brésil, une marche ascendante très rapide ; que, de plus, ce pays a pris, dans la production mondiale, la place prépondérante. Sa production est, en effet, extraordinaire et, pour s'en rendre compte, il suffit de signaler que, pour la période quinquennale 1895/96 à 1899/1900, elle atteignait les 65 °/₀ de la production totale, tandis que, pour la période suivante, 1900/01 à 1904/05, elle dépassait les 75 °/₀ (exactement 75,4 °/₀).

Si le Brésil a toujours été en progrès et si, aujourd'hui, il est devenu le grand centre d'approvisionnement du café, il n'en a pas été de même pour les autres pays producteurs qui, pris isolément, ou bien traversent une période stationnaire, ou bien sont en recul évident, mais qui, considérés dans leur ensemble, accusent une diminution de production certaine de telle sorte, qu'à l'heure actuelle, le Brésil peut être considéré, parmi les pays producteurs, comme le seul qui suive d'un pas égal l'augmentation de la production générale et l'accroissement de la consommation. C'est là un point très important à retenir et sur lequel nous aurons l'occasion de revenir plus tard.

Le tableau précédent qui montre la production caféière, par périodes de plusieurs années et par grandes zones culturales, ne suffit pas, si l'on désire se rendre compte de l'importance particulière de chacun des centres producteurs, pris séparément ; c'est pourquoi nous avons cru utile de dresser une suite de tableaux détaillés, à l'aide principalement des renseignements statistiques des courtiers hollandais.

Production mondiale du café.

Balles de 60 kgs.

RÉCOLTES	1885/86	1886/87	1887/88	1888/89	1889/90
I. Brésil.					
Rio & Victoria	3.900.000	3.550.000	1.950.000	4.175.000	2.400.000
Santos	1.664.000	2.620.000	1.113.000	2.611.000	1.869.000
Total	**5.564.000**	**6.170.000**	**3.063.000**	**6.786.000**	**4.269.000**
Bahia	208.000	150.000	106.400	164.200	169.500
II. Contrées diverses.					
Mexique. Centre Amérique. Vénézuéla. Colombie	1.628.000	1.698.000	1.614.800	1.756.400	1.609.300
Indes occidentales. (Antilles. Cuba. Porto-Rico. Jamaïque.)	190.000	163.100	214.600	296.900	269.300
Haïti.	475.000	400.400	759.100	449.700	463.200
Indes Hollandaises	914.500	1.347.300	634.400	1.099.100	1.114.100
Indes Anglaises et Manille. . . .	561.000	433.300	449.400	371.600	399.500
Afrique et Arabie (Moka)	133.000	109.000	73.800	118.100	130.400
Production mondiale . . .	**9.675.500**	**10.471.100**	**6.915.500**	**11.042.000**	**8.4243.00**
Consommation approximative (livraisons)			**8.600.000**	**9.850.000**	**9.650.000**
CHANGE SUR LONDRES Deniers par mil réis	$22\,^1/_2$-$17\,^5/_8$	23-$20\,^5/_8$	$25\,^1/_{16}$-$20\,^1/_8$	28-$25\,^1/_{16}$	$27\,^{11}/_{16}$-$20\,^1/_4$
Prix moyen en mil réis à Santos par 10 kilos	**5 $ 990**	**5 $ 760**	**5 $ 640**	**5 $ 010**	**5 $ 880**

Production mondiale du café.

Balles de 60 kgs.

RÉCOLTES	1890/91	1891/92	1892/93	1893/94	1894/95
I. Brésil.					
Rio & Victoria	2.457.000	3.816.000	3.131.000	2.946.000	2.964.000
Santos	2.913.000	3.654.000	3.213.000	1.719.000	3.987.000
Total	5.370.000	7.470.000	6.344.000	4.665.000	6.951.000
Bahia	156.000	306.100	192.000	370.000	289.100
II. Contrées diverses.					
Mexique. Centre Amérique. Vénézuéla. Colombie	2.165.800	2.117.000	2.359.600	2.691.300	2.428.000
Indes occidentales. (Antilles. Cuba. Porto-Rico. Jamaïque.)	169.900	257.000	205.700	195.900	141.000
Haïti	454.700	476.000	540.500	434.200	538.000
Indes Hollandaises	510.200	808.900	1.097.200	580.800	919.900
Indes Anglaises et Manille	325.400	388.000	328.700	303.700	319.200
Afrique et Arabie (Moka)	114.000	215.000	210.300	156.100	181.600
Production mondiale	**9.266.000**	**12.038.000**	**11.278.000**	**9.597.000**	**11.767.800**
Consommation approximative (livraisons)	**9.800.000**	**10.950.000**	**11.150.000**	**10.560.000**	**10.850.000**
CHANGE SUR LONDRES Deniers par mil réis	24 $1/2$-16	17 $5/8$-10 $3/8$	15 $1/2$-10	12 $5/16$-9	12-9
Prix moyen en mil réis à Santos par 10 kilos	**7 $ 850**	**10 $ 040**	**11 $ 840**	**14 $ 770**	**15 $ 890**

Production mondiale du café.

Balles de 60 kgs.

RÉCOLTES	1895/96	1896/97	1897/98	1898/99	1899/00
I. Brésil.					
Rio & Victoria	2.702.000	3.860.000	4.737.000	3.463.000	3.532.000
Santos	3.081.000	5.103.000	6.157.000	5.569.000	5.709.000
Total	5.783.000	8.963.000	10.894.000	9.032.000	9.241.000
Bahia	211.000	323.000	302.000	268.000	192.000
II. Contrées diverses.					
Mexique. Centre Amérique. Vénézuéla. Colombie	2.511.000	2.635.000	2.958.000	2.773.000	2.698.000
Indes occidentales. (Antilles. Cuba. Porto-Rico. Jamaïque.)	169.000	165.000	190.000	202.000	96.000
Haïti	354.000	432.400	401.000	352.000	435.000
Indes Hollandaises	774.800	808.600	853.000	559.000	735.000
Indes Anglaises et Manille. . . .	333.000	282.000	277.000	329.000	226.000
Afrique et Arabie (Moka)	244.000	230.000	224.000	220.000	196.000
Production mondiale . .	10.579.800	15.889.000	16.099.000	15.755.000	15.819.000
Consommation approximative (livraisons)	10.950.000	12.400.000	14.550.000	15.000.000	14.250.000
CHANGE SUR LONDRES Deniers par mil réis	$11\,^3/_8 - 8\,^7/_{16}$	$9\,^7/_8 - 7\,^1/_2$	$8 - 5\,^{21}/_{32}$	$8\,^3/_4 - 6\,^{11}/_{16}$	$11\,^1/_8 - 6\,^{29}/_{32}$
Prix moyen en mil réis à Santos par 10 kilos	14 $ 260	10 $ 980	9 $ 110	7 $ 880	7 $ 600

Production mondiale du café.

Balles de 60 kgs.

RÉCOLTES	1900/01	1901/02	1902/03	1903/04	1904/05
I. Brésil.					
Rio & Victoria	3.105.000	5.792.000	4.394.000	4.455.000	2.938.000
Santos	7.970.000	10.166.000	8.350.000	6.389.000	7.426.000
Total	**11.075.000**	**15.958.000**	**12.744.000**	**10.844.000**	**10.364.000**
Bahia	187.000	214.000	322.000	285.000	165.000
II. Contrées diverses.					
Mexique. Centre Amérique. Vénézuéla. Colombie	2.466.000	2.398.000	2.783.000	2.820.000	2.574.000
Indes occidentales. (Antilles. Cuba. Porto-Rico. Jamaïque.)	26.000	50.000	250.000	150.000	200.000
Haïti	340.000	375.000	385.000	536.000	250.000
Indes Hollandaises	517.400	487.000	668.000	752.000	406.000
Indes Anglaises et Manille. . . .	250.600	161.000	236.000	195.000	253.000
Afrique et Arabie (Moka)	188.000	175.000	177.000	175.000	137.000
Production mondiale . .	**15.050.000**	**19.818.000**	**17.565.000**	**15.757.000**	**14.349.000**
Consommation approximative (livraisons)	**13.980.000**	**15.500.000**	**16.975.000**	**15.500.000**	**15.460.000**
CHANGE SUR LONDRES Deniers par mil réis	$13\,^{7}/_{16}$-$9\,^{3}/_{8}$	$10\,^{1}/_{4}$-$12\,^{19}/_{32}$	$11\,^{3}/_{4}$-$12\,^{5}/_{8}$	$12\,^{3}/_{16}$-$11\,^{15}/_{16}$	12-$18\,^{5}/_{32}$
Prix moyen en mil réis à Santos par 10 kilos	**6 \$ 160**	**4 \$ 660**	**4 \$ 180**	**5 \$ 000**	**5 \$ 180**

STATISTIQUES DE LA PRODUCTION MONDIALE DU CAFÉ

SAISONS 1902/1903 à 1908/1909.

D'après les estimations de MM. G. Duuring & Zoon,

Dalen & Plemp, Kolff & Witkamp,

Léonard Jacobson & Zonen, courtiers à Rotterdam.

PRODUCTION

Balles de 60 kilogrammes. —

RÉCOLTES	1902/1903	1903/1904
I. BRÉSIL.		
1. Rio	3.974.000	4.018.000
2. Santos	8.350.000	6.389.000
Total Rio et Santos. . .	12.324.000	10.407.000
3. Victoria	420.000	437.000
4. Bahia	322.000	285.000
Total Brésil. . .	**13.066.000**	**11.129.000**
II. CONTRÉES DIVERSES.		
1. Mexique et Centre Amérique . . (Guatémala, Costa-Rica, etc.)	1.635.000	1.465.000
2. Vénézuéla et Colombie	1.148.000	1.355.000
3. Indes Occidentales . . . . . . (Antilles, Cuba, Porto-Rico, Jamaïque.)	250.000	150.000
4. Haïti.	385.000	536.000
5. Indes hollandaises et anglaises. Manille	904.000	947.000
1° *Indes Hollandaises*		
A. *Java* . . . . (Gouvernement et privé.)	592.300	683.000
B. *Sumatra* . . . . (Padang.)	55.700	47.000
C. *Célèbes* . . . . (Menado, Macassar, Timor, etc.)	20.000	22.000
2° *Indes Orientales Anglaises et Manille* . .	236.000	195.000
6. Afrique et Arabie (Moka) . . .	177.000	175.000
Total contrées diverses. . .	**4.499.000**	**4.628.000**
PRODUCTION MONDIALE. . .	**17.565.000**	**15.757.000**
Consommation approximative. . .	16.975.000	15.300.000

MONDIALE DU CAFÉ

Saisons du 1er juillet au 3o juin.

1904/1905	1905/1906	1906/1907	1907/1908 ESTIMATIONS	1908/1909 ESTIMATIONS
2.547.000	3.244.000	4.241.000	3.250.000	2.750.000
7.426.000	6.983.000	15.392.000	7.250.000	8.250.000*
9.973.000	10.227.000	19.633.000	10.500.000	11.000.000
391.000	369.000	394.000	350.000	300.000
165.000	207.000	165.000	210.000	200.000
10.529.000	10.805.000	20.192.000	11.060.000	11.500.000
1.705.000	1.488.000	1.513.000	1.200.000	1.520.000
869.000	823.000	1.063.000	900.000	950.000
200.000	50.000	30.000	50.000	50.000
250.000	351.000	375.000	400.000	350.000
659.000	647.000	632.000	490.000	697.000
321.700	305.400	477.600	235.000	500.000
66.300	82.600	28.400	40.000	30.000
18.000	15.000	14.000	15.000	17.000
253.000	244.000	112.000	200.000	150.000
137.000	121.000	115.000	125.000	150.000
3.820.000	3.480.000	3.728.000	3.165.000	3.697.000
14.349.000	14.283.000	23.920.000	14.225.000	15.197.000
15.460.000	16.200.000	16.800.000	17.300.000 ESTIMATION	17.800.000 ESTIMATION

(*) D'après Mr Luiz de Miranda : 8.925.000 balles.

II. — PRODUCTION DU CAFÉ AU BRÉSIL.

Nous avons donc montré que le Brésil occupe, dans la production mondiale du café, une place qui est de loin prépondérante. Il est dès lors naturel que, dans notre exposé, nous accordions à ce pays la place d'honneur qui lui revient et lui consacrions la plus grande partie de cette étude.

1. — Évolution de la production du café au Brésil.

C'est en 1727 que, venant de Cayenne, le caféier fut importé, au Brésil, à Para. Le nouveau venu n'a toutefois commencé à prospérer dans ce pays, qu'à partir de l'année 1761, lorsqu'un décret, supprimant les droits d'exportation, vint favoriser la culture de la précieuse plante. Celle-ci pénétra, dans les années qui suivirent, dans d'autres parties du Brésil : d'abord dans le Maranhão et à Rio, ensuite dans les provinces — actuellement Etats — de São Paulo et de Minas-Geraes. Cependant, c'est à dater de 1825 seulement que les plantations prirent, au Brésil, quelque importance ; leur immense et extraordinaire développement, ainsi que la rapidité avec laquelle elles se sont étendues, constituent un des phénomènes économiques les plus frappants de notre époque. Le tableau ci-contre ainsi que ceux qui précèdent, en fournissent une preuve éloquente sur laquelle nous ne croyons pas utile d'insister davantage.

2. — Part du café dans les exportations du Brésil.

Parmi les productions et les exportations brésiliennes actuelles, le café occupe le premier rang. Il constitue, en

EXPORTATION DU CAFÉ DU BRÉSIL

pour trois périodes quinquennales régulièrement espacées.

EXERCICES	KILOGRAMMES	BALLES DE 60 KGS	VALEUR OFFICIELLE EN MIL RÉIS PAPIER (*)
1839-40. . .	82.975.532	1.382.926	20.176 : 400 $
1840-41. . .	74.314.900	1.238.581	17.804 : 400 $
1841-42. . .	80.536.135	1.342.269	18.002 : 300 $
1842-43. . .	86.639.200	1.443.987	17.091 : 200 $
1843-44. . .	92.456.493	1.540.941	19.985 : 800 $
TOTAL. .	416.922.260	6.948.704	93.060 : 100 $
MOYENNE. .	**83.384.452**	**1.389.741**	**18.612 : 020** $
1869-70. . .	186.602.219	3.110.037	77.094 : 000 $
1870-71. . .	226.377.577	3.772.959	82.651 : 600 $
1871-72. . .	147.336.106	2.455.602	72.858 : 800 $
1872-73. . .	209.929.897	3.498.832	115.377 : 100 $
1873-74. . .	168.623.808	2.810.397	115.142 : 600 $
TOTAL. .	938.869.607	15.647.827	463.124 : 100 $
MOYENNE. .	**187.773.921**	**3.129.565**	**92.624 : 820** $
1901 (**) . .	885.590.700	14.759.845	509.598 : 011 $
1902 (**) . .	789.442.980	13.157.382	409.840 : 526 $
1903 (**) . .	775.634.340	12.927.239	384.297 : 644 $
1904 (**) . .	601.472.160	10.024.536	391.587 : 529 $
1905 (**) . .	649.239.660	10.820.661	324.681 : 261 $
TOTAL. .	3.701.379.840	61.689.664	2.020.004 : 971 $
MOYENNE. .	**740.275.968**	**12.337.933**	**404.000 : 994** $
1906 (**) . .	837.948.000	13.965.800	418.399 : 742 $

Prix par balle de 60 kgs en mil réis papier :

1904 = 39 $ 063. — 1905 = 30 $ 006. — 1906 = 29 $ 959.

(*) Le *mil réis* ($) or vaut 27^D (D = denier) ou fr. **2,83**. — Le *mil réis* ($) papier, au change fixe actuel de 15 D., vaut fr. **1,57** (12 D. = 1 shilling = fr. **1,25**). — Le *conto de réis* (:) vaut 1000 *mil réis*.

(**) Non compris le cabotage.

PRODUITS LES PLUS IMPORTANTS EXPORTÉS DU BRÉSIL.

(NON COMPRIS LE CABOTAGE).

N°	PRODUITS	ANNÉE 1904		ANNÉE 1905		ANNÉE 1906	
		VALEUR EN MIL RÉIS PAPIER	%	VALEUR EN MIL RÉIS PAPIER	%	VALEUR EN MIL RÉIS PAPIER	%
1	Café	391.587 : 529 $	50,4	324.681 : 261 $	47,4	418.399 : 742 $	52,3
2	Caoutchouc . .	221.104 : 680 $	28,8	226.174 : 217 $	33,0	210.284 : 551 $	26,3
3	Cuirs et peaux ⟨Cuirs	32.588 : 852 $	6,1	21.514 : 406 $	4,2	29.273 : 106 $	4,7
	⟨Peaux	14.704 : 650 $		7.122 : 898 $		7.821 : 427 $	
4	Herva-Matté . .	19.254 : 544 $	2,2	18.737 : 774 $	2,7	27.931 : 934 $	3,5
5	Coton brut . .	16.357 : 333 $	2,1	17.111 : 817 $	2,5	25.013 : 425 $	3,1
6	Cacao	21.716 : 343 $	2,8	15.759 : 750 $	2,3	20.728 : 207 $	2,6
7	Tabac	16.753 : 727 $	2,1	12.973 : 631 $	1,9	13.940 : 226 $	1,7
8	Or en lingot . .	8.331 : 594 $		6.489 : 807 $		7.349 : 380 $	
9	Sucre	1.769 : 259 $		6.375 : 021 $		9.162 : 785 $	
10	Manganèse . .	6.057 : 431 $	2,9	5.087 : 311 $	3,6	2.676 : 357 $	3,4
11	Châtaignes du Para	2.153 : 222 $		3.517 : 587 $		2.017 : 643 $	
12	Cire de Carnauba	4.067 : 567 $		3.291 : 126 $		6.316 : 078 $	
	Autres produits .	19.927 : 687 $	2,6	16.620 : 000 $	2,4	18.855 : 434 $	2,4
	Total mil réis papier	776.367 : 418 $	100,0	685.456 : 606 $	100,0	799.670 : 295 $	100,0
	Total mil réis or (27d.)	350.490 : 096 $		396.827 : 679 $		471.639 : 822 $	

effet, le plus important produit de la grande République Sud-américaine dont il représente, aujourd'hui, environ la moitié des exportations. Nous empruntons, aux rapports officiels du service de la statistique commerciale des Etats-Unis du Brésil — le service de la statistique commerciale du Brésil qui a été créé, à Rio de Janeiro, en 1901, publie, chaque année, un rapport officiel très complet sur les importations et les exportations brésiliennes — le diagramme de la page suivante et les renseignements des tableaux ci-joints qui se rapportent aux marchandises dont l'exportation a accusé, pendant ces dernières années, la valeur la plus considérable.

Valeur en Livres Sterling des principaux produits exportés du Brésil pendant l'année 1907.

PRODUITS	VALEUR EN £	POURCENTAGE
Café	28.559.063	52,714
Caoutchouc	12.827.926	23,678
Cacao	2.012.796	3,716
Coton . . . . . , . .	1.734.507	3,201
Herva-Matté	1.609.914	2,972
Tabac	1.284.036	2,370
Sucre	135.700	0,250
Divers produits	6.012.956	11,099
Total	54.176.898	100,000

3. — Ports exportant le café du Brésil.

Le Brésil expédie son café principalement par les ports de Santos, Rio, Victoria et Bahia. Les ports de

EXPORTATIONS DU BRÉSIL
PAR MARCHANDISES

Année 1906 (non compris le cabotage).
Valeurs exprimées en mil réis papier.

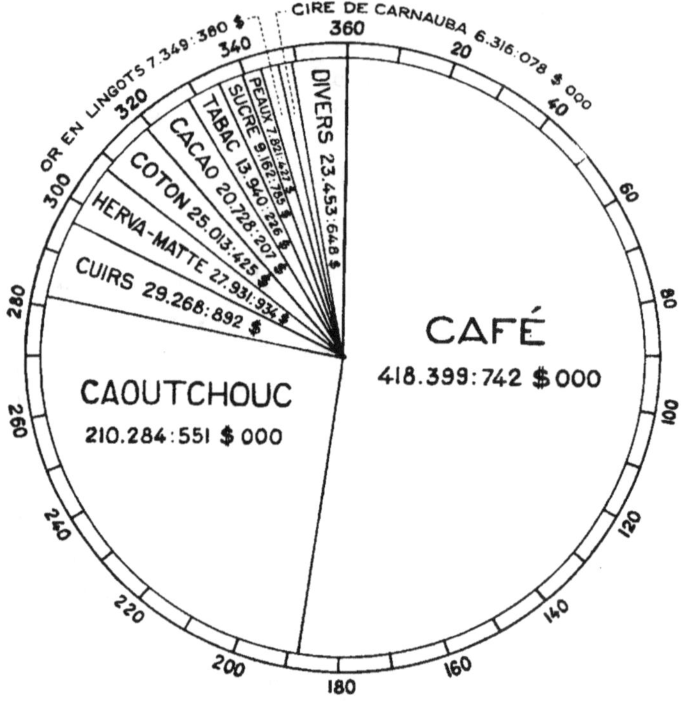

Figure 1.

Santos et de Rio sont, de loin, les deux centres d'exportation les plus importants. Mais chacun d'eux dessert, par
suite de sa position géographique et de ses voies d'accès,
des zones de production différentes.

C'est ainsi que **Santos** exporte les cafés de l'Etat de

Saint Paul — ces cafés sont d'ailleurs généralement connus, dans le commerce, sous le nom de Santos — et les cafés du sud de l'Etat de Minas-Geraes ; ceux-ci sont cependant, au point de vue du port qui nous occupe, beaucoup moins importants que les cafés de Saint Paul, lesquels entrent pour la presque totalité dans le mouvement de Santos, le plus grand port de café du monde entier.

Par **Rio de Janeiro,** port dont le tonnage général et le poids total des marchandises importées et exportées sont supérieurs à ceux de Santos, mais qui, en ce qui concerne le café est loin d'avoir l'importance de son grand voisin du sud — voir tableau page 18 — s'expédient, surtout, les cafés de l'Etat de Minas-Geraes qui ne prennent pas la voie pauliste, ainsi que ceux de l'Etat de Rio, aujourd'hui en forte diminution. Une petite quantité des cafés de Saint Paul, c'est-à-dire ceux qui proviennent de la partie nord-est de cet Etat, touchant à celui de Rio, et ceux du sud de l'Etat d'Espirito-Santo sortent également par ce port. Dans l'ensemble cependant les cafés de Minas-Geraes sont, pour Rio, ce que ceux de Saint Paul sont pour Santos, c'est-à-dire les plus importants ; ils représentent, en effet, dans le mouvement-café de ce beau port brésilien, aujourd'hui presque entièrement transformé et modernisé, sensiblement les cinq sixièmes des exportations.

Afin d'être complet, nous dirons que **Victoria,** port situé dans l'Etat d'Espirito-Santo, exporte les cafés du centre et du nord de cet Etat et que **Bahia,** appelé aussi San Salvador, expédie les cafés de l'Etat de Bahia. Mais ces deux ports sont loin de réunir les quantités de café qui passent par Santos et Rio.

Valeur des Exportations en mil réis papier (·)
des ports de Rio, Santos, Victoria et Bahia.

ANNÉES	PORTS	ANIMAUX ET PRODUITS ANIMAUX	PRODUITS MINÉRAUX	PRODUITS VÉGÉTAUX	TOTAL MIL RÉIS PAPIER (·)	TOTAL MIL RÉIS OR (·)	CAFÉ SACS DE 60 KIL.	VALEUR EN MIL RÉIS PAPIER
1904	Rio. . . .	3.625 : 991 $	15.267 : 135 $	118.091 : 876 $	136.985 : 002 $	61.618 : 836 $	2.856.761 kgs.	111.928 : 441 $
	Santos . .	630 : 812 $	85 : 926 $	254.150 : 873 $	254.867 : 611 $	115.849 : 169 $	6.571.509 »	253.087 : 263 $
	Victoria . .	8 : 590 $	844 : 354 $	17.248 : 815 $	18.101 : 759 $	8.135 : 623 $	423.364 »	17.202 : 283 $
	Bahia . . .	7.831 : 118 $	2.199 : 825 $	47.162 : 352 $	57.193 : 295 $	25.649 : 775 $	151.401 »	5.652 : 972 $
1905	Rio. . . .	3.395 : 469 $	12.579 : 196 $	90.898 : 987 $	106 873 : 592 $	62.572 : 033 $	2.773.188 kgs.	87.408 : 200 $
	Santos . .	336 : 522 $	114 : 965 $	219.778 : 982 $	229.230 : 469 $	129.326 : 156 $	7.453.752 »	218.557 : 798 $
	Victoria . .	28 : 679 $	230 : 346 $	12.232 : 158 $	12.491 : 183 $	7.203 : 521 $	381.027 »	12.177 : 149 $
	Bahia . . .	4.311 : 142 $	1.137 : 473 $	40.628 : 065 $	46.076 : 680 $	26.582 : 531 $	183.374 »	5.600 : 004 $
1906	Rio. . . .	4.250 : 563 $	11.265 : 902 $	96.926 : 241 $	112.142 : 706 $	66.499 : 183 $	3.193.557 kgs.	94.167 : 248 $
	Santos . .	587 : 065 $	139 : 745 $	307.437 : 796 $	308.164 : 606 $	180.283 : 452 $	10.166.257 »	306.355 : 949 $
	Victoria . .	20 : 860 $	618 : 278 $	10.636 : 044 $	11.275 : 182 $	6.743 : 986 $	356.376 »	10.603 : 163 $
	Bahia . .	4.689 : 117 $	2.317 : 623 $	48.523 : 870 $	55.530 : 610 $	32.947 : 709 $	221.452 »	6.398 : 078 $

(·) Non compris le cabotage, les espèces métalliques et les billets de banque étrangers.

Ainsi que nous le disions à l'instant, les ports de Santos et de Rio n'ont pas, sous le rapport de l'exportation du café, la même importance ; c'est ainsi qu'au cours de l'exercice, allant du 1ʳ janvier au 31 décembre 1906, par exemple, il a été exporté par Santos 10.172.874 sacs de café (10.166.257 pour pays étrangers plus 6.617 cabotage) et par Rio 3.489.296 sacs seulement (3.193.557 pour pays étrangers plus 295.739 cabotage).

Dans le commerce des cafés, on ne considère généralement pas les recettes et les exportations par exercice, mais bien par saison caféière, celle-ci commençant le 1ʳ juillet d'une année pour finir le 30 juin de l'année suivante. A ce sujet, rappelons quelles ont été les exportations brésiliennes des saisons 1901/02 et 1906/07 qui, par leur extraordinaire importance, ont amené la crise du café sur laquelle nous ne nous étendrons pas davantage, pour le moment, nous réservant d'y revenir plus tard. Pendant la saison 1901/02 le Brésil a exporté 16.172.000 balles de café de 60 kgs. tandis que les autres pays producteurs n'en ont exporté, dans l'ensemble, que 3.646.000. Des 16.172.000 balles du Brésil, Santos en avait expédié 10.166.000, Rio 5.330.000 et Victoria et Bahia réunis 676.000 balles. Pendant la saison 1906/07 les ports brésiliens ont expédié le nombre incroyable de 20.192.000 balles dont 15.392.000 par Santos, 4.241.000 par Rio et 559.000 par Victoria et Bahia ; mais, ce sont là des recettes extraordinaires et tout à fait exceptionnelles qui sont dues à des récoltes favorisées par un concours de circonstances qui ne peut se représenter que rarement.

Afin de rendre plus clair l'exposé, rempli de chiffres, que nous venons de faire, nous renvoyons au diagramme de la page 21, relatif à la production moyenne de la période quinquennale 1902/1903 à 1906/1907.

PRODUCTION MONDIALE DU CAFÉ

Production moyenne annuelle pour la période quinquennale de 1902/1903 à 1906/1907.
17.174.800 balles de 60 kgs. — Saisons du 1er juillet au 30 juin.

RÉGIONS	1902/1903	1903/1904	1904/1905	1905/1906	1906/1907	Moyenne annuelle
Santos	8.350.000	6.389.000	7.426.000	6.983.000	15.392.000	**8.908.000**
Rio	3.974.000	4.018.000	2.547.000	3.244.000	4.241.000	**3.604.800**
Victoria.	420.000	437.000	391.000	369.000	394.000	**402.200**
Bahia	322.000	285.000	165.000	207.000	165.000	**228.800**
Brésil	**13.066.000**	**11.129.000**	**10.529.000**	**10.803.000**	**20.192.000**	**13.143.800**
Mexique et Centre Amér.	1.635.000	1.465.000	1.705.000	1.488.000	1.513.000	**1.561.200**
Vénézuéla et Colombie .	1.148.000	1.355.000	869.000	823.000	1.063.000	**1.051.600**
Indes Occidentales. . .	250.000	150.000	200.000	50.000	30.000	**136.000**
Haïti.	385.000	536.000	250.000	351.000	375.000	**379.400**
Indes hollandaises et anglaises, Manille . .	904.000	947.000	659.000	647.000	632.000	**757.800**
Afrique et Arabie (Moka)	177.000	175.000	137.000	121.000	115.000	**145.000**
Contrées diverses . .	**4.499.000**	**4.628.000**	**3.820.000**	**3.480.000**	**3.728.000**	**4.031.000**

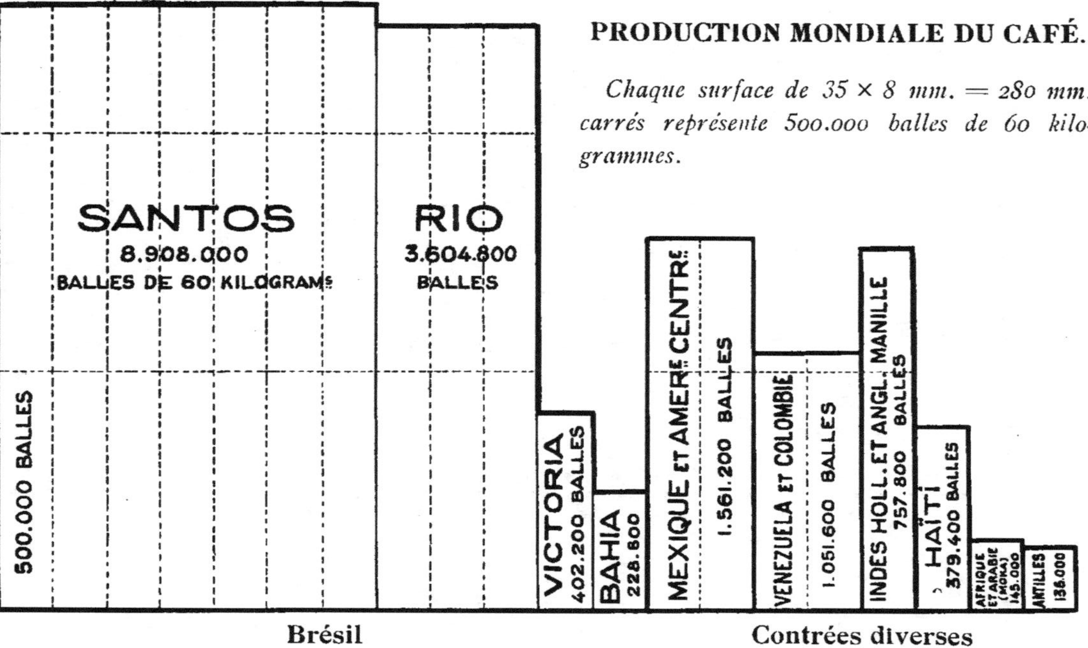

Fig. 2. — Diagramme de la production moyenne annuelle pour la période quinquennale 1902/1903 à 1906/1907.

4. — Etats brésiliens producteurs de café.

Le Brésil est donc le grand pourvoyeur de café puisque, bon an mal an, il fournit, à lui seul, les trois quarts de la production mondiale, dont la moyenne a été exactement, pour ces dix dernières années — 1897/98 à 1906/07 — de 16.433.900 balles. De cette quantité 12.308.200 balles ont été livrées par le Brésil qui est ainsi intervenu pour 74.9 % dans la production du monde entier.

La culture du café pourrait se faire, au Brésil, dans une région dont l'extraordinaire étendue irait, du nord au sud, des rives de l'Amazone aux limites les plus méridionales de l'Etat de Saint Paul et, de l'est à l'ouest, du littoral de l'Atlantique à l'extrémité occidentale de l'Etat de Matto-Grosso. Cette région, propre à la production du café, ne comprendrait pas moins de 20 degrés de latitude et 25 degrés de longitude, et l'on calcule, que les terrains, pouvant être affectés à cette culture, auraient une superficie qui ne serait pas inférieure à 3 millions de kilomètres carrés, ce qui représente, en chiffres ronds, plus de cent fois le territoire de la Belgique. Cette grande étendue de terres n'est cependant pas entièrement affectée à la culture du café. Celle-ci se trouve concentrée, au Brésil, dans cinq Etats seulement : c'est-à-dire dans les Etats de Saint Paul, de Minas-Geraes, de Rio de Janeiro, d'Espirito-Santo et de Bahia. De plus, la plus grande quantité de café brésilien est récoltée dans les trois premiers de ces Etats que nous avons cités dans l'ordre de leur importance.

Sans insister trop longuement sur la puissance productrice de ces trois principaux Etats caféiers, nous devons faire remarquer, que celui de Saint Paul occupe le tout premier rang et que, intervenant, pour les deux tiers

environ, dans la production du Brésil, il laisse loin derrière
lui ceux de Minas-Geraes et de Rio de Janeiro. Il est nécessaire de faire également remarquer que la production de
Minas-Geraes augmente, et que, dans un avenir peu éloigné,
elle pourra devenir beaucoup plus importante qu'à l'heure
actuelle. Ajoutons aussi que, si Minas-Geraes prospère il
n'en est pas de même de l'Etat de Rio qui, après avoir,
de prime abord, occupé la première place dans la production
brésilienne, accuse aujourd'hui une diminution marquée.

L'Etat de Saint Paul est donc le principal des Etats
brésiliens producteurs de café. Cette suprématie, il la
doit à des procédés d'exploitation plus perfectionnés, à un
sol et à un climat parfaitement appropriés à la culture de
cet important produit. C'est à cause de cette supériorité de
Saint Paul dans la production et aussi par suite du degré
d'avancement des cultures de cet Etat, que nous nous
sommes décidés, à prendre comme exemples, pour l'exposé
de la culture et de la préparation commerciale du café, les
procédés qui y sont généralement suivis. Les méthodes en
faveur à Saint Paul, il faut bien le reconnaître cependant,
ne sont pas toujours parfaites, et nous aurons soin, quand
l'occasion se présentera, de signaler les améliorations
dont elles seraient susceptibles.

A présent, afin de bien établir notre plan d'ensemble
disons que, dans la suite de cette étude, nous examinerons
tout d'abord la production du café à Saint Paul, sa culture
et sa préparation commerciale et ensuite la production
dans les Etats de Minas-Geraes et de Rio de Janeiro. En
passant, nous essaierons de faire comprendre la grande
opération de la valorisation du café : en quoi elle consiste,
comment elle a été exécutée, les résultats qu'on en attend,
ceux déjà obtenus, ainsi que ceux que l'on peut prévoir
dans un avenir plus ou moins éloigné.

III. — PRODUCTION DU CAFÉ DANS L'ÉTAT DE SAINT PAUL.

1. — Importance.

L'Etat de Saint Paul est, sans conteste, le centre de production de café, le plus vaste et le plus important du monde entier ; c'est certainement aussi l'une des contrées les plus favorables à la culture de cet important produit, pour ne pas dire la plus favorable. Il doit tous ces avantages à une série de circonstances, heureusement combinées, telles que fertilité naturelle du sol, conditions climatériques appropriées, main d'œuvre nombreuse, docile et habile, procédés d'exploitation perfectionnés et voies de communications bien comprises.

D'après les renseignements que nous avons donnés antérieurement nous savons que, si dans la moyenne de la production mondiale du café de ces dix dernières années, le Brésil est intervenu pour 75 %, l'Etat de Saint Paul revendique les deux tiers de cette production, ce qui équivaut donc à la moitié de la production du monde entier. Rappelons que, pour l'année 1901/02, sur une production totale de 19.818.000 balles, Saint Paul est intervenu pour 10.166.000 balles environ, et que, pour 1906/07, il a fourni, approximativement, 15.392.000 balles sur une récolte mondiale de 23.920.000 balles.

Inutile d'insister sur l'éloquence de ces chiffres ; ils montrent, d'une manière évidente, que l'Etat de Saint Paul peut être considéré comme le plus grand centre producteur de café du monde entier et, à ce titre, il occupe le même rang que celui que détiennent les Etats-Unis de l'Amérique du Nord dans la production du coton brut. L'île de Java, le Mexique, le Guatémala ainsi que les autres pays producteurs ne peuvent, en aucune façon, rivaliser avec l'Etat de Saint Paul pour l'étendue et la richesse des terrains propres à la culture du café.

La production du café est si importante dans cet Etat brésilien que la presque totalité de ses habitants s'occupe directement ou indirectement soit de la culture, de la préparation, du transport ou du commerce de ce grand produit. Les diverses industries de Saint Paul emploient environ 450.000 ouvriers et, parmi ceux-ci, 420.000 s'occupent de la production et du transport du café ; de plus, des capitaux qui sont engagés dans ces industries 85 % environ sont appliqués à la production et au commerce de cet article ou bien sont versés dans les chemins de fer qui en dépendent directement.

2. — **Surface cultivée.**

La superficie de l'Etat de Saint Paul, qui est approximativement de 26.000.000 hectares, équivaut sensiblement, à dix fois celle de la Belgique (laquelle est de 2.945.503 hectares). De ces 26.000.000 hectares, 867.773, c'est-à-dire presque le tiers de notre pays, étaient, en 1904/05, d'après le rapport du Secrétariat d'Agriculture de l'Etat de Saint Paul, publié en 1907, recouverts de plantations de café appartenant à 16.000 propriétaires environ. La surface totale de l'Etat, propre à la culture du café, est cependant beaucoup plus vaste et ne serait pas inférieure à 1.855.000 hectares. L'Etat de Saint Paul pourrait donc répondre à une augmentation, même sensible, de la consommation mondiale du café et pour y arriver, il lui suffirait soit de donner plus d'étendue à ses cultures, en créant de nouvelles plantations, ou encore d'apporter plus de soins aux cultures existantes dans le but d'en accroître les récoltes.

3. — **Nombre de caféiers**.

Le nombre de plantes de l'Etat de Saint Paul qui, en 1902 produisaient du café, et, par conséquent, étaient âgées de plus de quatre ans, atteignait le chiffre extra-ordinaire de 545 millions. A ce total déjà très respectable, venaient encore s'ajouter 140 millions d'arbustes qui, n'ayant pas quatre ans d'âge, ne fournissaient pas encore suffisamment de fruits que pour pouvoir être rangés parmi les arbres producteurs. Cela fait donc, dans l'ensemble, pour l'année 1902 un total de 685 millions de pieds.

Pour l'année 1904/05 le nombre de caféiers de tout âge — d'après le rapport du Secrétariat d'Agriculture de 1906, publié en 1907, — était exactement de 688.845.410. De 1902 à 1905 le nombre total des arbres n'a donc pas beaucoup varié à Saint Paul; on peut même dire, vu la petite différence existant entre les nombres que nous venons d'indiquer, qu'il n'a pas du tout varié et que, dans ces dernières années, on n'a plus planté à Saint Paul. Cet arrêt dans la création de nouvelles plantations est un effet de la baisse des prix et de la loi votée par le Gouvernement de cet Etat dans le but d'éviter une trop grande extension des cultures nouvelles et la surproduction inévitable qui en serait la suite. Cette loi, appelée loi prohibitive, mais que l'on pourrait plutôt dénommer loi de régularisation de pro-duction, frappe les nouvelles plantations d'un impôt de deux contos c'est-à-dire 2000 milreis (2:000$ 000) par « alqueire paulista » de 24.400 mètres carrés ($2^{Ha}44^a$). Elle fut votée en 1902, après la forte récolte 1901/02, pour un délai de cinq années et a été prorogée, en 1907, par le

Gouvernement de Saint Paul pour un nouveau délai de cinq ans. Aux termes de cette loi il est toutefois permis aux planteurs, sans payer aucun impôt, de remplacer, dans les « cafezaes », les pieds qui viendraient à disparaître par suite d'une circonstance quelconque : accident ou mort par suite du grand âge ou de l'épuisement.

A l'heure actuelle le nombre de caféiers de l'Etat de Saint Paul serait, de l'avis de personnes autorisées, inférieur à celui relevé en 1904/05 ; en effet, on n'y plante plus et la forte récolte de 1906/07 ayant considérablement épuisé les arbres, il se fait qu'un certain nombre d'entre eux a péri. Il n'est pas sans intérêt d'ajouter, que ceux qui ont pu résister et échapper à la mort, se sont trouvés dans un état de grande faiblesse qui, en dehors d'autres causes particulières, a porté préjudice à la récolte 1907/08 ainsi qu'aux récoltes qui suivront.

4. — Valeur des plantations.

La valeur des plantations de café de Saint Paul représente un capital extraordinaire qui, abstraction faite des voies de communications, n'est pas inférieur, au change fixe actuel, à deux milliard et demi de francs. Dans ce capital rentrent, non seulement les plantations proprement dites, mais également les « terreiros » c'est-à-dire les séchoirs pour la dessication du café, les usines de préparation avec leurs machines, les habitations pour propriétaires et travailleurs, les jardins, les pâturages et tout ce qui se rapporte directement à la « fazenda ». L'Etat de Saint Paul comptant environ 600 millions de caféiers, chaque pied représente donc, en moyenne, un capital de 4 francs.

5. — Importance des fazendas.

Les plantations de café de Saint Paul sont, en général, très importantes et s'il est courant de rencontrer des « fazendas » de 300.000 et 400.000 pieds (*), il n'est pas rare d'en trouver qui comptent jusque 800.000 pieds, telle, par exemple, la « fazenda » de Guatapará. Certaines d'entre elles, mais ce sont là des exceptions, ont un million de caféiers et même plus ; parmi celles-ci il convient de signaler, tout particulièrement, les plantations Dumont, actuellement mises en société anonyme, et les plantations de Monsieur Francisco Schmidt, le plus grand propriétaire de plantations de café du monde entier. La « fazenda » Dumont, située dans les environs de Ribeirão Preto, ne possède pas moins de 5.000.000 d'arbres formant un seul ensemble. Environ 6000 colons sont chargés de la culture de ces véritables forêts de caféiers, que traverse et parcourt, pour les besoins du service, un chemin de fer à voie étroite, d'une longueur de 30 kilomètres. Quant à Monsieur Francisco Schmidt il possède en tout trente-trois « fazendas » comprenant 7 1/2 à 8 millions de pieds dont 6 millions, au moins, se trouvent réunis, dans les environs de Ribeirão Preto, de telle sorte que l'on passe d'une propriété à l'autre, pour ainsi dire, sans s'en apercevoir.

Disons, enfin, qu'une « fazenda » de café de Saint Paul forme, en elle même, une véritable petite communauté qui, sous certains rapports, peut être comparée aux anciennes

---

(*) La fazenda Boa Vista se trouvant dans la région de São Manoel, et appartenant à Monsieur Lupercio de Camargo, compte 400.000 pieds et la fazenda de Madame Veuve da Motta Sobrinho et Fils à Espirito Santo do Pinhal, dans la région de Campinas, possède 350.000 pieds.

plantations du Sud des Etats-Unis de l'Amérique du Nord. Le nombre de travailleurs ou colons qui y sont occupés et y vivent dépend naturellement de l'importance de la « fazenda », mais varie, le plus généralement, de 5oo à 3ooo environ. Cette réunion de travailleurs habitant, avec leurs familles, dans une même ferme porte le nom de *colonie*. Certains avantages particuliers sont accordés par le « fazendeiro » ou propriétaire aux colons qui jouissent d'une habitation, de jardins, de prairies et qui, parfois, ont le droit de planter du maïs ou d'autres végétaux entre les lignes des jeunes caféiers.

Fig. 3. — Fazenda Palestina. État de Saint Paul.

A l'avant-plan vue générale de la plantation. Au centre « terreiros » et habitations pour colons. A l'arrière-plan forêt non défrichée.

DEUXIÈME PARTIE

CULTURE DU CAFÉ
DANS L'ETAT DE SAINT PAUL

Dans cet exposé, nous passerons successivement en revue un certain nombre de questions telles que l'étude du climat, le choix du sol, sa préparation, l'établissement de la plantation, les soins d'entretien dont elle doit être l'objet, les binages, la taille, les engrais, les maladies et ennemis des caféiers, la floraison, l'âge de production, la cueillette des fruits, les rendements, etc. Mais, avant cela, nous donnerons quelques renseignements sur l'historique de la culture du café à Saint Paul et ensuite sur l'origine botanique de ce produit ainsi que sur les espèces et variétés d'arbustes qui le fournissent.

I. — HISTORIQUE DE LA CULTURE DU CAFÉ
A SAINT PAUL.

Dans cette étude, notre intention n'est pas de remonter à l'époque de l'introduction même du caféier dans ce pays. Nous nous contenterons, simplement, d'examiner rapidement ce qui se rapporte à la période à partir de laquelle la production du café a pris, dans l'Etat brésilien qui nous occupe, quelque extension. A ce sujet, nous devons un certain nombre de renseignements intéressants à l'obligeance de notre distingué confrère et ami, Monsieur Jean Michel, actuellement professeur à l'Ecole d'Agriculture de Piracicaba, dans l'Etat de Saint Paul. Nous lui avions posé, avant son départ pour Saint Paul en mai 1907 et en vue du présent travail, quelques questions se rapportant aux chapitres que nous désirions compléter. Il a bien voulu y répondre de la manière la plus complète et nous saisissons avec plaisir l'occasion qui nous est offerte de le remercier de sa complaisance.

C'est surtout, à partir de 1870 que s'est révélé, dans l'Etat de Saint Paul, l'enthousiasme pour la culture du café. Il a coïncidé avec l'établissement du réseau ferré pénétrant dans le nord-ouest de l'Etat, vers Ribeirào Preto, Sào Carlos et dans ces dernières années vers Botucatú et Sào Manoel. Toutes ces villes sont d'ailleurs aujourd'hui des centres de production de café extrèmement importants.

Jadis, au temps des esclaves (avant 1888), la vallée du Parahyba, où se trouve Taubaté, désormais historique, était aussi un centre important de production et c'est mème par là que, de Rio, la culture pénétra à Saint Paul. De Taubaté, de nombreuses caravanes de mulets chargés de café descendaient vers Ubatuba et Sào Sebastiào d'où s'exportaient les produits. Aujourd'hui, les dépôts lagunaires qui forment, sur les rives du Parahyba, les terres à café, sont en partie épuisés, et les frais de culture ne sont plus compensés par les maigres récoltes, c'est à peine si l'on y trouve encore quelques « cafezaes » vieux et peu entretenus.

A côté des circonstances culturales, comme l'épuisement des terres à café, par suite d'un système de culture purement extractif, les circonstances économiques actuelles sont venues enrayer l'essor prodigieux pris par les cultures jusque vers 1895/1896.

Tout d'abord, vers 1896/1897, il s'est produit une forte baisse dans les prix. Les producteurs de São Paulo furent pris de panique et la théorie de la surproduction s'empara des esprits. On cessa de planter sans se rendre compte cependant que des caféiers étaient en train de vieillir, de disparaître même et que, en procédant de la sorte, on marchait sur les traces de certaines régions comme Ceylan, Java et des pays du Centre Amérique où la production, après avoir atteint son maximum est descendue très bas, sans qu'il soit possible d'opposer une barrière à la chute.

Vers 1897/1898 les plantations de Saint Paul avaient atteint toute l'extension que nous leur connaissons et ce sont les rendements de ces plantations, d'une extraordinaire étendue, qui ont amené la forte récolte de 1901/1902 d'abord et ensuite la récolte *record* de 1906/1907, la plus importante qui se soit vue et qui provoqua, avec raison d'ailleurs, selon M. J. Michel, l'intervention du Gouvernement de Saint Paul pour régler la vente du café et en assurer le débouché par la propagande.

L'action du Gouvernement est peut-être, de l'avis de M. J. Michel, moins justifiée lorsqu'elle tend, par un impôt prohibitif — que nous avons appelé impôt de régularisation de production appliqué en 1902 — à empêcher la création de nouvelles plantations. Nous retombons ici, nous dit M. J. Michel, dans le mal signalé précédemment, et la loi relative à cet impôt venant d'être prorogée pour une nouvelle période de cinq années — jusqu'en 1912 — il est probable qu'il y aura une lacune dans la production, laquelle ne permettra guère de répondre aux débouchés nouveaux créés par la propagande. Celle-ci profitera donc surtout à ceux qui, par des procédés de culture appropriés, auront maintenu leurs « cafezaes » en parfait état de production et remplacé en temps et lieu les caféiers épuisés, chose que ne défend pas la loi de régularisation de production.

Cette loi qui a été votée par le Gouvernement de l'Etat de Saint Paul, et qui a en quelque sorte limité la culture, dans le but d'éviter la surproduction, présente, toutefois, à côté de l'inconvénient signalé par M. J. Michel, en supposant qu'il se produise, de nombreux avantages. En effet, les terres vierges de première qualité existent encore en quantités presque illimitées dans tout l'Etat de Saint Paul, et il est évident que, sans la loi, les plantations se seraient accrues encore dans de plus grandes proportions. Dans ces conditions les prix seraient descendus davantage et c'eût été alors la ruine, à bref délai, pour la majeure partie des « fazendeiros » très éloignés du port d'embarquement, pour lesquels les frais de transport eussent été trop élevés et ne leur auraient permis aucun bénéfice et pour ceux dont les plantations, plus âgées ou situées dans de moins bonnes conditions, donnaient des récoltes moins abondantes et surtout moins régulières. Une sélection naturelle, dit M. L. Misson (*), se serait faite alors et tous ceux, qui se seraient trouvés dans les conditions défavorables que nous venons de signaler, auraient dû abandonner leurs cultures. La loi, qui a été faite dans l'intérêt même des planteurs, qui l'ont d'ailleurs très bien accueillie, a donc évité la ruine de beaucoup d'entre eux.

Cet avantage est certes déjà très appréciable ; à cela ne se bornent pas les bons effets de la loi prohibitive. En limitant la culture et en mettant un frein à l'extension des plantations, elle a empêché la destruction de grandes étendues de forêts vierges dont la disparition,

---

(*) *Annales de Gembloux* du 1er décembre 1906.

comme nous le verrons plus loin, eut exercé une influence néfaste sur le climat. De plus, elle a obligé les « fazendeiros » à tourner les yeux vers la polyculture et à s'occuper d'autres produits que le café, comme le maïs, le coton, le riz, etc., qui, aujourd'hui déjà, occupent une place importante dans l'agriculture pauliste. Enfin, elle a forcé les planteurs, et elle les forcera de plus en plus, à améliorer leur production tant en quantité qu'en qualité. Ceux-ci devront, en effet, maintenant que le nombre de pieds de café est limité, apporter plus de soins à leurs plantations, s'employer à étudier l'emploi judicieux des engrais, tailler leurs caféiers d'une manière rationnelle de façon à augmenter de plus en plus le rendement par arbre. Cette augmentation de production, par unité de surface, réduira également, dans une certaine mesure, le prix de revient, soit sous le rapport de la main-d'œuvre nécessitée par les soins d'entretien — on paie, en effet, les colons pour l'entretien du « cafezal » par nombre de pieds — soit encore sous le rapport de la diminution des frais de transport du produit récolté.

Tels sont, à côté du vide qui pourrait éventuellement se manifester dans la production mais qui ne se constatera pas si les rendements augmentent dans les mêmes proportions que la consommation, les avantages considérables de la loi de régularisation de production qui fera certainement faire, dans la voie du progrès, un grand pas à la culture du café dans l'Etat de Saint Paul.

Afin de compléter les données qui précèdent il nous suffira de reproduire les renseignements suivants que nous extrayons d'une lettre très intéressante, datée du 14 décembre 1907, que nous avons reçue de Monsieur Lupercio Teixeira de Camargo, le distingué et aimable « fazendeiro » de São Manoel, propriétaire de la superbe « fazenda » Bôa Vista.

« La culture du café, nous écrit M. L. de Camargo, a déjà atteint, à Saint Paul, son point culminant et, au dire de personnes autorisées, elle commencerait à décliner. D'après un rapport de l'illustre Dr F. W. Dafert, ancien directeur de l'Institut agronomique de l'Etat de Saint Paul à Campinas, il existait en 1888, dans l'Etat de Saint Paul, environ 211 millions de caféiers. A partir de cette année, par suite de l'abolition de l'esclavage au Brésil (le 13 mai 1888), l'immigration vers ce pays augmenta d'une manière extraordinaire grâce, surtout, aux patriotiques efforts du comte de Parnahyba, — l'éminent homme d'Etat, qui était président de l'Etat de Saint Paul alors province du même nom — lequel, avec un tact rare et une très grande habileté, commença ses services qui ont été continués ensuite par ses successeurs avec les plus beaux résultats. C'est de cette époque que date le rapide et colossal développement de la culture qui compte aujourd'hui, en chiffres ronds, 650 millions de caféiers.

« Comme il y a cinq ans — c'est-à-dire en 1902 — qu'a été appliquée à Saint Paul la loi prohibitive pour diminuer les plantations de café et que, dans le courant des quatre années qui ont précédé cette loi, on ne plantait déjà presque plus, par suite de la baisse des prix, on peut conclure que les plantations de l'Etat de Saint Paul ont été triplées de 1888 à 1898 (211 millions en 1888 et 650 millions en 1898) c'est-à-dire dans une période de dix années.

« De ces 450 millions de caféiers plantés de 1888 à 1898 on peut dire que 200 millions environ se trouvent dans des terres de deuxième et de troisième ordres de telle sorte qu'ils ont atteint, à l'heure actuelle, le maximum de leur production qui commence déjà à diminuer. De plus, comme cause aggravante, continue M. L. de Camargo, nous avons eu l'épouvantable production de 1906 dont la charge excessive a porté préjudice à la culture en affaiblissant les caféiers dont beaucoup, n'ayant pu résister, ont péri. L'énorme cueillette de 1906 a été supérieure encore à celle de 1901 et on peut la considérer comme la plus grande que nous ayons jamais vue et que, probablement, nous ne reverrons plus. »

Dans l'exposé de l'histoire de la culture du café dans l'Etat de Saint Paul, il est impossible de ne pas rappeler la façon dont le Gouvernement de cet Etat est intervenu, dans le but de venir en aide aux planteurs qui ont eu à subir, pendant ces dernières années, le contre-coup de la forte baisse des prix. Cette intervention du Gouvernement de Saint Paul, lequel a signé, avec les Etats de Rio de Janeiro et de Minas-Geraes, l'accord appelé *Convenio de Taubaté,* dans le but d'effectuer la grande opération de la valorisation du café, marquera une époque mémorable dans l'histoire de la culture du café au Brésil. Bien que la valorisation, dans les conditions où elle a été effectuée, ait rencontré de nombreux et acharnés adversaires on peut dire, quoiqu'elle ne soit pas encore arrivée au terme de sa réalisation définitive, que c'est là une opération de la plus haute portée, remplie en même temps de hardiesse et de sage prévoyance.

Les dirigeants de Saint Paul, qui ont assumé la lourde responsabilité de cette affaire, ont mûrement réfléchi avant d'aborder ce problème aux nombreuses inconnues. Leur tâche était difficile et la situation réclamait une solution prompte. C'était une question de vie ou de mort pour le café du Brésil, voire pour le Brésil lui-même, le café étant son plus important produit. Des mesures auraient dû être prises déjà, il est vrai, par les Gouvernements précédents, malheureusement ceux-ci n'avaient pas su prévoir qu'à l'accroissement de la production devait correspondre une augmentation de la consommation et n'avaient fait aucune propagande à cet effet. Les dernières hésitations à s'engager dans la voie de la valorisation ont été levées par la forte récolte 1906/1907 qui, si elle n'avait été retenue et immobilisée en partie, aurait entraîné une chute extraordinaire des cours. On se résolut donc à intervenir sans tarder et le plan de valorisation fut réalisé par le Gouvernement pauliste et les deux autres Etats caféiers intéressés, Minas-Geraes et Rio, sous le patronage du Gouvernement fédéral des Etats-Unis du Brésil.

Nous aurons l'occasion d'étudier plus loin, en détail, cette importante opération.

II. — ORIGINE BOTANIQUE DU CAFÉ.

Le café est produit par un grand nombre de plantes communément appelées caféiers. Il est constitué par des graines contenues, le plus généralement par paire, dans un fruit ou baie ressemblant à la cerise.

1. — Noms donnés aux caféiers.

Les caféiers, que l'on rencontre dans les plantations des divers pays producteurs, présentent des caractères botaniques généraux semblables ; ils ont été groupés, par les botanistes, dans un même genre qu'on a appelé le genre *Coffea*, lequel comprend une trentaine d'espèces, se subdivisant en de nombreuses variétés, qui fournissent les diverses sortes de café du commerce.

Parmi les nombreuses espèces de caféiers, pour l'étude desquelles nous renvoyons aux ouvrages spéciaux, les deux plus importantes sont certainement le *Coffea arabica* ou *caféier d'Arabie* et le *Coffea liberica* ou *caféier de Liberia*.

2. — Espèces de caféiers cultivées à Saint Paul.

L'espèce la plus cultivée dans l'Etat de Saint Paul est le Coffea arabica. Il n'y existe que peu de plantations de Coffea liberica et celles-ci se trouvent concentrées dans la région maritime aux environs de Santos et d'Iguape. Le liberica est du reste peu estimé à Saint Paul par suite de son grand développement qui en rend la cueillette plus difficile et en raison surtout de ce fait que la maturation de ses fruits a lieu presque toute l'année.

Les variétés de caféiers les plus cultivées dans l'Etat de Saint Paul proviennent donc du *Coffea arabica*. En se basant sur leur importance on peut, d'après M. Louis Misson (*), les classer dans l'ordre suivant :

a) Le *caféier nacional* ou *commun*, fig. 4 page 41, le plus robuste et le plus résistant de tous, qui occupe à peu près les trois quarts des plantations de Saint Paul ;

b) Le *Bourbon* qui, plus exigeant, est surtout planté dans les meilleures terres, les plus riches et les plus profondes. Il produit plus rapidement que le national et occupe le cinquième des plantations. Comme il est plus sensible aux vents froids et aux gelées que le national, sa culture, nous écrit M. J. Michel, s'est surtout étendue dans la région de Ribeirào Preto ;

c) Le *café jaune* ou de *Botucatú* dont les graines sont fort riches en caféine, alcaloïde qui donne au café ses propriétés excitantes ;

d) Le *Maragogype*, le plus grand des caféiers cultivés dans l'Etat, dont le grain, comme cela arrive chez tous les caféiers qui mûrissent lentement, possède un arôme très agréable ;

(*) *loc. cit.*

e) Les variétés de *Java* et le *Murta*, ce dernier n'étant qu'une dégénérescence du Bourbon, se rencontrent aussi dans quelques « fazendas ».

Ajoutons, à ces diverses variétés signalées par M. L. Misson, la nouvelle variété de caféier *Bourbon* × *Maragogype*, obtenue à l'Institut agronomique de l'Etat de Saint Paul à Campinas, par Monsieur le Dr. G. d'Utra, également ancien directeur de l'Institut. Il est fait mention de cette nouvelle variété dans le rapport de 1905 du Secrétariat de l'Agriculture de l'Etat de Saint Paul (page 19 et suivantes). La variété Bourbon × Maragogype est un hybride dont on dit beaucoup de bien à Saint Paul ; il possède, en effet, à la fois les qualités de l'une et de l'autre des deux variétés croisées et comme on cherche à le répandre, l'Institut agronomique de Campinas en distribue des jeunes plants aux « fazendeiros ». Voici ce qu'en dit le Dr. G. d'Utra dans son rapport de 1905.

« Les expériences, qui ont été faites, à l'Institut agronomique de Campinas, dans le but d'obtenir un caféier hybride Bourbon × Maragogype, par la pollinisation artificielle et qui ont été commencées vers 1898, peuvent être considérées comme terminées et couronnées de succès.

« Le Maragogype, généralement peu cultivé à Saint Paul, est une variété de caféier beaucoup plus vigoureuse et plus résistante aux maladies que le Bourbon ; le café qu'elle fournit est à gros grain et d'excellente qualité, malheureusement sa production est faible. Le Bourbon lui résiste peu aux maladies, mais comme il est plus productif il est beaucoup plus cultivé que le Maragogype.

« Dans le but d'obtenir un caféier unissant la robustesse et la résistance aux maladies à la puissance de production et à la supériorité du produit, du pollen de

Fig. 4. — Plant de caféier « nacional » ou commun couvert de fruits.
Etat de Saint Paul. Saison 1906/1907.

Maragogype a été fourni d'abord aux stigmates des fleurs du Bourbon. Au bout de trois années, après un premier succès, il a été procédé à une fécondation artificielle opposée, dite pollinisation réciproque, et l'on est arrivé ainsi à obtenir avec beaucoup de patience l'hybride recherché dont il existait en 1905 six mille jeunes plants à Campinas.

« Ce qui est le plus à craindre chez les hybrides c'est que ceux-ci retournent vers l'un ou l'autre des types ancestraux, mais dans le cas qui nous occupe le nouvel hybride conservera indéfiniment les qualités acquises, grâce à la pollinisation réciproque ou bilatérale et à une sélection des plus rigoureuses des graines récoltées.

« L'hybride Bourbon × Maragogype est d'une grande fertilité et de l'avis du Dr. G. d'Utra il est appelé, grâce à ses diverses qualités, rendement élevé, plus régulier et plus certain, à occuper une place très importante dans les *«fazendas»* qui exploitent la précieuse rubiacée, laquelle constitue la base de la production agricole pauliste. »

3. — Description du Coffea arabica.

Le Coffea arabica étant l'espèce de caféier qui fournit les variétés les plus cultivées dans l'Etat de Saint Paul, nous en donnerons une description générale succincte.

Le Coffea arabica, ou caféier d'Arabie, est un arbuste atteignant en moyenne cinq à six mètres de hauteur. Son écorce est grisâtre et rude ; ses branches longues, flexibles et étalées, portent des feuilles en toute saison. Celles-ci sont opposées et presque toujours elliptiques ou ovales ; leur longueur varie de 5,5 à 20 centimètres et leur largeur de 1,5 à 5 centimètres ; leur limbe présente neuf à douze nervures secondaires de chaque côté de la nervure principale ou médiane. Ses fleurs, d'une blancheur parfaite, ressemblent quelque peu à celles du Jasmin d'Espagne ; elles répandent une odeur pénétrante et sont réunies, au nombre de trois à sept, à l'aisselle des feuilles, c'est-à-dire aux endroits où celles-ci sont attachées aux branches.

La floraison du caféier a lieu plusieurs fois dans le cours d'une année ; elle est de courte durée et à ce moment les plantations de café ressemblent à de véritables champs recouverts de neige, tant le nombre des fleurs est extraordinaire.

La fleur du caféier, fig. 5 page 45, comprend une corolle formée de cinq pétales blancs ; un calice constitué par cinq sépales de couleur verte entourant l'ovaire ; cinq étamines qui portent à leur extrémité les anthères renfermant le pollen, c'est-à-dire l'élément fécondant mâle, et un pistil muni d'un canal intérieur débouchant dans l'ovaire. L'ovaire qui forme le reste de la fleur est, à notre point de vue, la partie la plus intéressante de la fleur du caféier. Il est constitué par une partie renflée se trouvant à la base de la fleur et présente deux loges qui sont séparées l'une de l'autre par une cloison verticale ; chacune de ces loges renferme un ovule ou élément femelle. Au moment de la fécondation, grâce au canal pratiqué dans le pistil, le pollen s'introduira dans l'ovaire et viendra féconder les ovules qui, après cette fécondation appelée aussi pollinisation, deviendront deux embryons de graine. L'ovaire ne tardera pas alors à se développer pour se transformer, au bout d'un temps plus ou moins long, en un fruit ou baie appelé communément cerise. Ce fruit renfermera, le plus souvent, deux graines logées chacune dans sa loge respective.

La cerise du caféier, verte au début, devient bientôt rougeâtre pour tirer, le plus souvent, sur le noir à sa maturité.

4. — Description du fruit du caféier.

Le fruit du caféier est formé de plusieurs parties, à l'étude desquelles il faut attacher la plus grande attention, car il est impossible de se rendre compte de la préparation commerciale du café si l'on ne connait pas exactement la constitution du fruit. Celui-ci est formé, fig. 5 page 45, de deux parties essentielles : d'une *paroi* entourant une ou le plus généralement deux *graines*.

1° **Paroi.** La paroi de la cerise du caféier comprend trois enveloppes distinctes qui de l'extérieur vers l'intérieur sont l'épiderme, la pulpe et la parche.

a) *L'épiderme* est constitué par une peau semblable à celle qui recouvre les cerises de nos jardins.

b) La *pulpe* est formée par un tissu lâche, peu résistant, charnu, un peu sucré, glaireux, s'enlevant assez facilement. Si on laissait les fruits du caféier en tas, cette pulpe ne tarderait pas à fermenter et les modifications chimiques qui se produiraient alors auraient une influence fâcheuse sur les qualités marchandes du café.

c) La *parche* est une enveloppe dure, résistante, relativement mince et de couleur jaune. Elle porte aussi le nom d'enveloppe parcheminée et forme, pour chacune des graines, une véritable loge plane vers l'intérieur du fruit et convexe vers l'extérieur.

2° **Graines.** Les graines contenues dans le fruit sont convexes du côté externe et planes et marquées d'un sillon longitudinal du côté interne. Elles sont formées de deux parties : une pellicule et une amande.

a) La *pellicule*, très mince et argentée, recouvre l'amande du fruit et manque généralement chez les cafés livrés au commerce.

b) *L'amande* qui n'est autre que le grain de café

Caféier d'Arabie ou Coffea arabica.

D'après H. ZIPPEL. — Ausländische Kulturpflanzen Wandtafeln.

Fig. 5.

1. Coupe de la fleur du caféier avec pétales et étamines. — 2. Calice, ovaire et pistil. — 3. Coupe de l'ovaire montrant les deux loges renfermant chacune un ovule. — 4. Fruit du caféier appelé baie ou cerise. — 5. Fruit du caféier dont on a enlevé une partie de la pulpe de manière à découvrir partiellement les deux grains de café recouverts de leur enveloppe parcheminée appelée communément parche. — 6. Fruit coupé transversalement et montrant ; h — l'épiderme qui est de couleur rouge ; f — la pulpe rosée ; p — l'enveloppe parcheminée ou parche ; s — la pellicule argentée ; n — le grain de café proprement dit avec son embryon. — 7. Grain de café avec parche. — 8. Parchè isolée. — 9. Pellicule argentée. — 10. Grain de café proprement dit.

proprement dit est composée d'un albumen corné entourant un embryon.

D'après ce que nous venons de dire le grain de café se compose donc uniquement de la graine du caféier débarrassée des enveloppes qui l'entourent ainsi que de la pellicule argentée. Parfois, l'on trouve cependant, dans le commerce, des cafés qui ont conservé leur pellicule argentée et il arrive même que la graine soit encore enveloppée de sa parche ; dans ce dernier cas on qualifie le produit de *café en parche*.

Parfois l'une des graines du fruit avorte, celle qui reste se développant davantage empiète alors quelque peu sur la loge restée vide. Par suite de ce plus grand développement, au lieu de rester plane du côté interne, cette graine prend une forme plus ou moins convexe tout en conservant toujours, cependant, son sillon longitudinal. Le grain de café obtenu, dans ces conditions, sera presque sphérique et, par suite de sa forme particulière, on lui donne le nom de *caracole* ou *moka* tandis qu'on réserve celui de *chato* pour les grains plats.

III. — CONDITIONS CLIMATÉRIQUES.

Si l'on veut se rendre compte du climat le plus favorable à la production du café, il faut considérer surtout la *température* et le *régime des pluies*. A ce double point de vue, l'État de Saint Paul offre au caféier des conditions exceptionnelles, aussi, l'étude du climat de cette partie du Brésil, nous fournira-t-elle un ensemble de données des plus précieuses pour la culture du café.

Dans l'étude de la température, qui convient le mieux au caféier, il importe de retenir, avant tout, que cette plante exige une température moyenne annuelle suffisamment élevée et que, si elle ne supporte pas de trop grands froids, elle ne réclame pas non plus une chaleur exagérée. De plus, et c'est là un point très important à noter, le caféier craint beaucoup la gelée et les vents froids qui, tous deux, causent parfois, dans les plantations de café, les plus grands désastres.

1°. — *Zones climatologiques de l'Etat de Saint Paul.*

L'Etat de Saint Paul, situé dans la partie mériodionale du Brésil, s'étend de 19°45′ à 23°15′ de latitude sud et de 46°25′27″ à 55°48′27″ de longitude ouest de Paris. Il est donc compris, pour la majeure partie, dans la *zone tropicale sud* à l'exception, toutefois, de sa pointe mériodionale, voisine de l'Océan Atlantique, laquelle rentre dans la *zone sub-tropicale* de l'hémisphère austral.

Traversé par le *tropique du Capricorne* il est borné : au nord, par l'Etat de Minas-Geraes ; à l'est, par les Etats de Minas-Geraes et de Rio de Janeiro ainsi que par l'Océan Atlantique ; au sud, par l'Océan Atlantique et l'Etat du Parana et enfin à l'ouest, par les Etats de Parana et de Matto-Grosso. Ses limites naturelles sont le Rio Parahyba, le Rio Grande, le Rio Parana, le Rio Paranapanéma et l'Océan Atlantique ; ses autres limites sont artificielles. Sa plus grande longueur, dont la direction va de l'est à l'ouest, est de 1188 kilomètres tandis que sa plus grande largeur, qui va du nord au sud, est de 1000 kilomètres environ. Sa superficie totale est de 28 millions d'hectares et équivaut, à peu de chose près, à dix fois celle de la Belgique. Son littoral, qui s'étend de l'embouchure du Rio Cachoeiera da Escada à celle du Rio Varadouro, a un développement approximatif de 600 kilomètres et la partie de son territoire qui confine à l'Etat de Matto-Grosso et que limite, à l'ouest, le Rio Parana, est encore peu explorée.

Au point de vue de l'altitude, et chacun sait le rôle important que l'altitude joue dans la température d'un pays, le territoire de l'Etat de Saint Paul peut être divisé en trois parties bien distinctes savoir : le **littoral**, les **hauteurs de la Serra do Mar** et le **grand plateau intérieur.**

A. — *Littoral.*

Le littoral qui, disons-le immédiatement, ne convient pas très bien à l'établissement des plantations de café, comprend les terrains bas, situés entre l'Océan Atlantique et le versant oriental de la Serra do Mar, chaîne de montagnes qui court presque parallèlement à la côte. Il est formé par une bande de terre qui, très étroite dans sa partie septentrionale — elle ne mesure, en effet, pas plus de cinq kilomètres à son extrémité nord, au nord des monts Ubatuba — va en s'élargissant, peu à peu, vers sa partie méridionale pour atteindre 130 kilomètres de largeur dans le bassin de la Ribeira de Cananéa.

Le voisinage de la grande masse océanique exerce, sur les oscillations thermométriques du littoral, une action régulatrice de telle sorte que le climat y est uniforme et régulier ; on n'y constate pas les brusques variations de température que l'on observe dans l'intérieur et l'on y jouit des avantages propres aux *climats maritimes.* La température de cette zone est relativement élevée et la moyenne annuelle y étant approximativement de 21,7° C, on peut la ranger parmi les *climats tempérés chauds* caractérisés par une température allant de 20 à 23,5° C. Un fait qui montre bien l'uniformité du climat du littoral est la différence existant entre la température moyenne des mois les plus chauds et des mois les plus froids, laquelle ne dépasse pas six degrés.

La température de cette région maritime étant assez élevée, l'évaporation qui s'y produit est naturellement très grande. Elle atteint son intensité maximum dans les parties couvertes de plantes et spécialement de végétaux arborescents. Les vents océaniques qui y soufflent, étant saturés d'humidité, y amènent de fortes pluies et la colonne pluviométrique annuelle y est supérieure à 2000 millimètres.

Si certaines parties, appartenant au littoral de l'État de Saint Paul, sont parfois marécageuses ou sablonneuses, la plupart des terrains y sont d'une grande fertilité et conviennent admirablement pour la culture du riz, du cacao et d'autres plantes des climats chauds ainsi que d'ailleurs, pour le maïs et les céréales.

Le littoral est représenté, dans les tableaux climatologiques des pages 70, 71 et 72, par les stations de Santos et d'Iguape.

B. — *Hautes régions de la Serra do Mar.*

La seconde zone climatérique de l'Etat de Saint Paul comprend les hautes régions montagneuses du versant oriental et du versant occidental de la « Serra do Mar », dont la ligne de faîte délimite le partage des eaux du bassin oriental et du bassin occidental paulistes. Elles atteignent, à quelques kilomètres seulement de la mer, une altitude variant de 900 à 1000 mètres, laquelle exerce, sur leur température, une influence marquée, et l'abaissement thermométrique, dû à leur surélévation, est en moyenne de 5° C, de telle sorte que leur température moyenne, qui est moindre que celle du littoral, descend à 18° C environ.

Cet abaissement relatif de la température de ces

hautes régions provoque la condensation de la vapeur d'eau dont les vents venant de l'Océan sont saturés; de là, les pluies fréquentes et abondantes que l'on constate dans cette zone dont la colonne pluviométrique annuelle, qui est la plus forte de tout l'Etat de Saint Paul, dépasse très souvent 4000 mm. tant au sommet de la montagne que sur le versant oriental. Celui-ci est, par suite de la forte chaleur humide qui y règne, recouvert de luxuriantes forêts vierges qui donnent lieu à une évaporation intense compensée par les pluies abondantes qui y tombent. Les arbres gigantesques de ces forêts appartiennent à un grand nombre d'espèces sylvestres qui peuvent fournir les bois les plus estimés pour la construction et l'ébénisterie. Les lianes et les plantes épiphytes, aux fleurs brillantes et délicates, y sont aussi en très grand nombre.

Les hautes régions de la « Serra » sont presque toujours enveloppées d'une brume épaisse; la nébulosité du ciel y est beaucoup plus grande que dans tout le reste de l'Etat et les « garrôas », ou pluies très fines, qui y tombent continuellement sont une preuve certaine du haut degré d'humidité qui y règne. Rares, très rares même, sont les jours complètement clairs dans le haut de la « Serra » et le triste aspect du beau ciel tropical de la ville de Saint Paul, capitale de l'Etat, souvent caché par les nuages, est dû à la proximité de la ligne de partage des eaux de la « Serra do Mar ».

Le chemin de fer anglais ou « São Paulo Railway », qui va de Jundiahy à Santos, en passant par la ville de Saint Paul, traverse le sommet de la « Serra do Mar ». La température moyenne de six années d'observations faites dans la tranchée de ce chemin de fer, à 800 mètres d'altitude, a donné 18° C, tandis que la colonne pluviométrique annuelle, moyenne de trente années, a été de 3576 mm.

Les hautes régions de la « Serra », étant très souvent couvertes de brouillards assez froids, ne se prêtent pas à la culture du café ; d'ailleurs, la gelée s'y fait de temps en temps sentir et les orages, qui y sont très fréquents pendant la saison chaude, sont parfois précédés de grêle. On y observe aussi de la neige dans les parties les plus élevées et, dans le haut de Cutia, aux environs des sources de la rivière du même nom, elle est même fréquente dans les mois les plus froids.

C. — *Grand plateau intérieur.*

Le territoire de l'État de Saint Paul qui ne rentre pas dans les deux zones précédentes comprend, au point de vue climatérique, la partie la meilleure de tout l'État ; c'est aussi la région la plus vaste, la plus riche et la plus populeuse. Elle forme un immense plateau intérieur, surélevé et incliné de l'est à l'ouest, qui, entrecoupé de montagnes et de collines, est sillonné de nombreuses vallées arrosées par de nombreux cours d'eau.

C'est dans cette troisième zone climatologique que se trouve Saint Paul, la capitale de l'Etat, dont la température moyenne annuelle, au centre de la ville, est de 18,2° C, ce qui la range parmi les résidences à climat tempéré doux et la fait tant apprécier des étrangers. La différence entre les mois les plus chauds et les mois les plus froids n'y est d'ailleurs pas supérieure à 10° C.

C'est également sur l'immense plateau intérieur pauliste que se rencontrent les nombreuses plantations de café de ce pays, à part cependant quelques « fazendas » se trouvant dans la région maritime ; elles y occupent les crêtes et les flancs des collines jusqu'à mi-côte, à une altitude qui dépasse généralement 600 mètres et elles jouissent d'un climat très agréable se prêtant admirablement à la vie et à l'établissement des Européens.

1. — **Température**.

Les saisons sont, dans l'État de Saint Paul, au nombre de quatre, et si l'on se rappelle que cet État se trouve au sud de la ligne équatoriale on se rendra de suite compte de l'interversion de ces saisons par rapport à celles de nos régions. Le *printemps* y comprend les mois de septembre, octobre et novembre ; l'*été* ceux de décembre, janvier et février ; l'*automne* mars, avril et mai et l'*hiver* les mois de juin, juillet et août.

Dans l'intérieur de l'État de Saint Paul, il est très rare que le thermomètre descende, pendant l'hiver, au-dessous de 11° C, tandis que, pendant l'été, il ne monte pas au-dessus de 35° C. La température moyenne annuelle y est de 19 à 21° C environ et le thermomètre ne descend que très rarement au-dessous de 3° C.

En 1906 il existait, à Saint Paul, plus de quarante stations météorologiques pourvues de tous les appareils d'enregistrement les plus modernes. Ces stations dépendent du service météorologique qui existe depuis une vingtaine d'années et se trouve dans les attributions de la commission géographique et géologique. Elles comprennent 14 stations de première classe, 19 de seconde classe et 10 de troisième classe. Parmi celles de *première classe* il faut citer : Saint Paul (École normale), Saint Paul (avenue Paulista), Saint Paul (Jardin botanique), Santos, São Carlos do Pinhal, Campinas, Ribeirão, Preto, Brotas, Iguape, Póços de Caldas, Taubaté, Itú, Piracicaba et Franca. Parmi celles de *seconde classe :* Araras, Agudos, Cananéa, Tatuhy, Rio Claro, Bragança, Santa Rita do Paraizo, Campos Novos do Paranapanéma, Apiahy, Avaré, Ibitinga, Mattão, Jacarehy, Bananal, Botucatú, Campos do Jordão, Amparo, São Sebastião (fondé en 1906) et Boracéa (fondé en 1906 et situé à l'embouchure du Rio Novo dans le Juqueryqueré, nouveau nucleo en terres vacantes). Parmi celles de *troisième classe* : Cunha, Conceicào de Itanhaem, Porto Ferreira, Lençóes, Ubatuba, Alto da Serra, Piassaguéra, Jundiahy, Luiz Miranda et Sào Manoel do Paraizo.

Températures observées en degrés centigrades. Moyennes de dix années.					
Saisons	Santos	Saint Paul	Tatuhy	Bragança	Porto Ferreira
Printemps { Septembre Octobre Novembre	20.6	18.0	19.2	19.3	21.9
Été { Décembre Janvier Février	25.0	21.4	22.7	22.2	25.4
Automne { Mars Avril Mai	23.1	18.7	19.3	20.1	22.1
Hiver { Juin Juillet Août	18.8	14.7	15.3	16.0	17.6
Température moyenne annuelle	21.9	18.2	19.1	19.4	21.7
Maximum absolu	40.0	38.5	42.5	36.5	35
Minimum absolu	+5°.0	— 2.5	— 1.8	0.0	+ 3.0
Oscillation	8.6	9.6	12.3	11.1	10.2

Ces diverses stations sont réparties dans tout l'État de manière à former un réseau complet ; elles fonctionnent avec beaucoup de régularité et font des observations sur les oscillations de la température, le régime des pluies, la direction des vents et les divers phénomènes atmosphériques. Les observations recueillies sont condensées et publiées dans divers journaux ainsi que sous forme de brochures de manière à en retirer le plus de profit possible.

Dans les stations de Santos, Saint Paul, Tatuhy, Bragança et Porto Ferreira, on a observé, pendant une période de dix années, les températures moyennes que nous résumons dans le tableau précédent (page 53). Ces diverses températures montrent très bien la douceur du climat de l'Etat de Saint Paul, laquelle a contribué, pour beaucoup, au grand développement de l'émigration européenne vers cette partie de l'Amérique du Sud.

2. — Régime des pluies.

Le régime des pluies du grand plateau intérieur de l'Etat de Saint Paul, étant en concordance parfaite avec la production du café, il est très intéressant de l'étudier en détail car, sous le rapport de l'eau qui lui est nécessaire, le caféier présente des exigences très particulières. Tout d'abord on sait que, s'il ne supporte pas de trop longues périodes de sécheresse, des pluies continuelles ne peuvent cependant pas lui convenir. Celles-ci nuisent, en effet, à l'éclosion des fleurs, à la bonne maturation des fruits, à leur cueillette ainsi qu'à leur dessication.

Au point de vue de la distribution des pluies, l'intérieur de l'Etat de Saint Paul est particulièrement favorisé; celles-ci y sont, en effet, réparties d'une manière très régulière, en rapport direct, peut-on dire, non seulement avec les exigences des caféiers, mais aussi avec les conditions réclamées par le séchage en plein air du café. Durant la période pendant laquelle l'eau leur est la plus nécessaire, c'est-à-dire pendant la période de pleine végétation, qui se manifeste à Saint Paul du commencement de septembre à la fin d'avril, les caféiers reçoivent, sous forme des pluies, une quantité d'eau d'environ un mètre. Pendant les autres mois de l'année il leur en est fourni une quantité moins considérable, mais toutefois suffisante. Cette période de moindre pluie, ou de sécheresse relative, arrive d'ailleurs juste à point pour permettre au planteur de procéder facilement à la cueillette des fruits et de pratiquer, au soleil, à peu de frais par conséquent, la dessication du café récolté.

Les pluies sont, dans l'intérieur de l'Etat de Saint Paul, naturellement moins abondantes que sur le littoral et, à plus forte raison, que dans les hautes régions de la « Serra do Mar » ; elles y sont toutefois suffisantes au point de vue de la culture du café. Bien qu'elles soient plus fréquentes en été (décembre, janvier et février), saison pendant laquelle il tombe une quantité d'eau bien plus grande qu'en n'importe quel autre moment de l'année, on constate cependant encore d'assez grandes précipitations en octobre et novembre (deux derniers mois du printemps) ainsi qu'en mars (premier mois de l'automne). D'avril à septembre les pluies diminuent considérablement d'importance à tel point que l'hiver (juin, juillet et août) est généralement clair et sec.

L'Etat de Saint Paul se trouve donc dans la zone des pluies d'été, circonstance extrêmement favorable à la production du café. Ces pluies estivales sont provoquées par l'anneau pluvieux qui se forme au-dessus de l'équateur thermique et qui accompagne le soleil dans son double déplacement apparent annuel, du nord au sud et du sud au nord suivant le cours des saisons. Elles fournissent aux plantes une grande quantité d'eau, précisément à l'époque où la grande chaleur favorise, au plus haut degré, la transpiration et la chlorovaporisation végétales.

A titre de renseignements, nous résumons, dans le tableau suivant, les observations pluviométriques moyennes de dix années, qui ont été faites dans les mêmes stations que celles que nous avons indiquées plus haut pour la température.

Hauteur de pluie en millimètres.
Moyennes de 10 années.

Saisons		Santos	Saint Paul	Tatuhy	Bragança	Porto Ferreira
Printemps	Septembre Octobre Novembre	442	317	346	389	307
Été	Décembre Janvier Février	851	569	587	647	616
Automne	Mars Avril Mai	636	290	292	605	258
Hiver	Juin Juillet Août	402	139	154	115	57
Total		2331	1315	1379	1756	1238

Les divers points de l'Etat de Saint Paul ne reçoivent pas, sous forme de pluies, les mêmes quantités d'eau et le climat de Brotas, São Carlos do Pinhal, Franca, etc., a la réputation d'être relativement sec.

La répartition des pluies dans l'Etat de Saint Paul est donc, ainsi que l'on peut s'en rendre compte par le tableau précédent, au point de vue de la production du café, pour ainsi dire idéale et en rapport parfait avec les périodes de végétation et de repos du caféier.

Le repos des arbres doit se faire, dans les plantations

de café, pendant les mois d'hiver — juin, juillet et août —
et pour que ce repos soit assuré et suffisamment complet,
les pluies doivent être peu abondantes; or, c'est précisément en hiver, à Saint Paul, que l'on constate le moins de
pluie, circonstance favorable non seulement au repos de la
vie végétative mais également, comme nous l'avons vu déjà,
à la dessication du café, laquelle se pratique précisément
pendant cette partie de l'année. Le repos hivernal des
caféiers est nécessaire et c'est une condition indispensable
pour qu'ils puissent donner au printemps suivant — septembre, octobre et novembre — une bonne floraison.

C'est au début du printemps, c'est-à-dire au commencement du mois de septembre que, sous l'effet de l'élévation
de la température, la végétation se réveille. C'est alors
aussi que commence généralement la floraison. « Dans
le municipe de Sâo Manoël il y a, en général, nous écrit
M. Lupercio Teixeira de Camargo, trois floraisons chaque
année : la première, qui est la plus importante, a lieu au
commencement de septembre; la seconde fin septembre et
commencement d'octobre et la troisième à la fin du mois
d'octobre ». Pour que la floraison soit favorable il faut que
les pluies gagnent en importance à mesure que la température s'élève.

La floraison de caféiers a donc lieu en plusieurs fois
et les fruits qui commencent déjà à se nouer en octobre se
développent généralement pendant les mois de novembre,
décembre et une partie de janvier. Au cours de cette période
de développement, qui coïncide avec le dernier mois du
printemps et les premiers mois de l'été, les plantes doivent
pouvoir recevoir une quantité d'eau relativement grande;
c'est précisément ce que l'on constate à Saint Paul.

Les fruits suffisamment développés ne tardent pas à
mûrir et leur maturation coïncide avec la fin de l'été —

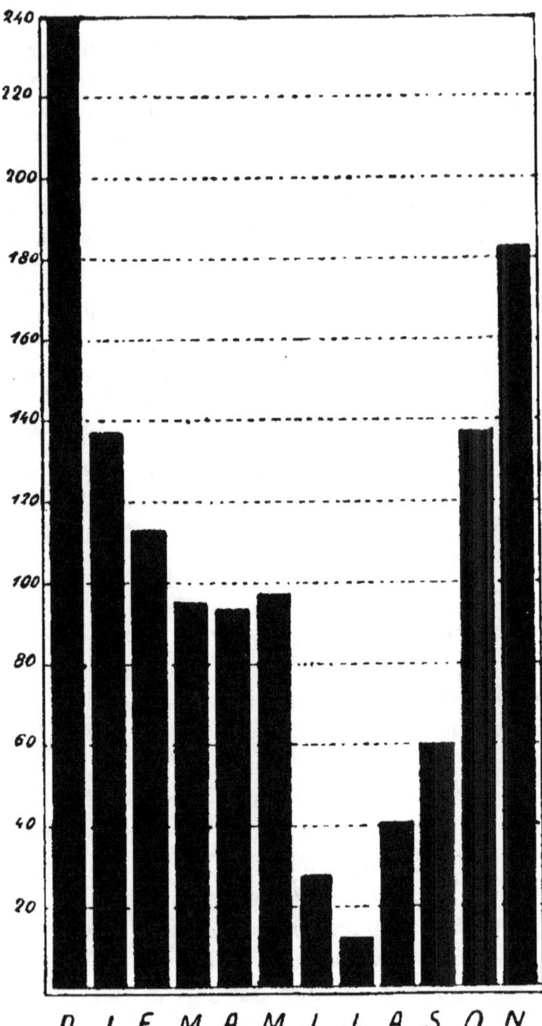

Fig. 6. — Diagramme des pluies mensuelles à Saint Paul (capitale de
de l'Etat). Année 1903.

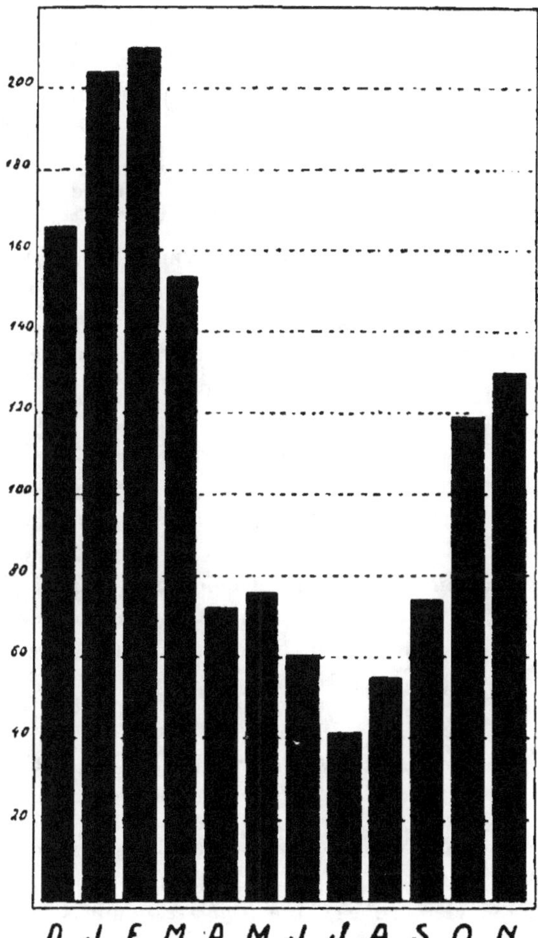

Fig. 7. — Diagramme des moyennes des pluies mensuelles à Saint
Paul (capitale de l'Etat) de 1887 à 1903.

fin janvier et février — et le commencement de l'automne — mars et avril — la cueillette se faisant généralement vers les premiers jours du mois de mai pour se continuer, le plus souvent, jusqu'au début de septembre, époque à laquelle apparaissent les premières fleurs de la récolte suivante.

Pendant la période de développement des fruits, et spécialement en décembre et janvier qui sont les mois les plus chauds, les pluies doivent fournir, aux caféiers, la quantité d'eau la plus grande de l'année, non seulement, à cause du développement des cerises mais aussi parce que c'est à cette époque que se forment les jeunes rameaux qui porteront les fleurs au printemps suivant.

Décembre et janvier constituent donc une période très critique pour les caféiers et l'absence de pluie à cette époque ne nuira pas seulement à la récolte de l'année en cours mais aussi à la récolte de l'année suivante. Ce sont là des indications qu'il est nécessaire de posséder si l'on veut discuter, en connaissance de cause, les prévisions de récolte basées sur les observations climatériques sérieuses faites dans les pays producteurs. Nous aurons d'ailleurs l'occasion d'y revenir plus tard.

2°. — *Zone tempérée et zone chaude.*

Des auteurs, nous écrit M. Jean Michel, partagent, au point de vue du climat, la région caféière de l'Etat de Saint Paul en deux zones : l'une *tempérée*, comprise entre les 22 et 23 1/2° de latitude sud et l'autre *chaude* comprise entre les 20 et 22° L. S. Dans la première de ces deux zones rentrent donc les centres de production de Campinas, Sào Manoel, Botucatú et la vallée du Parahyba tandis que la seconde, la plus importante, comprend toute la région de Ribeirâo Preto, Araraquara, etc..

Il se produit parfois ce phénomène qu'on note une bonne production dans la zone tempérée et une récolte médiocre dans la zone chaude ou vice-versa. Toutefois, ces diversités n'ont pas eu, jusqu'à présent, grande influence sur la marche générale de la production et des prix correspondants, parce que les quantités produites par la zone tempérée sont faibles, comparées à celles de la zone chaude. Cependant, les plantations devenant de plus en plus importantes dans la région de Sâo Manoel, laquelle se trouve dans la zone tempérée, il se peut qu'à l'avenir, il y ait là une forme naturelle de régularisation de production.

3°. — *Gelées.*

Endroits où elles se produisent. Leurs effets et moyens d'y remédier.

Les gelées causent parfois, dans les plantations de café, de grands dégâts, non pas en faisant périr les plants adultes qui y résistent généralement, mais en endommageant, d'une manière sensible, les jeunes pousses. C'est pourquoi, il ne faut pas installer les plantations dans les régions exposées à la gelée, sous peine de supporter de ce chef des pertes considérables. Ce serait un tort de croire cependant, que le caféier ne puisse supporter des températures voisines de zéro degré; par les temps calmes, et lorsque l'air est sec, il résiste, d'une façon remarquable, à un abaissement de température allant jusqu'à $0°$ C, mais il n'en serait pas de même sous l'influence du vent. D'ailleurs, les vents froids produisent, dans les « cafezaes », des dégâts analogues à ceux occasionnés par la gelée; mais si l'on peut facilement soustraire les caféiers à leur action, par des abris convenablement disposés, il est impossible de lutter contre le froid.

Les gelées sont fréquentes dans beaucoup de points de l'État de Saint Paul ; cependant, elles sont loin d'être régulières et elles ne s'y manifestent pas toujours aux mêmes endroits. On les observe, par exemple, plusieurs années de suite, en un lieu donné et souvent elles ne s'y reproduisent plus pendant une égale période. Il arrive même que des localités qui y sont prédisposées y échappent tandis que d'autres, qui y sont moins sujettes, sont atteintes.

Les gelées se produisent dans les années les plus froides et dans les endroits bas et humides. Elles ne se manifestent généralement pas au printemps mais bien pendant les nuits les plus froides de l'hiver — juin, juillet et août —, lorsqu'après une pluie, survenue pendant la journée, le ciel reste clair et limpide l'après-midi et la nuit ; c'est qu'alors se trouvent réunies les deux conditions les plus favorables à la réalisation du phénomène : grande humidité de l'air et radiation nocturne très forte. C'est aussi par suite de ces deux causes que la gelée s'observe toujours le matin, immédiatement après le lever du soleil, c'est-à-dire au point du jour, et les « fazendeiros » reconnaissent que leurs plantations ont été atteintes lorsque, le matin, à la première heure, les caféiers sont recouverts d'une couche blanche que dissipe le premier rayon de soleil. Certaines parties des plantes, les plus jeunes ramifications naturellement, sont alors noircies comme si le feu les avait atteintes.

Le phénomène présente des caractéristiques très spéciales, c'est ainsi par exemple, nous disait Monsieur F. Ferreira Ramos, commissaire général de l'Etat de Saint Paul, que la « fazenda » de Santa Rita do Paraizo n'a pas été atteinte par la gelée de 1901, qui avait été constatée dans tout l'Etat de Saint Paul, alors qu'une propriété voisine, se trouvant même à une altitude inférieure de quelques mètres, n'y avait pas échappé.

Dans quelques endroits, la gelée est plus ou moins fréquente pendant les mois les plus froids ; ainsi, à Saint Paul, Campinas, Ribeirào Preto, etc., elle se manifeste, presque chaque année, en juin, juillet et août ; on l'y a même déjà observée en septembre et, dans ce cas, elle occasionne les plus grands dégàts dans les plantations de café.

En 1887 et 1888 la gelée paraît s'être manifestée en de rares endroits et avec une très faible intensité. En 1889 on observa quelques petites gelées à Alto da Serra et dans la capitale ; elles apparurent les 14 et 26 juin, d'une manière presque générale, dans presque toute la « Serra do Mar » ; en septembre, elles furent observées à Casa Branca et à Cachoeira. En 1890 le phénomène se produisit dans les quelques endroits suivants : au mois de mai, à Tatuhy ; au mois de juin, à Tatuhy, Bragança, Rio Claro, Sào Jose do Rio Pardo ; au mois d'août, à Saint Paul et Tatuhy. En 1891 elles se firent sentir en différents points.

Dans le municipe de Campinas les gelées apparaissent, presque tous les ans, dans les endroits les plus bas ; dans la ville de Campinas et dans la station agronomique on n'a pas eu l'occasion de les constater de 1889 à 1891.

Suivant le Dr Löfgren, le distingué botaniste et météorologiste de la commission géologique de l'Etat de Saint Paul, les gelées sont inconnues dans les parties élevées de Batataes et Franca, mais elles sont fréquentes, au contraire, dans les plantations d'Itapetininga, Tatuhy, Rio Claro, Araraquara et Jaboticabal. Le D^r Th. Sampaio dit que, dans la vallée du Paranapanéma, les gelées sont fréquentes pendant l'hiver ; qu'ils les a de plus, observées dans la vallée du Rio Turvo et à Itapetininga dans les nuits froides de l'hiver de l'année 1886. Pour les autres années nous renvoyons aux tableaux climatologiques des pages 70, 71 et 72.

Van Delden Laerne, dans son livre Brésil et Java, attribue la production de la gelée, à Saint Paul, au « pampeiro » vent d'une violence extraordinaire venant des pampas de la République Argentine dans la direction sudouest. Il dit avoir visité, à Limeira, des « fazendas » qui ont eu à souffrir régulièrement de la gelée sans que l'on sache le motif exact pour lequel ces plantations avaient eu à souffrir plus que celles des régions contiguës.

Bien que, dans l'Etat de Saint Paul, les gelées n'obéissent pas à un régime bien déterminé et régulier, on peut dire que l'expérience a appris : 1) que les endroits situés à proximité, soit des cours d'eau, des étangs et des marécages, etc., sont les plus sujets aux gelées et que celles-ci se manifestent plus fréquemment à une altitude *inférieure* à 600 mètres ; 2) que les gelées ne constituent pas, pour un lieu donné, un phénomène constant, car leur apparition dépend essentiellement de l'intensité du froid de l'année en cours ; 3) enfin que l'époque à laquelle le phénomène se produit est très variable et que les gelées peuvent aussi bien survenir en mai qu'en septembre ainsi que pendant les mois intermédiaires, c'est-à-dire juin, juillet et août qui sont les mois d'hiver.

Les gelées ont, sur l'agriculture pauliste, une influence extraordinaire dont le planteur doit tenir compte s'il ne veut pas aller à l'encontre d'un échec inévitable. Pour ce qui concerne la culture du café, on établit les plantations, comme nous avons eu l'occasion de le dire déjà, sur les crêtes et les flancs des coteaux, à une altitude généralement

supérieure à 6oo mètres, qui varie le plus souvent de 6oo à
85o mètres. C'est la règle générale, mais ces chiffres, qui
ne sont pas absolus, varient quelque peu suivant la latitude
des régions caféières. Dans le choix de l'altitude, on se
base principalement sur le fait reconnu que la zone de 6oo
à 85o mètres d'altitude est exempte de gelée.

Comment peut-on expliquer qu'il ne gèle généralement
pas entre 6oo et 85o mètres alors que les points supérieurs
et inférieurs sont atteints par la gelée ? Pour ce qui est des
endroits supérieurs à 85o mètres, on comprend facilement que
les gelées ont pour cause le froid intense qu'il y fait naturellement en hiver et qu'elles s'y produisent, indépendamment
de la radiation nocturne, par suite du refroidissement dû à
l'augmentation de l'altitude. Pour les lieux situés au-dessous
de 6oo mètres, il semble que l'on puisse attribuer la fréquence
de la gelée à la descente de l'air froid des parties élevées
vers les parties plus basses. Si elle ne se manifeste presque
jamais dans les régions comprises entre 6oo et 85o mètres,
c'est parce que là, il n'y a pas une humidité suffisante
pour se déposer sur les objets terrestres et parce que, de
plus, il s'y forme des brouillards empêchant la radiation
nocturne et, conséquemment, la congélation de l'eau qui se
condense sur le plantes.

Il y a cependant, dans la zone exempte de gelée,
certains endroits où celle-ci se manifeste ; mais elle est
due alors à des causes purement locales qui contribuent
à augmenter l'humidité de l'air, telles que, par exemple, la
présence d'étang et de ravins dans lesquels coule un cours
d'eau. D'autre part, il y a des lieux, situés au-dessous de
6oo mètres, où les gelées ne se produisent pas, mais cela
semble tenir à une grande sécheresse de l'air. Enfin, ainsi
que nous l'avons dit plus haut, il n'est pas rare de constater qu'un « cafezal » soit détruit par suite d'une forte

gelée tandis qu'un autre situé dans son voisinage reste indemne. C'est là une anomalie dont il est impossible de donner une explication générale car cela tient à une série de circonstances locales très complexes que l'on ne peut reconnaître que par l'observation directe seulement.

Les effets des gelées sur les caféiers dépendent beaucoup de l'âge des plantes et l'intensité du mal varie avec leur degré de résistance ; c'est ainsi qu'un « cafezal » jeune souffrira plus qu'un « cafezal » ancien. Il est rare même, lorsque la gelée s'est produite dans une plantation de café, que les grosses branches et le tronc soient atteints, et il est plus rare encore qu'elle arrive jusqu'aux racines ; son action destructive se limite, généralement, aux extrémités des branches, aux jeunes pousses et aux feuilles.

Lorsqu'un « cafezal » a eu à subir les effets d'une gelée, il convient de couper les parties attaquées seules, ceci dans le but de faire produire aux arbres des pousses nouvelles de manière à ce qu'ils reprennent leur vigueur première. « Il est indispensable, lisons-nous dans le bulletin de l'Institut agronomique de Campinas, dans un article ayant pour titre « *as geadas* », de procéder sans retard à cette opération ; il faut le faire aussitôt que le « cafezal » a été atteint, afin d'éviter que la gangrène (désorganisation) ne se propage et n'attaque l'arbre tout entier. Un traitement rapide a, de plus, le grand avantage de hâter la reconstitution des caféiers et d'empêcher, par conséquent, qu'ils ne restent trop longtemps sans fournir de fruits, ce qui se produirait, inévitablement, si on laissait aux arbres le soin de se reconstituer d'eux-mêmes.

« Nous avons déjà eu l'occasion, continue-t-on dans l'article que nous traduisons littéralement, de vérifier l'efficacité du procédé que nous préconisons et que nous conseillons de pratiquer de la manière suivante. Aussitôt la gelée disparue, il faut parcourir le « cafezal », examiner chaque arbre en particulier et passer en revue toutes les jeunes pousses. A l'aide de ciseaux appropriés, il faut alors couper l'extrémité noircie par le froid, un peu au-dessous du point de séparation d'avec la partie restée verte. Il est facile de découvrir ces points de séparation et la perte de temps, occasionnée par leur recherche, sera largement compensée par l'avantage qu'on retirera de ne pas couper les pousses plus que cela n'est absolument nécessaire. »

Au sujet du moment exact auquel il faut couper les parties roussies par la gelée, les « fazendeiros » ne sont pas tout à fait d'accord. M. Francisco Schmidt, le grand propriétaire de Ribeirão Preto, préfère, à la suite d'expériences qu'il a faites, laisser dessécher tout d'abord quelque peu les extrémités gelées afin de voir exactement ce qu'il est nécessaire d'en couper.

Avant de terminer ce chapitre relatif aux gelées, rappelons que les « cafezaes » souffrent, parfois beaucoup, du froid intense sans qu'il y ait véritablement gelée. Cela s'explique facilement par ce fait que les plantes soumises à une température voisine de zéro degré voient leur végétation atteinte d'une paralysie passagère, la sève cessant, pendant l'action du froid, de circuler librement et régulièrement. Si cet arrêt de circulation se prolonge trop longtemps, la plante peut très bien ne plus être à même de retourner à son état primitif car, le froid disparu, elle sera très affaiblie sinon totalement incapable de continuer à végéter. Ce dernier accident se remarque rarement dans les « cafezaes » de Saint Paul et l'action du froid se borne, presque toujours, au jaunissement des feuilles, les arbres recouvrant leur vigueur primitive lorsque de nouvelles feuilles ont remplacé celles qui ont disparu.

Pour finir rappelons que les orages à grêle anéantissent en quelques secondes les fleurs et les récoltes sans qu'aucun moyen permette de conjurer ce danger. Ils sont heureusement rares dans les régions fraîches situées, comme Saint Paul, à la limite de la culture du café.

4°. — *Déboisement et climat.*

D'après ce qui précède, l'Etat de Saint Paul possède donc, dans l'ensemble, un climat très régulier qui lui garantit un avenir brillant, à condition que des mesures sévères soient prises, par le Gouvernement, dans le but de lui conserver sa grande régularité. Ces mesures touchent à la question du dénûment du sol.

La fièvre de plantation a amené, en effet, dans l'Etat de Saint Paul, la destruction de grandes étendues de forêts vierges dont la disparition n'a pas été sans provoquer une certaine modification du climat et, bien que les observations météorologiques ne se fassent sérieusement, dans ce pays, que depuis un nombre assez restreint d'années, les effets du dénûment du sol commencent déjà à se faire sentir. Le climat s'est modifié, les pluies ne sont plus, à l'heure actuelle, aussi régulières qu'elles l'étaient jadis ; elles surviennent parfois, d'une manière inopportune, ce qui n'est pas sans causer de grands préjudices aux plantations de café.

Les forêts sont, il ne faut pas l'oublier, les grands régulateurs des climats, elles rapprochent les extrèmes de température (maxima et minima) et exercent une grande influence sur le régime pluvial et hydrographique d'un pays. Aussi, eu égard au rôle important qu'elles jouent, au point de vue climatologique, est-il du devoir des gouvernements de veiller, non seulement à leur conservation, mais aussi, si c'est nécessaire, à leur restauration. Sous ce rapport, les mesures prises par le Gouvernement de l'Etat de Saint Paul pour empêcher, le plus possible, l'établissement de nouvelles plantations de café, n'auront pas seulement pour effet de régulariser la production, elles assureront aussi, dans une certaine mesure, la conservation de beaucoup de forêts qui, sans le vote de la loi prohibitive, n'auraient pas tardé à disparaître.

L'Etat de Saint Paul, dit M. J. N. Belfort Mattos, chef du service météorologique de Saint Paul (*), est doté d'un système hydrographique précieux et d'innombrables chutes d'eau mettent à la disposition de l'industrie agricole une force mécanique considérable que l'on peut évaluer à plusieurs dizaines de milliards de chevaux-vapeur. Les déboisements pouvant porter atteinte au régime des cours d'eau, il est du devoir du Gouvernement d'user de prévoyance et de condamner cette pratique barbare qui consiste à abattre et brûler les arbres des forêts sans qu'il soit procédé au reboisement. Si l'on ne met fin à ce système, les forêts disparaîtront rapidement et cette disparition ne tardera pas à être suivie de longues périodes de sécheresse qui non seulement nuiront à la production du café mais qui, faisant tarir les chutes d'eau, porteront également un très grand préjudice aux industries agricoles.

Placé en face de ce problème le Gouvernement de l'Etat de Saint Paul a heureusement très bien compris son devoir ; il n'est pas resté inactif et, pour le moment, il essaie, par divers moyens, de favoriser le reboisement, afin de réparer, dans le mesure du possible, le mal causé par la dévastation des forêts et de rétablir ainsi les conditions climatériques primitives, dans l'intérêt de son agriculture.

(*) J. N. Belfort Mattos. « Breve noticia sobre o clima de São Paulo ».

Tableau climatologique de l'Etat de Saint Paul

Moyennes normales du mois le plus chaud " Janvier "

Stations météorologiques	Pression atmosphérique en m m à 0° C.	TEMPÉRATURE EN DEGRÉS CENTIGRADES					Psychromètre		Evaporation totale à l'ombre en m/m	PLUIE		Nébulosité moyenne de 0 à 10	Pression atmosphérique normale en m m
		Moyennes	Maximas	Dates	Minimas	Dates	Tension de vapeur en m m	Humidité relative 0/0		Quantité totale en m/m	Nombre de jours de pluie		
1. Littoral													
Santos	759.2	24.7	37.3	29-1895	17 2	4-1903	18.2	81	73.0	294.7	18	6.6	758.7
Iguape	757.7	24.5	33.0	17-1902 20-1903	16.0	25-1902	17.2	75	74.2	204.7	19	6.0	757.2
2. Plateau intérieur													
Taubaté	712.2	20.1	33.0	12ᵉ 29-1903	12.0	5-1903	17.4	80	50.6	213.2	20	7.6	760.7
Capital	696.1	21.4	35.0	14-1896 12-1898	10.9	14-1888	15.8	84	62.3	200.2	20	7 7	759.3
Campinas . . .	702.8	22.7	34.8	9-1902	10.1	5-1903	16.2	81	—	267.0	19	6.6	758.4
Bragança	689.1	22.2	35.0	24-1893	11.0	4ᵉ 5-1903	16.7	84	30.9	258.7	22	6.6	758.4
São Carlos do Pinhal	690.6	21.0	33.0	10-1902	11.0	4-1903	13.6	73	87.0	183.5	18	6.2	759.7
Brotas	708.0	22.4	36.6	10-1902	12.0	3ᵉ 4-1903	12.8	64	72.8	151.1	12	4.9	758.4
Ribeirâo Preto . .	714.6	21.8	37.0	26-1903	12.5	5-1903	15.3	73	64.3	234.0	16	6.0	757.5
Franca	680.1	21.1	33.5	10-1902	11.3	5-1903	14.8	79	45.0	178.0	18	6.1	760.5
Botucatú	692.2	22.3	36.6	2-1896 29-1894	11.5	4-1903	16.0	79	61.8	231.7	19	6.4	757.9
Ytú	708.4	23.8	33.4	9-1902	14.0	20ᵉ21-1896	17.4	79	79.6	221.4	16	6.2	755.3

Tableau climatologique de l'Etat de Saint Paul

Moyennes normales du mois le plus froid " Juillet "

Stations météorologiques	Pression atmosphérique en m m à 0° C.	TEMPÉRATURE EN DEGRÉS CENTIGRADES					Psychro mètre		Évaporation totale à l'ombre en m m	PLUIE			Nébulosité moyenne de 0 à 10	Pression atmosphérique normale en m m
		Moyennes	Maximas	Dates	Minimas	Dates	Tension de vapeur en m m	Humidité relative 0,0		Quantité totale en m m	Nombre de jours de pluie			
1. Littoral														
Santos	767.1	18.6	33.2	17-1901	6 5	8-1897	13.4	77	53.6	87.2	7		4.8	766.6
Iguape	764 8	18.6	35.0	25-1902	7.2	8-1897	12.3	76	49.0	62.7	9		4.6	764.4
2. Plateau intérieur														
Taubaté	717.0	17.2	30.0	29e31-1903	7.0	1e 22-1895 6-1898	11.3	77	50.3	18.6	4		4.3	766.0
Capital	701.6	14.4	29.0	18-1901	0.7	16-1892	10.1	82	60.1	20.2	6		5.3	766.4
Campinas . . .	707.9	16.2	30.9	3e 5-1895	0.2	15-1892	10.0	74	—	15.3	4		3.0	763.7
Bragança . . .	694.0	15.6	29.5	9-1890	2.0	14-1892	10.5	79	31.3	13.8	9		3.3	764.4
São Carlos do Pinhal	694.7	17.8	29.0	31-1903	7.5	9-1901	9.2	61	72.0	9.3	3		4.2	764.5
Brotas	712 2	16.9	31.2	11-1902	3 0	9-1901	8.0	58	73.1	18.2	4		3.0	763.7
Ribeirão Preto . .	718.8	19.1	32.0	19-1901	4.0	10-1901	9.1	62	55.0	4.3	3		3.2	762.2
Franca	685.0	18.7	29.9	19-1901	7.5	3-1903	9.7	61	56.0	7.7	2		2.9	767.0
Botucatú	697.0	15.0	27.5	29-1903	0.2	14-1894	9 4	75	52.0	9.0	4		2.9	764.3
Ytú	713.6	16.6	29.3	20.1900	1.8	14-1894	10.8	77	66.5	19.7	4		2.9	761.7

Tableau climatologique de l'Etat de Saint Paul

Observations climatologiques normales

Stations météorologiques	Pression atmosphérique en m m à 0 C.	TEMPÉRATURE EN DEGRÉS CENTIGRADES					Psychro mètre		Évaporation totale à l'ombre en m m	PLUIE		Nébulosité moyenne de 0 à 10	Pression atmosphérique normale en m m
		Moyennes	Maximas	Dates	Minimas	Dates	Tension de vapeur en m m	Humidité relative 0 0		Quantité totale en m m	Nombre de jours de pluie		
1. Littoral													
Santos	762.7	21.8	38.5	9-II-1902	5.0	-VI-1899	16 2	81	735.3	2,248.8	156	6.6	762.3
Iguape	761.8	21.7	39.0	10-II-1902	7.2	8-VII-1897	14 9	76	709.4	1,652.7	163	5.6	761.5
2. Plateau intérieur													
Taubate	714.4	20.6	36.0	27-XI-1894	1.5	19-VIII-1902	14.6	78	623.9	1.241.7	132	5.9	762.9
Capital	698.4	18.2	38 5	29-XII-1895	-2.5	24-VIII-1898	13.1	83	692.4	1.342.7	161	6.5	762.5
Campinas . . .	705.2	19.8	36.7	27-XII-1895	0.2	15-VII-1892 19-VIII-1902	13.2	77	—	1,444.7	128	5.0	760.2
Bragança . . .	691.1	19.4	36.5	22-XII-1895	0.0	18-VI-1899	13.9	81	385.8	1.429.2	152	5.0	760.6
São Carlos do Pinhal	692.0	19.6	35.0	14-X-1901	-2.2	14-VI-1889	12.0	70	966.8	1,301.4	120	5.4	761.5
Brotas	710.2	20.3	38.0	5-XI-1902	-1.5	19-VIII-1902	10.6	59	851.6	1.137.7	109	4.2	761.0
Ribeirâo Preto . .	716.9	21.4	40.0	14-X-1901	-1.5	19-VIII-1902	12.9	69	933.0	1.433.8	127	4.8	759.8
Franca	679.9	20.3	36.8	22-IX-1902 27-IX-1896	-0.5	19-VIII-1902	12.6	71	786.8	1.195.9	114	4.4	761.6
Botucatú . . .	694.1	19.2	37.8	21-XII-1895	0.0	25-VI-1895	13.0	78	691.9	1.245.5	139	4.8	760.5
Ytú . . . . . ,	712.2	20 5	36.6	21-XII-1903	1.4	25-VI-1895	14.3	78	931.8	1.173 3	122	4.7	759.6
3. Serra do Mar													
Alto da Serra . .		18.0								3.576.0	—	—	—

IV. — CHOIX DU SOL.

Le choix du sol, destiné à l'établissement d'une plantation de café, est une question de la plus haute importance, le caféier présentant, à cet égard, des exigences très particulières que le planteur doit nécessairement satisfaire, s'il désire obtenir en abondance un produit de première qualité. Dans le choix du sol, les propriétés physiques et la composition chimique de la terre sont les points essentiels qu'il faut passer en revue.

1. — Propriétés physiques du sol.

Tout d'abord, le terrain sur lequel on veut établir une plantation de café doit être profond, les racines du caféier prenant un grand développement et leur pivot atteignant, le plus souvent, une longueur extraordinaire. Dans aucun cas, ce pivot ne peut être entravé dans sa croissance ; il doit pouvoir s'enfoncer librement et, si l'on veut lui éviter une déviation qui lui sera toujours préjudiciable, il ne doit pas être arrêté par des roches, des pierres ou des vieilles racines dans lesquelles il lui est impossible de pénétrer.

Que le sol soit sableux, argileux ou calcaire, de couleur jaune, rouge ou chocolat, les plantations, dit le Dr F. W. Dafert, y sont vouées à un dépérissement rapide, si le sous-sol ne permet pas aux racines pivotantes du caféier de s'enfoncer dans les couches profondes.

La trop grande humidité du sol est des plus nuisibles, et dans ce cas, quelques jours suffisent pour amener la mort des caféiers, lesquels résistent davantage à une sécheresse relative, surtout lorsqu'ils y sont adaptés. D'ailleurs, la perméabilité et le pouvoir hygroscopique du sol doivent être tels qu'il ne soit jamais ni trop mouillé ni trop desséché.

Telles sont, dans leur ensemble, les qualités physiques indispensables que la terre doit présenter pour la bonne réussite de la culture du café ; si l'une de ces conditions n'est pas satisfaite, la culture du café est impossible.

2. — Composition chimique du sol.

Le terrain, destiné à une plantation de café, doit, en dehors de propriétés physiques convenables, et surtout d'une profondeur assez grande, renfermer, en quantité suffisante et sous une forme absorbable, les matières fertilisantes minérales et organiques réclamées par le caféier. Cette condition est essentielle car un « cafezal » établi sur un sol pauvre ne tarderait pas à s'épuiser et à dépérir. Cependant, à ce sujet, une remarque importante s'impose car on a souvent constaté, dit le Dr F. W. Dafert, que les sols estimés les meilleurs comme composition, d'après les idées européennes, se montrent précisément de qualité inférieure, si leur profondeur n'est pas suffisante. De nombreux échantillons de terre analysés à l'Institut agronomique de l'Etat de Saint Paul à Campinas, et pris dans des plantations renommées par leurs produits, sont des sables d'une extrême pauvreté. Cette contradiction *apparente* entre la composition chimique du sol et la valeur des produits récoltés s'explique aisément par la profondeur à laquelle, dans l'Etat de Saint Paul, peuvent pénétrer les racines du caféier qui, explorant de plus grandes surfaces, disposent ainsi d'une masse de terre plus considérable. Au point de vue pratique, on peut donc conclure que la pauvreté du sol n'est pas un empêchement à la réussite du café si toutefois cette pauvreté est compensée par une profondeur assez grande. D'ailleurs la qualité des terres à café de Saint Paul tient bien plus à leur profondeur qu'à leur composition chimique propre ; ces terres sont, dans beaucoup de cas, de richesse moyenne, pauvres même, mais leur profondeur est telle que les racines du caféier peuvent y prendre un développement extraordinaire et trouver ainsi, en quantité suffisante, les éléments nutritifs nécessaires à la plante.

De ce que nous venons de dire, il ne faut pas déduire cependant que la composition chimique des terres à café doive être complètement négligée. Jusque dans ces derniers temps, la culture du café s'est faite à Saint Paul d'une manière extensive et purement extractive, sans qu'on ait pensé à l'emploi des engrais. Dans ces conditions, comme le dit très bien le Dr F. W. Dafert, l'arbre s'épuise en efforts considérables pour enlever au sol les éléments nécessaires à sa vie ; toute sa vigueur est employée à produire un appareil radiculaire dont le développement est excessif par rapport à la grandeur de l'arbuste. En culture intensive, dans laquelle on fait usage d'engrais, ces efforts sont inutiles, et l'arbre, copieusement nourri, peut utiliser la plus grande partie de ses forces à l'élaboration de récoltes abondantes. Le développement excessif des racines du caféier dans les sols brésiliens, et c'est l'avis du Dr F. W. Dafert, ne serait pas un fait normal, mais simplement la conséquence de la pauvreté des terres, heureusement compensée par une profondeur exceptionnelle. Partant de là, on peut conclure que l'emploi des engrais naturels ou chimiques, propres à la culture intensive, permettra de planter le café dans des terres actuellement sans valeur par suite de leur manque de profondeur.

Si la notion de la composition chimique du sol a toujours été généralement négligée à Saint Paul, elle va devoir bientôt entrer en ligne de compte car, forcément, les terres à café s'épuisent et il va falloir s'occuper sérieusement de l'emploi des engrais, afin d'augmenter les rendements, puisque la loi prohibitive a limité l'étendue à donner aux plantations.

La culture du café appauvrit naturellement le sol et le tableau suivant, dressé par Boname d'après des analyses effectuées à la Guadeloupe, permet de se rendre compte des éléments nutritifs enlevés à la terre par les récoltes de café.

Principes nutritifs enlevés au sol par 1000 kgs. de café marchand.

Principes nutritifs	3.880 kilogr. de cerises renferment	1000 kgs de café marchand provenant de 3.880 kgs. de cerises contiennent	Les enveloppes ou pailles pulpe et parche, des 3.880 kgs. de cerises contiennent
	Kgs.	Kgs.	Kgs.
Azote	23,826	16,800	7,026
Acide phosphorique .	3,974	2,897	1,077
Potasse	28,720	14,441	14,279
Chaux	4,846	1,486	3,360
Magnésie	3,492	2,299	1,193
Acide sulfurique . ,	1,652	0,490	1,162
Chlore . . , . . .	0,728	0,212	0,516
Total . .	67,238	38,625	28,613

Ce tableau montre clairement que des récoltes successives enlèvent au sol une quantité relativement élevée de matières minérales ; il permet, en outre, de juger, dès maintenant, de l'utilité qu'il y a de répandre, au pied des caféiers, les pailles ou écorces obtenues lors de la préparation commerciale.

Les terrains que l'on se propose de livrer à la culture du café doivent donc, et il est inutile de nous étendre beaucoup sur ce point, renfermer une proportion suffisamment élevée des divers principes minéraux et organiques nécessités par l'alimentation du caféier. Sous ce rapport, et bien qu'elle n'indique pas si les éléments nutritifs s'y trouvent sous une forme absorbable par les poils radicaux. une analyse chimique du sol fournira des indications particulièrement précieuses et donnera seule une idée exacte de sa composition. Les résultats de l'analyse ne sont rien en eux-mêmes et, pour en tirer des conclusions, il faut pouvoir les comparer à ceux obtenus sur des terres dans lesquelles il existe des plantations de bonne qualité. Des centaines d'analyses, qui ont été effectuées à l'Institut agronomique de l'Etat de Saint Paul, par la méthode Grandeau modifiée par Hilgard, permettent de dire que les terres des riches plantations de Saint Paul contiennent plus de 0,1 °/₀ d'acide phosphorique, de potasse, d'azote et de chaux, tandis que les plantations de production moyenne en contiennent toujours moins. Ces nombreuses analyses ont fourni, dans leur ensemble, les résultats suivants : acide phosphorique 0,10 — azote 0,16 — potasse 0,10 — chaux 0,23 et humus 0,46 °/₀. Ce sont là autant de données que l'on peut prendre comme point de comparaison et qui sont fort utiles quant à l'emploi des engrais.

Pour que les résultats de l'analyse chimique du sol puissent être pris en considération, il faut nécessairement que l'analyse se fasse sur un échantillon de terre convenablement prélevé. A ce sujet, il nous paraît intéressant d'emprunter les quelques renseignements suivants à un article sur les « Analyses de terras do Estado » publié par M. G. d'Utra, dans le rapport de 1899 de l'Institut agronomique de Campinas.

« Parmi les échantillons de terre, que certains planteurs de l'État de Saint Paul adressent à l'Institut agronomique de Campinas dans le but de les soumettre à l'analyse chimique, la plupart se présentent dans des conditions telles qu'on peut se rendre compte, immédiatement, qu'ils n'ont pas été prélevés d'une manière irréprochable. Souvent ils renferment une quantité telle de débris végétaux qu'il est permis de supposer qu'ils proviennent uniquement de la partie superficielle de la couche arable. On ne saurait trop recommander de ne pas procéder de la sorte car, avec de tels échantillons, l'analyse ne sert absolument à rien et ne peut donner aucune indication précise sur la composition chimique moyenne du sol.

« Le prélèvement des échantillons de terre, destinés à l'analyse chimique, doit se faire suivant des instructions qu'il est indispensable d'observer rigoureusement et que l'on peut résumer comme suit. Le terrain que l'on désire soumettre à l'analyse peut ou bien être parfaitement homogène ou bien encore être formé de diverses sortes de terres qui diffèrent, les unes des autres, par leur aspect extérieur et leur composition. Dans le premier cas, que le sol soit argileux, sablonneux ou calcaire, il suffit de déterminer tout d'abord, et d'indiquer ensuite à l'aide de pieux, dix à quinze points, par hectare, où se fera le prélèvement. En chacun des points ainsi marqués, on enlève alors, à l'aide d'une bêche, sur une surface carrée de 0^m50 de côté, les feuilles, les débris végétaux et les corps étrangers. On creuse ensuite, tout en rejetant la terre qui en provient, un trou carré, à parois verticales, d'une profondeur égale aux labours habituels c'est-à-dire quarante centimètres environ.

Ce trou étant creusé, on enlève, à la pelle, sur ses quatre parois, des tranches verticales de manière à recueillir quatre à cinq kilogrammes de terre que l'on introduit dans un sac que l'on place ensuite dans un panier. On procède de la sorte pour les divers points choisis.

« Les échantillons partiels, ainsi prélevés, sont alors parfaitement mélangés, à la pelle, sur un linge, une natte en paille tressée ou une aire quelconque. Le mélange ainsi obtenu est déposé à l'ombre dans le but de l'éventer et de le sécher. En fin de compte on prélève, de ce mélange régulièrement étendu, et de ci de là, une quantité de terre d'un poids total de quatre à cinq kilogrammes, que l'on place dans un sac marqué et qui servira pour l'analyse.

« Lors du mélange des échantillons partiels provenant de chacun des trous, il faut avoir soin d'en séparer les pierres, les graviers, etc. ; on en note le volume, la nature géologique et chimique ainsi que le poids relatif par rapport au poids total de terre prélevée. Ces renseignements sont extrèmement importants au point de vue de la réserve du sol.

« Dans le second cas, c'est-à-dire lorsque le terrain est hétérogène, que certaines parties diffèrent les unes des autres par leur aspect extérieur et leur composition, on prélève, pour chacune de ces parties homogènes, un échantillon séparé, en procédant comme nous venons de l'indiquer.

« L'échantillon du sol étant prélevé, on peut prendre également un échantillon du sous-sol en utilisant les trous déjà pratiqués. Lorsqu'il s'agit d'un terrain boisé, la terre du sous-sol devra être tirée jusque quarante à cinquante centimètres au-dessous des racines.

« Procédant comme nous venons de le dire, l'analyse chimique fournira des résultats sur lesquels on pourra

s'appuyer, l'échantillon représentant le plus fidèlement pos-
la composition moyenne du sol.

« Les indications fournies par l'analyse chimique sont
incontestablement des plus précieuses, les chiffres trouvés
donnant une idée de la richesse du sol ; malheureusement,
ils ne sont pas l'expression rigoureuse de la forme sous
laquelle les éléments nutritifs existent dans la terre. »

3. — Terres de l'Etat de Saint Paul.

Bien que nous ayons déjà donné quelques renseignements au sujet des terres de l'Etat de Saint Paul, rappelons,
qu'à ce point de vue, ce pays est particulièrement favorisé.
Il possède, en effet, d'immenses forêts dont le sol convient
admirablement au caféier ; aussi, les plantations de café y
sont-elles toujours établies sur des terrains provenant du
défrichement des forêts vierges.

Ces terres de forêts vierges dans lesquelles se sont
accumulées, au cours des siècles, des détritus végétaux et
animaux de toutes sortes, sont d'autant plus recherchées
que généralement elles sont profondes, perméables, ni trop
humides, ni trop sèches et pourvues, généralement, des
éléments nutritifs indispensables au caféier. Leur profondeur varie, le plus souvent, d'un à trois mètres, mais elle en
atteint parfois vingt et plus en certains endroits. Le caféier
représenté par la figure 9 (page 85), lequel a été extrait du
sol en en respectant le plus possible les racines, permet de
se rendre parfaitement compte de la profondeur des terrains
de Saint Paul. Comme on peut le voir, le développement
du pivot et du système radiculaire de cette plante d'environ
quatre mètres de hauteur est extraordinaire.

Au Brésil, les « fazendeiros » désignent presque toujours les terres à café d'après leur couleur, chaque caté-

Fig. 8. — Forêt vierge dans l'État de Saint Paul.

gorie ayant des propriétés bien déterminées et une composition particulière. Ainsi la « terra roxa » de l'Etat de Saint Paul, laquelle est produite par la décomposition d'une diorite très riche en feldspaths et en amphibole, est d'une couleur d'un rouge très foncé. Elle contient beaucoup de potasse ainsi qu'une forte proportion d'oxyde de fer — 17,84 %, 8,73 %, 6,85 %, 8,90 % — qui lui communique sa couleur caractéristique. Elle peut être considérée comme la terre la plus favorable à la culture du café. La « terra vermelha » et la « terra massapé » qui sont produites par la désagrégation du granit et du gneiss, sont moins estimées que la précédente. La « terra massapé », qui est de couleur rouge brunâtre ou cuivrée, est moins foncée que la « terra vermelha » et contient moins de fer mais plus d'argile et de potasse (Van Delden). Toutes deux sont relativement pauvres en chaux. Enfin la « terra arénosa » est une terre sablonneuse provenant de la désagrégation de grès. Moins fertile que les précédentes, elle reste cependant encore propre à la culture du café.

Le Dr F. W. Dafert, dans un article publié dans le rapport de 1892 de l'Institut agronomique de l'Etat de Saint Paul à Campinas, reconnait qu'il existe une relation logique entre les noms employés par les « fazendeiros » pour désigner les terres et leur nature. Nous lui empruntons à ce sujet les quelques analyses résumées dans le tableau ci-joint.

Un moyen très pratique, employé par les planteurs pour reconnaître la valeur et la richesse des terres et, par conséquent, pour se rendre compte si elles peuvent convenir à la culture du café, est l'examen des plantes qui y poussent à l'état spontané. Certains végétaux présentent, en effet, au sujet de la composition du sol, les mêmes exigences que le caféier et là où ils se rencontrent on peut, avec beaucoup de chance de succès, établir des plantations de café. Ces plantes typiques sont connues à Saint Paul sous le nom de « padrôes » ou patrons, mais leur nombre est tellement grand qu'il est difficile de donner à leur égard des indications complètes. A ce point de vue, le Dr F. W. Dafert dit que les meilleures terres à café de Saint Paul sont celles sur lesquelles se rencontre le « Gallesia Gorazema Moquin » ou « Páu d'Alho » plante qui, comme le caféier, est très sensible aux gelées et est pourvue de racines profondes.

Composition de quelques terres de l'Etat de Saint Paul.

Noms des terres	Argile	Partie soluble dans l'acide chlorhydrique	Partie volatile au rouge	Pour cent des substances dissoutes dans l'acide chlorhydrique			
				Chaux CaO	Acide phosphorique $Ph^2 O^5$	Potasse $K^2 O$	Alumine et oxyde de fer $Al^2O^3 + Fe^2O^3$
1. Terra roxa							
Vierge	74,7	41,11	14,60	0,70	0,26	0,12	84,94
Cultivée. . . .	88,8	30,67	11,43	0,49	0,14	0,12	97,65
Cultivée. . . .	82,7	43,99	11,08	0,18	0,12	0,54	65,67
Apurada . . .	71,0	19,17	9,94	4,39	0,11	0,08	65,98
2. Terra massapé							
Preta.	76,1	17,68	11,73	2,30	0,35	0,10	55,54
Preta.	59,0	18,16	7,58	0,11	0,05	0,38	85,40
Apurada . . .	76,0	26,26	8,92	0,09	0,12	0,16	76,77
Apurada . . .	74,6	19,65	8,74	0,42	0,09	0,32	77,20

La présence d'échantillons vigoureux de cette plante sur un terrain est un aussi sûr garant de la réussite du café qu'une dizaine d'années d'observations sur une petite plantation d'essai. Le « Páu d'Alho » ou bois d'ail est, nous écrit M. J. Michel, décelé dans le « matto » ou forêt par une odeur forte caractéristique, d'autant plus prononcée que les représentants en sont plus nombreux.

« En dehors du « Páu d'Alho », l'ingénieur Adolpho B. Uchòa Cavalcanti dit. dans le rapport de Campinas de 1890, que les arbres suivants sont également considérés comme des « padrôes ». Ils indiquent toujours, lorsqu'ils se développent normalement une bonne qualité de terre, suffisamment profonde et riche, parfaitement adaptée à la culture du caféier. Ce sont : le Balsamo ou Copaifera Langsdorfii Mart., le Cedro branco ou Cedrella fissilis Vellozo, le Palmito branco ou Martiana Sb., l'Ortiguinha ou Urera subpeltata Mig.. la Jangada brava ou Heliocarpus americanus L., le Figueira branca ou Urostigma doliarium Mig., la Folha larga ou Salvertia convallariaeodora St. Hil., le Cambará ou Lantana brasiliensis Link. et Lantana Camara Linné et Lantana nivea Vent., l'Embaúba verde ou Cecropia adenopus Mart. et enfin le Crisciuma ou Chusquea capituliflora Trin. »

Au sujet de ces patrons il n'est pas inutile de faire remarquer que l'on ne possède pas encore suffisamment de renscignements précis, à tel point que M. Augusto Ramos, bien connu pour sa connaissance approfondie de ce qui se rapporte au café, écrivait dernièrement, dans une revue agronomique de Saint Paul, qu'on ne savait pour ainsi dire rien à leur égard.

Quant à la configuration des terrains de Saint Paul il faut noter, nous écrit M. J. Michel, que la majeure partie des terres à café de Saint Paul étant de formation autochtone — celles dans lesquelles on trouve de gros blocs de diabose « pedra de ferro » étant probablement dues à des actions glaciaires — le sol devrait se présenter sans grands mouvements de terrain. Bien que ces mouvements ne soient

Fig. 9. — Ce caféier extrait du sol, dans une plantation de l'Etat de Saint Paul, montre l'extraordinaire développement des racines.

pas très prononcés, un ravinement considérable, augmenté encore par les déboisements, a modifié l'aspect primitif du sol et aujourd'hui, celui-ci apparaît comme couvert d'une série de mamelons plus ou moins accentués, se touchant tous par la base. C'est sur ces mamelons, lorsque naturellement l'altitude est convenable et que le sol s'y prête, que se font les plantations de café.

V. — PRÉPARATION DU SOL.

Dans l'Etat de Saint Paul, on choisit, de préférence, ainsi que nous venons de le dire, pour l'établissement des plantations de café, les terres recouvertes de forêts vierges. C'est parmi elles, en effet, qu'on a le plus de chance de trouver une profondeur convenable, une quantité assez grande de matériaux nutritifs ainsi qu'une proportion suffisante d'humus.

1. — Défrichement.

La préparation du sol en vue de la culture du café consiste principalement dans le creusement des trous destinés à recevoir les caféiers. Cependant, lorsqu'on a choisi un sol recouvert de forêts, cette opération doit être précédée d'un défrichement. Il faut, en effet, débarrasser le terrain totalement ou partiellement de la végétation qui le recouvre. Le défrichement, à Saint Paul, est total car, dans ce pays, par suite de conditions climatologiques exceptionnellement favorables à la culture du café, il est inutile de conserver des arbres d'ombrage destinés à abriter les plants contre l'ardeur excessive des rayons du soleil.

Le défrichement total tel qu'il est pratiqué à Saint Paul est généralement assez sommaire. Il consiste, tout

Fig. 10. — Forêt dans l'Etat de Saint Paul.
Etablissement provisoire en vue du défrichement.

d'abord, à couper à l'aide d'instruments tranchants les broussailles et les lianes de la forêt que l'on met en chaînes et que l'on brûle après un certain nombre de jours de dessication. On procède ensuite à l'abatage des arbres parmi lesquels on fait choix des meilleurs, c'est-à-dire de ceux qui, par suite de leurs propriétés spéciales, peuvent être affectés à un usage quelconque ; les autres sont tout simplement détruits par le feu après une dessiation suffisante. Ceux que l'incendie n'aura pas détruits sont généralement laissés sur place ; par leur lente décomposition ils apporteront. plus tard à la culture, un supplément de matières fertilisantes. M. Louis Misson décrivant la façon dont ce défrichement est pratiqué à Saint Paul, s'exprime de la manière suivante : (*)

« Dans bien des cas, ce système barbare est encore le seul pouvant être employé à Saint Paul, parce que les bras y font défaut et parce qu'aussi le peu de valeur des bois et le manque de voies de communication rendent impossible l'extraction de tous les arbres de la forêt.

« Ces incendies économisent, il est vrai, une main-d'œuvre énorme et ont également l'avantage de détruire les mauvaises herbes et beaucoup d'insectes nuisibles. Cependant, par ce système, la perte d'éléments nutritifs est très élevée.

« Avec le temps, avec l'augmentation de la population et par conséquent des besoins, ce système disparaîtra inévitablement parce qu'alors l'exploitation rationnelle des forêts pourra se faire de façon à utiliser avantageusement tous les produits. Aujourd'hui déjà, dans certaines fermes, rares encore, cette pratique ancienne est abandonnée ; la forêt y est abattue rationnellement, les troncs d'arbres

---

*) Loc. cit.

Fig. 11. — Défrichement dans l'État de Saint Paul pour l'établissement d'une plantation de café.
A l'arrière-plan habitations pour colons et plantation formée.

arrachés avec des essoucheuses quand ils ne sont pas trop gros, brisés à la dynamite ou brûlés au pétrole après séchage quand leurs dimensions sont trop fortes. Dans ces terrains bien préparés, l'économie subséquente, par suite de l'emploi des machines perfectionnées, est sensible et atteindrait même un tiers des dépenses annuelles. »

Quel que soit cependant le système employé pour le défrichement, le terrain étant bien nettoyé et sa surface régularisée, il faut immédiatement entreprendre les travaux d'aménagement qui consistent à creuser, tout d'abord, un certain nombre de fossés qui permettront l'écoulement des eaux de pluie afin d'éviter leur stagnation. On trace ensuite les chemins qui serviront à l'exploitation. Leur direction sera, de préférence, combinée avec celle des canaux d'écoulement et ils ne seront pas trop éloignés les uns des autres de manière à diminuer, le plus possible, les transports à bras. Ils suivront généralement des lignes parallèles distantes les unes des autres de cent mètres environ.

2. — Creusement des trous.

Le creusement des trous destinés à recevoir les graines, s'il s'agit de semis en place, ou dans lesquels seront transplantés les jeunes caféiers, s'il s'agit de semis en pépinière, en pots ou en paniers, doit se faire en tenant compte de l'emplacement qu'occuperont plus tard les plantes.

Les caféiers doivent, en effet, être plantés avec la plus grande régularité possible dans le but de faciliter la surveillance du « cafezal », les travaux d'entretien et la cueillette des fruits. C'est pourquoi on les dispose en lignes droites bien parallèles, soit en carré ou de préférence en quinconce, c'est-à-dire en faisant alterner les caféiers dans les lignes. Les trous, destinés à recevoir les graines ou les jeunes plants élevés en pépinière ou en pots, devront, par conséquent, être creusés avec beaucoup de régularité en respectant les intervalles qu'il est nécessaire de laisser entre les arbres.

La distance à laquelle les caféiers doivent se trouver les uns des autres varie suivant la fertilité du sol, son exposition et suivant la variété cultivée. En tout cas, plus grand sera le développement des arbres et plus prononcé sera l'intervalle à laisser entre eux. Dans l'Etat de Saint Paul, on laisse généralement, entre les caféiers, dans tous les sens, une distance allant de 15 à 20 palmos, c'est-à-dire 3^m30 à 4^m40, le palmos mesurant 0^m22.

Ayant déterminé, suivant les conditions dans lesquelles on se trouve, la distance à laisser entre les pieds, on jalonne des lignes parallèles qui formeront plus tard les rangées de caféiers. Dans chacune de ces lignes on marque ensuite, à l'aide de morceaux de bois et en se servant d'une corde très longue pourvue de nœuds convenablement distancés, l'emplacement des trous qui seront creusés quelque temps avant de procéder à la plantation. Ces trous seront ronds ou carrés et devront avoir une profondeur minimum de 5o centimètres et 4o centimètres de diamètre environ. Leur paroi ne peut être lissée, ce qui en provoquerait le durcissement, et la terre qui en provient doit être déposée sur les bords dans le but de lui faire subir l'action fécondante et ameublissante de l'air. Cette terre qui, plus tard, sera rejetée dans le trou, se trouvera dans les meilleures conditions possibles au moment de la plantation.

Dans les terrains en pente, la terre extraite des trous sera déposée près du bord inférieur tandis que dans les terrains plats on la placera d'un côté quelconque mais, en tout cas, assez loin de l'ouverture pour éviter qu'elle n'y soit ramenée par la pluie.

VI. — ETABLISSEMENT DE LA PLANTATION.

L'établissement d'une plantation de café peut se faire par plusieurs méthodes ; soit tout d'abord en utilisant les jeunes plantes qui poussent dans les plantations et qui proviennent des graines tombées des arbres, soit encore par le procédé du semis dont il existe divers systèmes qui sont : les semis en place ou directs, les semis en pépinières et les semis en pots ou en paniers.

1°. — A l'aide de jeunes plants recueillis dans les plantations.

Autrefois, on employait beaucoup, dans l'Etat de Saint Paul, pour créer ou repeupler les « cafezaes », c'est-à-dire les plantations de café, les jeunes plants qui poussent naturellement dans les plantations et qui proviennent de fruits tombés sur le sol lors de la cueillette. Ces plançons souvent mal arrachés, très peu uniformes, avec des racines mal développées, donnaient de mauvais résultats ; aussi, ce procédé est-il aujourd'hui fort abandonné et remplacé par le semis. Cette ancienne façon de procéder présente d'ailleurs des inconvénients nombreux car il n'est pas possible d'obtenir une plantation régulière avec des caféiers d'âge nécessairement très variable. On comprend donc facilement qu'on ait accordé la préférence aux semis.

2°. — Multiplication par semis.

Le semis, qui constitue le meilleur mode de multiplication des caféiers, peut s'effectuer de diverses façons. Ou bien les graines. destinées à fournir les plants nouveaux, sont déposées directement dans les trous creusés dans la plantation proprement dite. C'est le procédé connu sous le nom de *semis direct* ou *semis en place*. Ou bien encore ces graines sont mises à germer soit dans des plates-bandes, situées dans une clairière de la forêt et dont l'ensemble constitue une pépinière, soit dans des pots ou des paniers dans lesquels on peut également les repiquer. Les jeunes caféiers, que l'on obtiendra dans ces deux derniers cas, resteront en pots, en paniers ou en pépinière, jusqu'au moment où, assez vigoureux, ils pourront supporter la transplantation, c'est-à-dire, être repiqués dans les trous creusés dans le « cafezal ».

Ces divers modes de semis présentent tous des avantages et des inconvénients. Il est clair que, dans le cas de semis en pots, en paniers et en pépinière, les jeunes plants, étant rassemblés sur une surface peu étendue, occupant une clairière dans la forêt, il sera facile de les entourer de tous les soins désirables que leur jeune âge réclame : protection contre l'envahissement des mauvaises herbes, contre la sécheresse, etc., sans que les frais de main-d'œuvre soient trop élevés. A côté de cet avantage, les semis en pépinière ont toutefois l'inconvénient de nécessiter la transplantation des jeunes plants, opération très délicate qui, lorsqu'elle est mal exécutée, est toujours préjudiciable à la bonne venue des caféiers. Cependant, lorsqu'elle est faite avec tous les soins voulus, les plants ainsi obtenus auront une vigueur bien plus grande que ceux provenant de semis direct ou semis en place. Ceux-ci sont très économiques et, lors de leur emploi, les jeunes plants ou plançons poussant à l'endroit même qu'ils doivent occuper dans la suite, ils suppriment la transplantation ainsi que tous les inconvénients inhérents à cette difficile opération. Ce sont là des avantages très appréciables, cependant les semis directs ont l'inconvénient de donner beaucoup de mécomptes et, un fait qui a son importance, les arbres qui en proviennent n'ont jamais, comme nous venons de le dire, la vigueur de ceux semés en pépinières ou en pots. Néanmoins, lorsqu'ils sont pratiqués avec soin et à une époque favorable, les semis directs fournissent d'excellents résultats. Ce sont d'ailleurs les seuls possibles lorsqu'il s'agit, comme au Brésil, de l'établissement de plantations de très grande étendue. Aussi, dans ce pays, lorsqu'on veut créer un « cafezal » nouveau de quelque importance, procède-t-on, le plus généralement, par semis en place que l'on pratique à une époque convenable de manière à ce que les pluies puissent dispenser des arrosages.

Parfois cependant, au Brésil, on emploie les procédés de semis en pépinières ou en paniers surtout lorsqu'il s'agit de remplacer dans une plantation les arbres épuisés ou ceux qui sont morts par suite d'une circonstance quelconque.

En tout cas, que l'on opère par semis direct, par semis en pépinière, en pots ou en paniers, les graines, destinées à la multiplication, doivent être choisies avec le plus grand soin sur les sujets adultes les mieux développés, les mieux formés et les plus vigoureux, représentant le plus parfaitement possible le type de caféier que l'on désire propager.

Ayant fait choix des arbres porte-graines, il est bon de ne leur faire porter que la moitié de leur récolte ordinaire pour que les fruits qu'ils fourniront soient très beaux. Il faut également avoir soin de ne prendre pour la semence que les cerises les plus grosses se trouvant à mi-hauteur de l'arbuste et placées vers le milieu des branches, là où elles ont reçu le plus d'air et de lumière et où par conséquent elles sont mieux développées. On les expose alors quelque temps au soleil pour les dépulper ensuite à la main car, au Brésil, on sème les graines entourées de leur enveloppe parcheminée.

Fig. 12. — Fazenda Santa Cruz dans l'État de Saint Paul.

Jeune plantation provenant de semis direct ou semis en place. Les abris ont déjà été enlevés.

A. — *Semis directs ou semis en place.*

Pour l'établissement de plantations de très grande
étendue, on procède, dans l'Etat de Saint Paul, ainsi que
nous venons de le dire, le plus généralement par semis
direct, car on ne peut pas songer à créer une pépinière
destinée à alimenter d'aussi grandes surfaces; d'ailleurs, le
transport des jeunes plants serait une opération longue
et dispendieuse et la transplantation exigerait une main-
d'œuvre extraordinaire.

Ces semis se pratiquent de septembre à janvier, c'est-
à- dire à une époque où les pluies sont suffisantes pour
fournir à la graine l'eau nécessaire à sa germination et
dispenser ainsi des arrosages auxquels il est matériellement
impossible de procéder sur d'aussi vastes superficies.

Quelques jours avant d'effectuer le semis, on rejette dans
les trous, creusés depuis quelque temps déjà, mais sans
les remplir toutefois, une certaine quantité de la terre qui
provenait de leur creusement mais après en avoir séparé
les pierres et les vieilles racines. C'est dans ces trous,
incomplètement remplis, que seront placées, à une faible
profondeur, un certain nombre de graines. Les jeunes plantes ne tarderont pas à se montrer et dès le moment de leur
apparition il faut avoir soin de les protéger contre l'action
desséchante du soleil. Pour cela on dispose, au-dessus d'elles,
des morceaux de bois d'abord et plus tard des branches
d'arbre ou des tiges de maïs, de manière à former des abris
dont nous reparlerons plus loin dans les soins d'entretien.

Quelque temps après que ces jeunes plants sont sortis
de terre, mais en tout cas lorsqu'ils auront atteint un
développement suffisant, on procède à un démariage qui
consiste à arracher ceux qui ne sont pas de belle venue de
façon à ne laisser, dans chacun des trous, que deux, trois

Photo. L. Misson.

Fig. 13. — Forêt défrichée et jeune plantation dans l'Etat de Saint Paul.

Les jeunes plants sont cachés par les abris de protection contre le soleil, faits à l'aide de tiges de maïs.

ou parfois quatre plants choisis parmi les plus vigoureux. Les plants supprimés peuvent être utilisés, s'ils sont sains, pour remplacer les manquants dans les points où les graines n'ont pas germé.

Au fur et à mesure que les caféiers grandiront, on remplira les trous, de plus en plus, à l'aide de la terre se trouvant toujours sur les bords.

B. — *Semis en pépinière.*

Les semis en pépinière remplacent avantageusement aujourd'hui, dans l'Etat de Saint Paul, le procédé qui consistait à employer, pour créer ou repeupler les plantations, les jeunes plants provenant de graines tombées sur le sol et y ayant poussé naturellement sans être l'objet d'aucun soin.

Dans ces pépinières, que l'on installe le plus souvent dans une clairière de la forèt, les jeunes plants se développent dans de très bonnes conditions, à l'ombre des quelques grands arbres qui, lors du défrichement, auront été conservés dans le but d'arrèter les rayons directs du soleil. La présence de ces arbres dispensera d'ailleurs de construire, au-dessus des plates-bandes, un toit dont l'établissement est nécessaire lorsque les arbres protecteurs font défaut.

1. — Etablissement de la pépinière.

Il est nécessaire de rechercher, pour l'établissement de la pépinière, un terrain peu éloigné de l'eau, car les jeunes plants devront être arrosés de façon à les maintenir dans un état suffisant d'humidité.

Ce terrain étant choisi, il s'agit d'en travailler le sol jusque cinquante ou soixante centimètres de profondeur pour le diviser ensuite en plates-bandes, de 1 mètre à 1^{m}20 de largeur, qui seront séparées par des sentiers de trente à trente-cinq centimètres où l'on pourra circuler facilement pour pratiquer les arrosages nécessaires et enlever les mauvaises herbes.

Si la pépinière n'est pas située dans une clairière, et qu'il soit nécessaire d'établir un toit de protection, il est à recommander de diriger les plates-bandes de l'est à l'ouest, de façon qu'elles soient, le matin et le soir, moins exposées à l'action directe des rayons solaires.

A une époque convenable, et le plus généralement au commencement de la saison pluvieuse, c'est-à-dire pour Saint Paul vers le mois d'octobre, on procède au semis. A cet effet, on trace, dans chaque plate-bande, et perpendiculairement aux sentiers, des lignes distantes de 0^{m}15 à 0^{m}25. Dans chaque ligne, on marque alors des trous espacés de huit à dix centimètres. Dans chaque trou, à une profondeur de un à deux centimètres, on dépose, à la main, une graine, la partie bombée tournée vers le haut. Les graines sont alors recouvertes de terre finement broyée et, afin d'éviter la dessication trop rapide du sol sous l'action du soleil, on dispose, au-dessus des plates-bandes, une couche de feuilles mortes ou de paille hâchée de cinq centimètres d'épaisseur.

Six semaines environ après le semis, et en tout cas avant l'apparition des jeunes caféiers, il faudra enlever les feuilles mortes ou la paille et construire un toit, s'il s'agit d'une pépinière établie en plein vent. Ce toit se fera à l'aide de pieux fixés dans le sol et reliés les uns aux autres par des traverses supportant des baguettes sur lesquelles on placera des feuilles de palmier, de bananier ou de canne à sucre. On peut, au lieu de feuilles, faire aussi usage de claies.

La pépinière doit être soigneusement entretenue. Aussi,

faut-il, lorsque le besoin s'en fait sentir, procéder à des arrosages et ce avant le lever ou après le coucher du soleil. Il faut également, dès leur apparition, enlever les mauvaises herbes, car si on leur laissait prendre un trop fort développement, on risquerait beaucoup, lors des sarclages, d'arracher les jeunes caféiers.

2. — Transplantation des jeunes plants.

La transplantation, c'est-à-dire le repiquage des jeunes caféiers dans les trous du « cafezal » destinés à les recevoir, est une opération très délicate de laquelle dépend tout l'avenir de la plantation. Il est donc nécessaire de ne la confier qu'à d'excellents ouvriers qui l'exécuteront avec tous les soins désirables. On la pratique, de préférence, au début de la saison des pluies, de façon à dispenser des arrosages.

Tout comme pour les semis en place, une à deux semaines environ avant la transplantation, il faut rejeter, dans les trous, la terre qu'on en avait extraite et en éliminer les pierres et les vieilles racines car, si le pivot des jeunes plants vient à rencontrer un obstacle quelconque à son développement, il subit, ainsi que nous l'avons déjà fait remarquer, une torsion plus ou moins importante qui constituera, pour l'avenir, une entrave sérieuse à la croissance et à la prospérité des caféiers. Le remplissage des trous doit se faire de façon que la terre forme un petit monticule dont on aura soin d'indiquer exactement le centre à l'aide d'un petit bâton.

Il s'agit alors de procéder à l'extraction des plants de la pépinière. Pour cela, la veille du repiquage, on arrose copieusement les plates-bandes, ce qui facilite l'opération. Cette pratique présente de plus l'avantage que la terre adhèrera en plus grande quantité autour des racines des caféiers. L'enlèvement des jeunes caféiers se fait alors à l'aide d'une bèche qu'on enfonce assez bas pour ne pas blesser les racines et qu'on fait basculer de manière qu'avec l'une des mains on puisse saisir la motte de terre emprisonnant le jeune plant. Celui-ci sera déposé à l'ombre dans un panier. Ce panier étant rempli, on recouvre le tout d'une bâche afin de diminuer le plus possible l'évaporation par les feuilles ce qui pourrait amener le dessèchement des plantes.

Le repiquage, en lui-même, est une opération très simple ; il suffit, en effet, de creuser, à l'endroit même qu'occupent les petits bâtons, au milieu des trous, une petite fosse dans laquelle on déposera la motte de terre emprisonnant le jeune plant après avoir enlevé à celui-ci son chevelu radiculaire et la presque totalité de ses feuilles. Il n'y a plus alors qu'à fouler légèrement la terre tout autour à l'aide des mains ou du pied.

3. — Age des plants à transplanter.

Les avis sont très partagés, dit M. Lecomte (*), quant à l'âge le plus favorable pour le repiquage des plants et, de fait, on en repique depuis l'âge de cinq mois jusqu'à l'âge de deux ans. En réalité, c'est de sept à dix mois que les jeunes caféiers se prètent le mieux à la transplantation, car à cet âge, ils ont déjà acquis une vigueur suffisante et leurs racines ne sont pas encore assez longues pour que l'arrachage soit dangereux.

Par le système des pépinières, que nous venons d'exposer, on obtient rapidement, dit M. L. Misson, de bons sujets

---

(*) Henri Lecomte. — *Le café.*

qui, délicatement arrachés, transportés et repiqués dans la plantation définitive, donneront une réussite presque certaine, si l'on a soin de les recéper, c'est-à-dire de couper une partie de leur tige, de façon à équilibrer les racines et la partie aérienne.

C. — *Semis en paniers*.

Le système des semis en paniers, que l'on enfouit dans la terre avec les jeunes plants, s'il exige une dépense supplémentaire, parfois très élevée, surtout lorsqu'il s'agit de l'établissement de plantations de grande étendue, présente, sur les pépinières, pour le repeuplement des « cafezaes », des avantages très appréciables. Voici ce que M. Jean Michel nous écrit à ce sujet. Le remplacement des caféiers se fait souvent, dans l'Etat de Saint Paul, à l'aide de jeunes plants élevés dans des paniers en *Bambusa Taquara* et si ce système est coûteux, il permet de gagner un an, et si la plantation est faite avec soin, deux ans dans la croissance des jeunes plants. M. Jean Michel a vérifié ce fait qui d'ailleurs se comprend aisément : lors du repiquage de plants élevés en pépinière, le jeune caféier doit s'acclimater et s'accomoder de sa nouvelle station ; il doit guérir les mutilations dont il a été l'objet ; il faut supprimer, en effet, tout le chevelu radiculaire et toutes les feuilles de manière à diminuer l'évaporation (*). Ces soins de préparation des jeunes plants provenant de la pépinière et le temps perdu par la reprise de la végétation sont plus onéreux que l'achat des paniers avec trois plants.

Dans le cas de semis en paniers, deux systèmes sont en

(*) Dafert a conseillé de ne supprimer qu'une partie des feuilles et d'en conserver deux coupées au milieu.

présence. Dans le premier de ces systèmes, le « fazendeiro» achète des « jacasinhos » ou petits paniers en bambou à raison de 50 $ 000 à 80 $ 000 le mille et les remplit de terre provenant de la pépinière. Au moment propice, c'est-à-dire lorsque les jeunes plants issus d'un semis direct effectué en plates-bandes et en lignes dans la clairière du « matto » ou forêt ont deux à quatre feuilles, il placera ceux-ci, au nombre de trois généralement, dans chacun des « jacás » ou paniers qui seront mis en files de huit à dix dans la clairière. Les files seront séparées par des sentiers d'arrosage et de sarclage, car il est nécessaire d'arroser les jeunes plants et de les sarcler.

Avant leur remplissage et pour leur assurer une durée suffisante, il est utile de goudronner les « jacás » qui, sans cela, se décomposent vite sous l'influence de l'humidité. Même s'ils ne sont pas goudronnés, leur transport, après un an, vers le « cafezal » est difficile, car ils se brisent et la terre qui s'y trouve s'émiette.

Dans le second système, le « fazendeiro » achète à des entrepreneurs des « jacasinhos », avec trois jeunes plants parfaitement sains et suffisamment grands pour la replantation, à raison de 0 $ 140 par panier, le panier devant être enlevé du « viveiro » c'est-à-dire de la pépinière.

Dans le but d'habituer, avant la transplantation, les jeunes plants à la lumière, on avance progressivement les paniers vers les endroits de la clairière où le couvert est moins épais. Cette pratique est impossible avec les plants de plates-bandes et bien qu'elle ne paraisse pas de très grande importance, elle est de nature à assurer la reprise et la croissance rapide des « mudos » ou jeunes plants.

J'ai vu, nous écrit encore M. Jean Michel, des replantations de trois ans, par conséquent des plants d'un an de pépinière, un an de « jacá » et trois ans de « cafezal » soit

Fig. 14. — « Viveiro » ou pépinière dans une clairière de la forêt. Etat de Saint Paul.
*A l'avant-plan les lignes de jeunes plants semés dans l'humus et à l'arrière-plan les « jacasinhos »
ou paniers en « taquara » avec trois jeunes plants repiqués.*

Fig. 15. — Transport des « jacasinhos » au « cafezal » pour les repeuplements.

Fig. 16. — Colons italiens transportant les « jacasinhos » à l'intérieur du « cafezal » vieux pour le remplacement des pieds morts.

Fig. 17. — Mise en place des « jacasinhos ».

*Le colon de gauche forme à l'aide de la houe la couronne protectrice de la « cova » ou trou.
Celui du fond découpe à la hache dans un vieux tronc des bûches pour faire les « arapucas » de
protection à la confection desquels le colon de droite est occupé.*

en tout cinq ans de vie (*), plus vigoureuses que des pieds recépés (**) et replantés de six ans (***). Les premiers portaient des fleurs et des fruits tandis que les seconds restaient chétifs. Ces circonstances me font supposer qu'il y a grand avantage à employer les semis en paniers.

Remarquons toutefois que l'on ne pourrait guère employer le système de semis en paniers pour des plantations nouvelles car, vu le nombre, le coût des paniers serait très élevé.

VII. — ENTRETIEN DE LA PLANTATION DE CAFÉ.

Quelle que soit la méthode adoptée pour l'établissement de la nouvelle plantation de café, il faudra donner aux jeunes plants tous les soins que leur jeune âge réclame. Il est, en effet, nécessaire de les protéger, par des binages bien compris, contre l'envahissement des mauvaises herbes et, par de légers abris, contre l'ardeur excessive des rayons directs du soleil. De plus, si la plantation est exposée à l'action de vents violents, il est recommandable de donner à chaque plante un tuteur, constitué par une simple baguette que l'on enfonce dans le sol, en prenant garde de ne pas blesser les racines. Enfin, si les jeunes caféiers ont été élevés en pépinière ou en paniers, il faut veiller, après leur repiquage ou transplantation dans le « cafezal », à la reprise de la végétation.

(*) Mais ayant seulement trois ans, car l'âge des caféiers est pris à partir du moment de la transplantation dans le « cafezal ».

(**) Dont on a supprimé les petites racines, l'extrémité du pivot et les feuilles.

(***) De séjour dans le « cafezal ».

Photo. L. Misson. 1906.

Fig. 18. — Plants de café abrités par des bûches de bois croisées ou « arapucas » et des tiges desséchées du maïs cultivé par les colons dans les interlignes.

A l'arrière-plan un tronc d'arbre laissé en place.

1. — **Abris contre le soleil.**

Que les jeunes caféiers proviennent de semis direct, de semis en pépinière ou en paniers, ils doivent, au moins pendant les premières semaines de leur séjour dans le « cafezal », être abrités contre l'ardeur du soleil. Ils souffriraient, en effet, de l'action directe des rayons solaires si, pendant leur jeune âge, ils n'en étaient protégés. C'est pourquoi on place, tout d'abord, au-dessus des trous incomplètement remplis et renfermant les jeunes plants, des morceaux de bois que l'on dispose, en les superposant, en carré ou en triangle. On emploie pour cela des bûches que l'on découpe à la hache dans de vieux troncs ou des tiges des caféiers morts. Les petits abris ainsi formés sont appelés « arapucas » ou « casinhas ». Lorsque les jeunes caféiers ont atteint une certaine hauteur, on enlève les « arapucas » et on construit, à l'aide de branchages provenant du défrichement ou de la taille, ou bien encore à l'aide des tiges du maïs cultivé dans les interlignes, de petits abris pyramidaux qui, tout en permettant à l'air de circuler librement, fournissent aux jeunes plantes, une ombre suffisante. Ces abris seront enlevés lorsque les caféiers seront assez grands et vigoureux pour pouvoir résister à l'ardeur du soleil.

2. — **Binages.**

Parmi les soins d'entretien, il faut faire rentrer les binages qui, dans la culture du café, sont des plus importants. Ceux-ci n'ont pas seulement pour but de détruire les mauvaises herbes, mais ils ont également pour effet d'ameublir la surface du sol qui se raffermit rapidement à la suite des labours et se crevasse sous un soleil ardent. Ils favorisent aussi la pénétration de l'air et de l'eau, brisent la croûte qui enserre les jeunes plants et modifient les conditions d'humidité et de température du sol, celui-ci restant plus frais à une certaine profondeur, par suite de la dimi-

Photo. J. Michel. Septembre 1907.

Fig. 19. — Binage d'un jeune « cafezal » de quatre ans aux environs de Piracicaba dans l'Etat de Saint Paul.

nution de l'action de la capillarité. Les plantes souffrent donc, par suite des binages, beaucoup moins de la sécheresse et les fibrilles, se développant mieux, donnent plus de vigueur au caféier.

Généralement, les binages se répètent, dans le cours d'une année, quatre ou cinq fois dans les plantations, plus souvent dans celles qui sont mieux soignées ou quand les conditions atmosphériques de l'année sont particulièrement favorables à la croissance des mauvaises herbes.

Le plus souvent, ils sont effectués par les colons, au moyen de la houe, mais depuis quelques années, l'emploi des machines perfectionnées se généralise dans les « fazendas » où les troncs d'arbres et les racines ont été enlevés ou ont disparu entre les lignes de caféiers. Parmi ces machines, il faut signaler le « cultivador varredor » ou cultivateur balayeur « Jorge Tibiriçá ».

3. — Arbres d'ombrage.

Le caféier n'est pas aussi sensible que le cacaoyer à l'ardeur du soleil tropical, cependant dans l'île de Java, à Ceylan, à la Réunion, aux Antilles, dans l'Amérique Centrale et au Mexique on est obligé, pour éviter l'action d'un climat trop sec ou trop chaud, de recourir aux arbres d'ombrage destinés à protéger les plants pendant toute leur existence.

Ces arbres d'ombrage sont inconnus dans les « fazendas » de Saint Paul où l'on n'y a jamais recours ; ils n'y seraient d'ailleurs d'aucune utilité ; cela montre bien les conditions exceptionnellement favorables que rencontre le caféier dans ce pays.

4. — Taille du caféier.

La taille du caféier, dit le Dr J. W. Dafert, est le point le plus délicat de sa culture, car la façon dont on doit la pratiquer dépend non seulement du climat et de la variété, mais même des différences individuelles des plantes. Elle a pour but de faciliter la cueillette, d'assurer l'éclairement et l'aération des parties intérieures du feuillage, de choisir le meilleur bois fructifère, etc.

« Ce qu'il importe le plus dans la taille, c'est la suppression du bois inutile et les planteurs brésiliens, continue le Dr F. W. Dafert, qui se contentent d'enlever chaque année le bois sec, auraient, sous ce rapport, beaucoup à apprendre de leurs collègues des Indes, bien que ces derniers soient aussi loin d'être d'accord. La connaissance de la taille ne peut d'ailleurs s'acquérir qu'à la longue, par la pratique, soit en séjournant dans les pays où elle est la mieux faite, soit en réunissant lentement soi-même ses propres observations.

« L'aération des parties centrales du caféier est obtenue par la suppression de toutes les ramifications de second et de troisième ordre à 0^m15 en tous sens autour du tronc, tandis que pour en favoriser la fructification, on doit supprimer toutes les pousses verticales, à mesure qu'elles se développent. Il ne faut pas qu'une même branche porte fruit plus de deux ou trois fois et il y aura toujours avantage à supprimer une partie des cerises quand elles surchargent l'arbre par leur extrême abondance.

« Il semble que la taille devrait se pratiquer aussitôt après la récolte et l'on doit couper, plus ou moins généreusement, suivant la vigueur des plants et l'importance de la pousse annuelle. En tout cas, ce n'est qu'avec beaucoup de travail et d'adresse qu'on arrive à bien pratiquer la taille et l'on n'obtient rien de bon en opérant par routine.

« La question de la taille du caféier, dit M. L. Misson (*), est encore fort discutée; elle compte quelques défenseurs convaincus qui assurent avoir obtenu, par son emploi, des arbres de formes plus régulières, dans lesquels l'air et la lumière sont mieux répartis, donnant une plus forte quantité de beaux et bons fruits, qui mûrissent plus régulièrement, et des rendements plus uniformes.

(*) *Loc. cit.*

« Ce dernier résultat serait surtout important, car en général une fructification trop abondante certaines années, conséquence des conditions climatériques exceptionnelles, est souvent presque un mal; d'abord, parce que cette production extraordinaire étant générale, la valeur du produit diminue, ensuite parce que l'arbre, étant surmené par l'effort trop considérable nécessité par la fructification, reste épuisé pour une ou plusieurs années. On cite certains districts de l'Etat de Saint Paul, à terres moins fertiles, où les caféiers ne se rétablissent de l'épuisement provoqué par cette surproduction qu'après trois et même quatre années.

« La manière de pratiquer cette taille est surtout le point le plus discuté. Dans bien des « fazendas », la taille, ou plutôt l'élagage, se résume à la suppression de ce que l'on appelle à Saint Paul la « saïa » ou jupon, qui est constituée par tous les rameaux inférieurs entrelacés jusqu'à une hauteur d'environ o^m5o.

« Cette opération, sauf peut-être dans les sols sablonneux secs, où le saïa protège le pied du caféier contre une trop forte évaporation, est toujours à conseiller. On remarque, en effet, que chez les plants munis d'une « saïa » abondante, la partie supérieure de l'arbre est dégarnie de feuilles et de fruits, alors que chez ceux où elle est enlevée, la partie supérieure est plus vivante et porte des fruits nombreux qui mûrissent beaucoup plus rapidement. Les fruits de la « saïa », au contraire, sont encore verts, généralement, quand les autres sont depuis longtemps arrivés à maturité et cette inégalité dans la maturation nuit fortement à la qualité du produit.

« Presque partout aussi, on enlève les rameaux morts et les gourmands qui apparaissent au pied, tout en en laissant parfois un qui formera un brin nouveau.

« On renouvelle aussi quelquefois les vieux pieds en les recépant pour provoquer l'apparition de rejets nouveaux parmi lesquels on en choisit deux, trois ou quatre qui constitueront le nouveau caféier. La durée de ces brins étant plus limitée, il paraîtrait plus rationnel de remplacer l'arbuste épuisé par un plant nouveau tiré de la pépinière ».

Au sujet de la question de la taille du caféier, nous lisons ce qui suit dans un rapport publié sur l'évaluation de la récolte de 1907/1908 à Saint Paul et reproduit par M. le commissaire général F. Ferreira Ramos dans une intéressante brochure sur la question de la valorisation du café au Brésil.

« Avant d'arriver à nos conclusions générales, disent MM. Joaquim Lourenço Fraga, Luiz A. Almeida et Nabor Jordâo, dans leur rapport, sur l'évaluation de la récolte 1907/1908, présenté au Secrétariat d'Agriculture de Saint Paul le 29 décembre 1906, il est de notre devoir de faire mention d'un fait de grande importance, non seulement relativement à la récolte de l'année en cours mais aussi à celles qui suivront. Nous voulons parler de la taille des arbres, pratiquée sur un grand pied dans toutes les zones de l'Etat de Saint Paul. Il y a des « fazendeiros » qui font la taille avec soin et en connaissance de cause, mais un grand nombre, qui ne disposent pas d'un personnel initié, font dans leurs plantations de véritables dévastations. Dans beaucoup de cas, cette pratique donne un résultat négatif; l'on détruit les arbres et l'on compromet les récoltes futures pour plusieurs années. Nous avons eu l'occasion de voir des tailles de plantations où les branches élaguées portaient des grains de café. Cette dévastation répétée dans plusieurs plantations ne doit pas manquer de contribuer également à la réduction de la prochaine exportation.

« La Commission touche ce point parce qu'il intéresse

8

la richesse publique de l'Etat ; mais il est juste de signaler nos impressions au sujet de la façon soigneuse dont sont en général traitées nos plantations.

« Dans les régions les plus reculées de l'Etat, on note les efforts que font plusieurs cultivateurs pour employer dans leurs cultures les instruments les plus perfectionnés et y appliquer les procédés agricoles les plus scientifiques. C'est un résultat que nous devons, sans conteste, à l'intelligente propagande qu'a faite, dans ces dernières années, le Secrétariat d'Agriculture de Saint Paul. »

Dans les notes que nous devons à l'obligeance de M. Jean Michel nous trouvons, au sujet de la taille, les renseignements suivants. La taille du caféier n'existe pas pour ainsi dire à Saint Paul, car on ne peut qualifier de ce nom l'élagage auquel on a recours pour éclaircir la partie inférieure du caféier connue sous le nom de « saïa » ou supprimer les parties mortes et sèches.

Les caféiers, arrivés à un certain âge, prennent une forme caractéristique (voir fig. 20, page 115). Ils comprennent trois parties distinctes : l'une inférieure, élargie, très compacte appelée « saïa » ou jupon, l'autre moyenne, fortement rétrécie, dénommée « cintura » et enfin, la troisième et dernière, le « penacho » formant un véritable panache au sommet de l'arbuste. Cette forme provient de ce fait que les jeunes pousses de la partie inférieure de la plante augmentent en nombre et comme elles ne subissent aucune taille, elles sont forcément obligées de prendre la forme sarmenteuse pour arriver à la lumière. Elles s'allongent donc, se tordent, se croisent dans tous les sens pour former bientôt la « saïa », c'est-à-dire un fouillis inextricable de rameaux grêles portant à leurs extrémités quelques feuilles, fleurs et fruits. Les pousses de la « saïa » absorbent, naturellement, la majeure partie de la sève ascendante de

Fig. 20. — Plant de café couvert de fruits.
Colonia. Etat de Saint Paul. Fazenda du Dr Carlos Botelho.

sorte que seule la partie supérieure, qui doit à sa situation verticale d'en recevoir quelque peu, se développe et forme le « penacho », tandis que la partie moyenne la « cintura » reste nue, ses pousses se desséchant.

Dans ces conditions, comme les minces rameaux qui forment la « saïa » sont longs et tortueux, leurs extrémités sont mal alimentées et les fruits qu'ils donnent restent petits et de qualité secondaire. Aussi y trouve-t-on une grande quantité de grains ronds appelés *moka*.

La taille devrait avoir surtout pour but d'éviter cette formation de la « saïa ». Elle devrait, de l'avis de M. Jean Michel, prendre le caféier dès le jeune âge, à l'époque où un coup de serpe bien donné peut amener le jeune plant à se ramifier et à prendre la forme d'une pyramide renversée qui serait la mieux adaptée.

Les considérations purement théoriques qui engageraient à traiter le caféier, un peu comme la vigne, en tenant naturellement compte de son mode particulier de végétation, n'ont guère de chance de succès et ce pour plusieurs raisons : manque absolu d'un personnel initié, manque de bras pour l'opération qui, faite dans ces conditions, exigerait une main-d'œuvre considérable, enfin le coût du travail. On pourrait peut-être faire l'expérience sur une petite échelle, mais il est peu probable qu'elle s'étende.

Aujourd'hui, la « póda » ou taille se résume à un vulgaire élagage, consistant à retirer du corps de la plante tout ce qui est sec, soit à l'aide de la hache, légère et tranchante, de façon à laisser une section inclinée de bas en haut bien nette, soit à l'aide de la scie à main lorsque le maniement de la hache est difficile. Le « camarada » qui, travaillant à la journée, traite les caféiers, s'arme aussi d'un crochet soit pour abaisser les tiges sèches de la partie supérieure, soit pour arracher les sarments desséchés qui garnissent le « penacho » ou la « cintura ».

Photo. J. Michel 1907.

Fig. 21. — Taille des caféiers. Etat de Saint Paul.
« Camaradas » ou colons travaillant à la journée, parfois à la tâche, occupés à la « póda » ou élagage des caféiers. Ils sont munis d'une hache tranchante et légère, d'un crochet pour abaisser les branches supérieures ou faire tomber les ramilles sèches de la partie la plus élevée du caféier et d'une scie à main pour les branches intérieures que la hache ne peut atteindre.

L'opération est faite tous les trois ou quatre ans, mais mieux vaudrait repasser plus souvent et martyriser moins les arbres. Les ramilles, provenant de la taille, jonchent le sol et s'y décomposent, tandis que les tiges plus fortes sont débitées à longueurs variant de 3o à 7o cent. et servent à faire les « arapucas » protecteurs.

L'opération de la « póda », lorsqu'elle est bien exécutée dans les conditions que nous venons d'indiquer, revient à o $ oio par pied et par année.

Le mode de végétation naturelle du caféier fournit, au sujet de la taille, des éléments certains à ceux qui désirent pratiquer cette opération d'une manière rationelle (*).

VIII. — FUMURE DES CAFÉIERS.

Parmi les nombreuses questions qui, à l'heure actuelle, doivent le plus préoccuper les «fazendeiros», il faut signaler tout particulièrement la fumure des « cafezaes » dont le but est d'éviter le complet appauvrissement du sol des plantations et de donner plus de vigueur aux caféiers de manière à préparer des récoltes plus abondantes et des produits de meilleure qualité.

Les résultats obtenus, aux Indes néerlandaises et à Ceylan, où l'on fait usage des engrais depuis longtemps, prouvent, d'une manière évidente, que la culture du café ne peut fournir de grands bénéfices que si elle est pratiquée rationnellement et qu'il n'est possible d'obtenir un café de qualité supérieure ainsi que des rendements élevés, que par l'application de procédés de culture perfectionnés. C'est pourquoi le planteur doit, entre autres choses, toujours veiller à une bonne préparation du sol, apporter tous les soins d'entretien nécessaires à la plantation et, ce qui est de la plus haute importance, ne pas négliger la fumure de ses caféiers.

Au Brésil, la fumure des « cafezaes » a toujours été trop négligée. Cependant, c'est à l'Institut agronomique de

---

(*) Pour l'étude de la végétation et de la ramification du caféier, on consultera utilement un article publié par le « *Boletim da Agricultura* » de Saint Paul (septembre 1907, pp. 431-433).

l'Etat de Saint Paul, à Campinas, qu'ont été faites, à partir de 1888, par le Dr F. W. Dafert, d'intéressantes recherches relatives à la fumure rationnelle du caféier, lesquelles sont venues compléter ou justifier les procédés déjà employés aux Indes.

Le caféier, comme toute autre plante d'ailleurs, ne peut se développer convenablement et fournir de forts rendements, ainsi qu'un produit de qualité supérieure, que s'il trouve dans le sol, en quantité suffisante et sous une forme absorbable, les divers éléments nutritifs minéraux indispensables à son alimentation et dont les principaux sont : l'acide phosphorique, la potasse, l'azote et la chaux. Si ces divers corps ne peuvent lui être fournis, non seulement il souffre dans le développement de son système radiculaire, mais sa vigueur générale et sa production s'en ressentent. L'arbre ne tarde pas à s'affaiblir ; il devient chétif et présente, en conséquence, moins de résistance aux diverses maladies.

Dans l'alimentation du caféier, il ne faut pas seulement considérer les éléments minéraux, mais il faut aussi veiller à ce que le sol renferme une quantité suffisante de matière organique, c'est-à-dire d'humus, élément absolument indispensable dans la production agricole. Chacun sait, en effet, que, non seulement, l'humus améliore les propriétés physiques générales de la terre, mais qu'il en augmente aussi la capacité calorifique ainsi que la porosité. Cette augmentation de la porosité facilite, dans une certaine mesure, l'absorption de l'eau et, par conséquent, des engrais minéraux, par le caféier qui, dans ces conditions, développera davantage son système radiculaire, ce qui lui permettra de puiser dans le sol une quantité plus considérable d'éléments nutritifs, absorption qui sera le point de départ d'une croissance nouvelle. D'une manière générale, l'humus favorise donc l'absorption des principes minéraux par la plante, aussi les fumures organiques augmentent-elles considérablement les effets produits par les engrais minéraux.

Pour fournir l'humus, c'est-à-dire les matières organiques, à la terre, le « fazendeiro » dispose de divers engrais tels que les pailles de café provenant de la préparation commerciale du produit, le fumier d'étable et les fumures vertes qui tous apportent à la terre, en dehors de l'humus, une certaine quantité des éléments nutritifs minéraux indispensables au caféier.

Parmi les différents éléments minéraux dont les caféiers ont besoin pour parcourir normalement leur cycle vital, il en est généralement quatre qui présentent un grand intérêt pour le planteur, en ce sens que ces quatre éléments font souvent défaut ou du moins ne se trouvent pas toujours en quantités suffisantes, dans le sol, à la disposition des plantes. Ces quatre éléments : l'azote, l'acide phosphorique, la potasse et la chaux, jouent chacun un rôle particulier et l'excès de l'un ne peut en aucune façon suppléer au manque de l'autre. Chacun remplit un rôle bien déterminé dans la vie du végétal. Si l'azote exerce une action prépondérante sur les organes foliacés et contribue au bon développement de la plante sans lui donner la consistance et la rigidité voulues, si l'acide phosphorique améliore la qualité des produits en favorisant la floraison et la formation des fruits, le rôle de la potasse est multiple : elle active la circulation de la sève, favorise l'élaboration des hydrates de carbone, produit du bois dur et consistant, relève la saveur et l'arome des fruits et enfin, augmente la résistance des plantes aux maladies.

Afin de pouvoir se rendre compte, dans la culture du café, de l'utilité de l'emploi des engrais, sous une forme quelconque, il suffit d'examiner le tableau suivant que nous

empruntons au Dr F. W. Dafert (*) et qui représente les
quantités de matières fertilisantes qui sont contenues dans
la production annuelle, à différents âges, de 1000 plants de
café « nacional » de Saint Paul cultivé en sol de richesse
moyenne.

Matières fertilisantes contenues dans la récolte annuelle de 1000 pieds de café « nacional ». Etat de Saint Paul.

Age	Azote	Acide phosphorique	Potasse	Chaux	Magnésie
	Kgs.	Kgs.	Kgs.	Kgs.	Kgs.
1 an	0,215	0,013	0,119	0,057	0,019
2 ans	0,271	0,120	0,433	0,253	0,089
3 ans	6,345	0,653	6,292	3,434	1,150
4 ans	10,674	1,041	9,805	5,030	1,574
6 ans	18,106	2,390	21,673	12,425	3,910
10 ans	18,066	1,778	16,011	11,268	3,619
40 ans	5,538	0,663	6,056	4,138	1,283

« Les engrais, dit le Dr W. F. Dafert (**), ne doivent
pas servir exclusivement à restituer au sol les strictes quantités d'éléments fertilisants contenues dans les récoltes ;
mais ils permettent surtout d'amener le caféier le plus tòt

(*) Dr F. W. Dafert. — Collecçâo dos trabalhos agricolas do Instituto agronomico do Estado de Sâo Paulo em Campinas extrahidos
dos relatorios annuaes de 1888 à 1893.

(**) Dr F. W. Dafert. — Principes de culture rationnelle du café
au Brésil.

possible à une haute productivité et de le maintenir dans cet état pendant un temps très long.

» A quelles doses et sous quelles formes convient-il d'employer les engrais pour arriver à ce résultat ? Des expériences de longue durée permettront seules de répondre à ces questions, mais on peut déjà considérer comme très vraisemblables les chiffres du tableau suivant qui représentent les besoins annuels du caféier à différents âges.

Besoins annuels de 1000 pieds de café à différents âges.

Age	Azote	Acide phosphorique	Potasse
	Kgs.	Kgs.	Kgs.
4 premières années	4,480	1,130	10,720
De 5 à 8 ans	16,200	8,880	34,900
De 9 à 20 ans	13,100	7,150	20,810
Après 20 ans (vieux arbres)	2,310	4,300	13,850

« Pendant les premières années, il faut favoriser surtout la croissance du caféier en lui fournissant beaucoup d'azote ; quand il commence à produire, il est nécessaire d'augmenter la proportion d'acide phosphorique et de potasse, pour assurer une fructification abondante, tandis que pour les arbres âgés, il faut se limiter à une simple restitution des éléments exportés dans l'année. »

Il est bien entendu que les chiffres du tableau précédent n'ont rien d'absolu, et qu'ils se modifieront très probablement avec les progrès de nos connaissances.

1. — Engrais employés à Saint Paul.

Parmi les engrais les plus employés à Saint Paul, il faut citer : la paille de café, c'est-à-dire les débris d'enveloppes fournis par les ventilateurs et les décortiqueurs ; le fumier d'étable constitué par un amas de bouse de vache avec des excréments de mulets et de chevaux, le tout additionné des résidus d'alimentation — herbes sèches ou feuilles de *Canna taquara* — ainsi que de « sapé » *Andropogon bicornis* Benth., plante employée comme litière au Brésil ; la fumure verte constituée par les haricots ou « feijào » *Mucuna utulis*, l' « amendoin » ou pistache de terre et le « tremoso » ou lupin blanc.

Au sujet des engrais utilisés à Saint Paul, on m'a parlé, nous écrit M. Jean Michel, de certains « fazendeiros » faisant usage de mélanges chimiques. L'emploi de ceux-ci serait naturellement avantageux et il est arrivé à M. Jean Michel de recommander à des fermiers de fabriquer le mieux possible et le plus possible de fumier et d'y adjoindre, lors de son application dans le « cafezal », un mélange de scories Thomas et de kaïnite, à raison de 300 à 400 grammes par pied. Mais les prix faits par les vendeurs de Rio et de Saint Paul, prix élevés surtout en raison des droits énormes prélevés par les docks et du coùt des transports ferrés, rendent, pour le moment, très dispendieux, l'emploi d'engrais chimiques. L'attention est donc, à l'heure actuelle, toute entière portée vers le meilleur emploi à faire des pailles de café, vers la fumure verte et, ressource importante, vers le fumier d'étable.

A. — *Pailles de café.*

L'engrais le plus employé dans l'Etat de Saint Paul, parce qu'il est le plus abondant et conséquemment le plus

économique, est la « casca » ou paille de café, c'est-à-dire :
a. l'écorce ou plutôt les enveloppes desséchées enlevées
par les « descascadores » lors de la décortication soit du
café en cerises séché sur les « terreiros », s'il s'agit de la
préparation par la méthode sèche, soit du café séché en
parche, s'il s'agit au contraire de la préparation par la
méthode humide ; *b. la pulpe* enlevée aux cerises fraîches
par les « despolpadores » lors du dépulpage et *c. les débris
d'enveloppes* fournis par les ventilateurs et autres machines
utilisées pour « bénéficier » le café dans le but de le préparer pour la vente.

Le transport des pailles de café vers le « cafezal »
n'embarrasse pas beaucoup le propriétaire car, une fois la
cueillette terminée, les chariots n'ont que peu ou point de
travail ; en conséquence, la question du transport ne doit
pas nous retenir davantage.

Il n'en est pas de même de la forme sous laquelle la
paille doit être employée, de son mode de préparation, de
l'époque de son application et du procédé à suivre pour la
distribuer aux pieds des caféiers de manière à obtenir les
meilleurs résultats tout en opérant le plus rapidement et le
plus économiquement possible.

M. A. Moraes, dans un article ayant pour titre « Adu-
baçào dos cafezaes » ou fumure des caféiers, remis au
Secrétariat d'Agriculture de Saint Paul, et écrit en s'ins-
pirant surtout du rapport de 1893 du Dr F. W. Dafert de
l'Institut agronomique de Campinas, préconise l'emploi de
la paille de café après fermentation, donc plus ou moins
décomposée, et pour la répandre, il conseille la ravale. Il
prétend, et c'est l'avis déjà émis par le Dr F. W. Dafert, que,
telle qu'elle sort des machines, la paille n'a pas grande
valeur comme engrais et que son emploi, sous cette forme
dans le « cafezal », simplement enterrée à la charrue, n'est

ni rationnel, ni économique. C'est une dépense qui ne fournit pas le résultat que l'on vise, parce qu'une grande partie des substances utiles se perd dans la plantation de café, dont le sol est constamment remué et dans lequel par conséquent la paille ne peut arriver à s'humifier c'est-à-dire à se décomposer facilement. Après fermentation elle acquiert, au contraire, une valeur beaucoup plus grande et devient un bon engrais organique, des plus précieux pour le « fazendeiro ».

Sa composition est très intéressante, comme le prouve le tableau suivant dressé d'après les analyses du Dr F. W. Dafert effectuées à Campinas.

Composition des « casca » ou pailles de café provenant du « beneficiamento » du café.

Principes	Sans préparation	Après exposition au soleil et à la pluie pendant plusieurs mois
	%	%
Eau	17,80	46,78
Azote Az	0,86	0,85
Acide phosphorique Ph^2 O^5	2,55	0,18
Potasse K^{2}O . . , . . .	48,09	0,94
Chaux CaO	9,54	0,44
Magnésie MgO	2,71	0,12

Si l'on sait qu'à 2^{kgs},750 de café en grain, c'est-à-dire de café marchand, correspondent 5^{kgs},500 de paille, on peut se rendre compte, par un simple calcul, de la proportion des principes nutritifs fournis aux caféiers lors de la restitution de la paille à la plantation. C'est la matière organique et la potasse qui recommandent le plus l'emploi de la paille dans la fumure des caféiers et c'est sous forme d'humate de potassium et de calcium que se produit l'absorption de cet engrais par la plante. Or, la paille de café n'ayant subi aucune fermentation et enterrée telle quelle, sa décomposition durera longtemps et son absorption sera lente, tandis qu'à moitié décomposée, ses principes seront utilisés plus rapidement par les arbres, puisqu'il se sera déjà produit de l'humate de potassium et de calcium, composés très favorables à la nutrition du caféier comme d'ailleurs à celle de toutes les plantes agricoles en général.

Donc la paille de café, pour produire facilement de l'humus et réaliser rapidement l'effet qu'on en attend, exige une fermentation préalable qui amènera les transformations dont nous venons de parler. Cette fermentation s'effectue en mettant la paille en tas, à l'abri du soleil, et en l'arrosant de temps en temps avec de l'eau ou de préférence avec du purin, s'il en existe dans la fazenda, afin d'en hâter la décomposition. Celle-ci ne dure pas moins de trois mois et, lorsqu'elle est terminée, la paille décomposée ne doit être employée qu'à l'état sec et pulvérulent. Le Dr F. W. Dafert conseille également de mettre la paille en tas, de l'arroser de temps à autre et de la mélanger avec de la chaux ; on obtient ainsi une masse consistante qui forme un engrais de première qualité.

Pour appliquer la paille décomposée aux caféiers, il est nécessaire de l'enterrer et pour cela il faut ouvrir, autour des arbres, de petits trous peu profonds, afin de ne pas sacrifier les racines superficielles qui se ramifient abondamment à quelques centimètres de profondeur, surtout dans les périodes de grande activité végétative. M. A. Moraes dit que quelques planteurs ont essayé, pour la distribution de la paille de café, soit des petites charrettes, soit des « jacás » ou paniers étroits et profonds, soit des « bangués » ou paniers plus larges et moins profonds, tandis que quelques-uns ont inventé des appareils compliqués de diverses grandeurs ; mais, d'après lui, l'instrument, ou plutôt la machine la mieux appropriée à l'application des pailles de café serait la « Pá de cavallo » ou « drag scraper » encore appelée ravale ou pelle à cheval, de dimensions plus grandes que celles employées ordinairement. La ravale, qui est tirée par un cheval ou par un autre animal, présente sur les autres machines, le grand avantage qu'il ne faut pas l'arrêter pour la remplir.

Dans la « fazenda » de Macahubas, dans le municipe de Batataes, la paille provenant de la cueillette d'une saison a été répandue au moyen de trois ravales qui avaient comme dimensions : longueur 0^{m}85, largeur 0^{m}67 et hauteur 0^{m}32 et qui contenaient chacune un quart de mètre cube environ. Ces ravales ressemblent beaucoup à celles fabriquées par la firme Arens et ne coûtent que 65 $ 000.

M. Jean Michel, qui a vu employer cet engrais à Saint Paul, nous écrit que son enfouissement se pratique à la houe par les colons ou de préférence à l'aide de la herse à disques qu'il serait utile, dit-il, de munir d'organes spéciaux, de tiges flexibles par exemple, afin de relever les branches sarmenteuses des caféiers et d'éviter qu'elles ne soient coupées par les disques.

C'est après la cueillette l'époque la plus favorable pour l'épandage des pailles de café. Chaque caféier ne devra jamais en recevoir moins de 20 kgs environ. Mais, lorsqu'on fait usage de cet engrais, il faut éviter de contaminer des pieds sains par l'emploi de paille provenant d'un « cafezal » malade. Les pailles de café étant loin d'être suffisantes, il conviendrait d'y ajouter des engrais chimiques en quantité appropriée à l'âge de la plantation.

Dans certaines exploitations et dans la plupart des petits établissements de « beneficiamento », où les petits cultivateurs mènent leur récolte pour la préparation en vue de la vente, comme il s'agit toujours de café non dépulpé, c'est-à-dire séché en cerises sur les « terreiros », ces usines emploient la paille comme combustible. On se sert à cette fin de fours à gradins avec alimentation automatique. Les cultivateurs soigneux vont en rechercher les cendres pour les rendre à la terre dont elles représentent une partie des prélèvements, mais les quantités appliquées sont on ne peut plus variables et il nous est impossible de donner des chiffres à cet égard.

B. — *Fumier d'étable.*

Le fumier d'étable, qui devra, dans la « fazenda », être toujours rassemblé avec soin dans un endroit spécialement affecté, peut rendre au « fazendeiro » les plus grands services et, relativement à son emploi, nous ne pouvons mieux faire que de reproduire les notes que nous communique M. Jean Michel qui, faisant allusion à cet engrais, s'exprime de la manière suivante.

Ici s'agite une question d'importance capitale pour l'Etat de Saint Paul. Ses terres sont, après quelques années de culture purement extractives et en raison même de leur nature physique, absolument dépourvues de matières organiques. Il suffit de voir, dans une plantation de canne à sucre en terre de vieille culture, l'effet produit par une application de fumier, si faible soit-elle, pour se rendre compte de l'indispensabilité de cet engrais qui apporte au sol une grande quantité de matières organiques.

Comment le produire, car c'est là le moyen de passer de la culture extensive, presque exclusivement pratiquée jusqu'aujourd'hui à Saint Paul, à une culture plus intensive, en cherchant en même temps à diminuer les dépenses de main-d'œuvre par l'emploi de machines. Il ne faut pas, comme nous le disions au début, penser aux engrais chimiques, leur emploi est encore trop onéreux et les

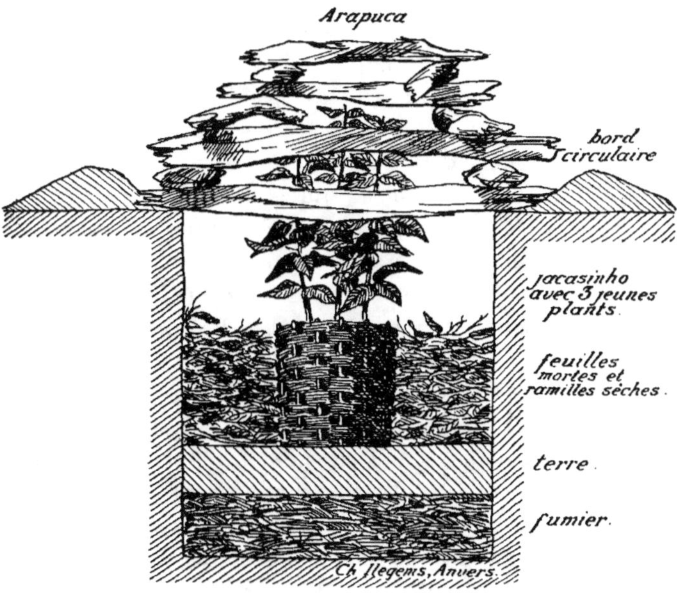

Fig. 22. — Façon d'appliquer le fumier et de repeupler les « cafezaes ».

cultivateurs manquent de la préparation nécessaire. Le poste zootechnique de Saint Paul (*) préconise avec raison,

(*) Le poste zootechnique de l'Etat de Saint Paul est dû à l'initiative de M. le Dr Carlos Botelho, ancien Secrétaire d'Agriculture. Remarquable par ses superbes installations, il a été organisé à la fin de l'année 1906, par M. le professeur Hector Raquet, de l'Institut agricole de l'Etat à Gembloux. Il est, actuellement, dirigé par un de nos confrères M. Louis Misson, ingénieur agricole, ancien professeur de l'Ecole d'Agriculture de Piracicaba (Etat de Saint Paul).

pour la préparation du fumier, la construction, tant par les colons que par les « fazendeiros », d'un système d'étable, dans la pâture ou à proximité de l'exploitation, afin d'y recueillir les excréments.

Quant à l'application, elle se fait actuellement de la façon suivante. Lorsqu'il s'agit de remplacer les pieds morts, on met, dans le fond de la « cova » ou trou de plantation, une certaine quantité de fumier qu'on recouvre d'un peu de terre, ensuite le « jacasinho » avec les jeunes plants, entouré lui-même de la terre supérieure chargée de débris de feuilles mortes et des ramilles sèches du caféier qui a été arraché. Les pieds traités de cette façon gagnent certainement au moins un an en rapidité de croissance. Le fumier est, dans ce cas, transporté du chemin aux « covas », dans des « jacás » ou paniers en osier que les colons portent sur l'épaule et qui sont semblables à ceux que l'on utilise sur les « terreiros » pour la manipulation du café séché. Lorsqu'on doit appliquer le fumier au sol du « cafezal » lui-même, on peut le répandre sur la terre et l'enterrer à la herse à disques, s'il est très défait, c'est-à-dire décomposé. Si, au contraire, il est quelque peu pailleux et si l'on ne dispose pas de herses à disques ; ou si la circulation dans le « cafezal » est rendue difficile par le développement des caféiers, on creuse, au centre des lignes, un ou deux sillons à l'aide d'une espèce de binot appelé « bico de pato », on répand alors le fumier dans le fond du sillon que l'on referme souvent à la houe.

C. — *Fumure verte.*

Les deux plantes que j'ai vu employer comme fumure verte, nous écrit M. Jean Michel, sont le « feijâo » ou haricot et le « tremoso » ou lupin blanc. Ce dernier a l'avantage de donner plus de matière organique que le premier, celui-ci est cependant d'un enfouissement plus facile et, souvent même, on le laisse arriver à un état de siccité assez avancé avant de passer avec la herse à disques qui le découpe en fragments tout en l'enterrant.

Quant au lupin blanc, voici comment M. Jean Michel a vu procéder dans un vieux « cafezal » : à la floraison on fait passer, dans les interlignes des caféiers, un colon qui arrache le lupin sur un espace suffisant pour permettre de passer avec le « bico de pato » ou binot qui ouvre un sillon dans le fond duquel d'autres colons couchent ce qui reste du lupin qu'ils ont préablement arraché. Le sillon est ensuite refermé à la houe. Les colons se prètent à cette besogne sans augmentation de salaire pour le traitement de 1000 pieds, parce que pendant la durée de végétation du lupin, ils ne doivent pas biner le « cafezal »; de plus, cette plante maintient le sol exempt de mauvaises herbes.

On a préconisé, dans ces dernières années, l'emploi comme engrais vert du « feijào mucana » *mucana utilis* ou « velvet beans » des Américains du Nord. Cette plante est bonne et s'emploie déjà.

Comme fumure organique, il faut signaler aussi que beaucoup de « fazendeiros » enterrent, dans un sillon médian, tous les détritus végétaux, ramilles, feuilles, etc. qui jonchent le sol après la récolte et les détritus qui proviennent des habitations.

La fumure verte s'enfouit en octobre-novembre, avant la saison des pluies, celle-ci favorisant la décomposition des matières organiques et l'infiltration des produits de décomposition qui arriveront ainsi plus facilement aux racines.

Le Dr F. W. Dafert ne paraît pas, d'une manière générale, très partisan de l'emploi des engrais verts et surtout enfouis tels quels sans décomposition préalable. « Ils ne sont généralement pas, dit-il, à leur place dans la culture du café, parce qu'on ne peut les cultiver et les enfouir qu'entre les lignes d'arbustes, c'est-à-dire loin des racines dont ils doivent assurer l'alimentation, mais surtout à cause des sécheresses persistantes qui s'opposent parfois complètement à leur décomposition, particulièrement dans la région aride. C'est pour cette raison que les engrais verts ont donné de meilleurs résultats à Java qu'à Saint Paul.

« Il serait possible, en les abandonnant quelque temps à l'air, réunis en tas sur le sol, d'y provoquer une fermentation après laquelle on les enfouirait ; on éviterait ainsi leur lente dessication, sans profit pour le sol ; mais ce procédé est tellement coûteux que son succès parait problématique. » Il est vrai qu'en enfouissant les engrais verts au commencement de la saison des pluies, leur décomposition est activée, c'est d'ailleurs, comme nous le disions plus haut, l'époque à laquelle ils sont employés par les planteurs qui en font usage à Saint Paul.

2. — Engrais chimiques.

Dans la fumure des caféiers, on recourt évidemment tout d'abord aux engrais naturels produits dans la « fazenda », surtout aux engrais organiques et, parmi eux, principalement aux pailles de café et au fumier d'étable qu'il faut s'efforcer de produire en quantité aussi grande que possible. Mais si, par l'application dans le « cafezal » de fumier d'étable, de pailles de café et, de plus, d'engrais vert, le « fazendeiro » fournit à la terre, en même temps que l'humus (matières organiques), une certaine quantité de matières fertilisantes minérales telles que l'acide phosphorique, l'azote, la potasse, la chaux, etc., la proportion de ces éléments est toutefois trop peu élevée, car la production du fumier dans les « fazendas » est généralement insuffisante. Par conséquent, si l'on veut donner aux caféiers la somme voulue des matériaux nutritifs minéraux qu'ils réclament, il faut nécessairement recourir à d'autres moyens et, malgré leur emploi dispendieux, faire usage d'engrais chimiques.

Seulement, dans l'emploi de ces derniers, il ne faut pas ignorer les principes de l'alimentation végétale et ne pas méconnaître surtout la loi fondamentale du minimum. De plus, il faut bien se rendre compte des exigences nutritives particulières du caféier et de la façon d'appliquer les engrais car, si certains « fazendeiros » ont essayé les engrais chimiques sans arriver à de bons résultats, cela tient simplement à leur ignorance. Il nous paraît donc utile d'insister quelque peu sur cette question.

Tout d'abord, les éléments nutritifs minéraux indispensables qui, rappelons-le, sont principalement l'acide phosphorique, la potasse, l'azote et la chaux, doivent se trouver nécessairement dans le voisinage des racines ; de plus, ils doivent se présenter sous une forme absorbable et en proportion convenable. Si l'un d'eux manque complètement, les autres restent inactifs et ce conformément à la loi dite du minimum, formulée par Liebig, qui dit que la production végétale est réglée par l'élément nutritif qui existe dans le sol dans la moindre proportion, c'est-à-dire par celui qui manquera le plus vite ; en pratique, c'est par conséquent celui-là que l'on doit surtout veiller à restituer en temps utile et en quantité suffisante. Donc, si l'un des éléments minéraux se trouve, dans le sol, en quantité insuffisante, les autres perdront proportionnellement de leur effet et ne pourront être que partiellement utilisés. Un exemple nous permettra de mieux comprendre les conséquences de cette constatation importante. Si, dans un terrain contenant en quantité convenable l'acide phosphorique, l'azote et la chaux nécessaires pour produire un kilogramme de café, la teneur en potasse n'est suffisante que pour en fournir un demi-kilogramme, la production ne sera pas supérieure à ce chiffre.

Quant aux exigences alimentaires particulières au caféier il suffit, pour pouvoir s'en rendre compte, de se reporter aux tableaux des pages 121 et 122.

Quels sont à présent les engrais à employer ? Pour ce qui concerne le Brésil, il faut mentionner spécialement les suivants : parmi les engrais phosphatés, les superphosphates de 16 à 20 $^{0}/_{0}$ d'acide phosphorique et les scories Thomas à 16 $^{0}/_{0}$ d'acide phosphorique ; parmi les engrais azotés, le nitrate de soude ou salpêtre du Chili contenant 16$^{0}/_{0}$ d'azote et le sulfate d'ammoniaque qui en renferme environ 20,5 $^{0}/_{0}$; enfin, parmi les engrais potassiques, le chlorure et le sulfate de potasse tous deux d'une richesse en potasse de 50 $^{0}/_{0}$ environ. On peut y ajouter le guano et quelques autres engrais qui renferment plus d'un élément nutritif, mais ceux-ci sont généralement exclus car, par leur emploi direct, on ne peut répondre exactement aux exigences des plantes sans appliquer l'un des éléments en excès, sauf, dans le cas où l'on pourrait faire des mélanges convenables.

M. E. Mager, dans un article sur « l'adubação dos caféeiros » ou fumure des caféiers, publié dans la « Revista agricola » de Saint Paul, préconise pour l'acide phosphorique, bien qu'à richesse égale ils soient plus chers que les scories Thomas (*), l'emploi des superphosphates dans les

---

(*) Les scories Thomas qui proviennent de la fabrication de l'acier par le procédé Thomas-Gilchrist sont aussi appelées scories de déphosphoration, phosphate Thomas, phosphate basique.

terres argileuses ainsi que dans les plantations où les arbres sont en mauvais état ; l'acide phosphorique des superphosphates est, en effet, soluble dans l'eau et par conséquent d'une assimilabilité par la plante plus rapide que celui des scories. Lorsqu'il s'agit d'un sol sablonneux ou de terrains pauvres en chaux, il conseille de recourir, et cela est absolument logique, aux scories Thomas, d'un prix moins élevé que les superphosphates et qui contiennent, en outre, environ 40 % de chaux. Leur application n'est cependant pas toujours suffisante pour suppléer complètement au manque de chaux.

D'après les prix qui lui ont été communiqués par la maison Brüggemann, Pereira et Cia, négociants en engrais chimiques à Rio (*), M. E. Mager a établi le tableau suivant qui permet de comparer le prix des éléments nutritifs dans quelques engrais chimiques.

D'après le tableau de la page 122 emprunté au Dr F. W. Dafert, nous savons que 1000 pieds de café de 0 à 4 ans, plantés en terrain normal, réclament 1,^{kg}130 d'acide phosphorique, soit 1^{kg},500 en chiffres ronds, 10^{kgs},720 de potasse ou 11 kgs et 4^{kgs},480 d'azote ou 5 kgs. Partant de là et nous appuyant sur les teneurs renseignées au tableau suivant, ces 1000 pieds devraient avoir, au minimum, car il se produit des pertes par infiltration : superphosphate à 20 % : 7^{kgs},5 ; chlorure de potasse à 50 % : 22 kgs et sulfate d'ammoniaque à 25 % : 20 kgs. Ces quantités des trois engrais choisis sont celles qu'il est nécessaire d'appliquer dans un terrain normal ; s'il s'agit d'un sol pauvre, il faut naturellement augmenter les doses et s'il s'agit, au contraire, d'un sol suffisamment riche en

(*) La maison Lion & C°, rue du Commerce, à Saint Paul, s'occupe aussi de la vente des engrais chimiques.

l'un ou l'autre élément, inutile d'appliquer l'engrais correspondant.

Richesse et prix de quelques engrais chimiques.

Espèces d'engrais	CONTENANCE GARANTIE EN			Prix par 100 kgs.
	Acide phosphorique	Azote	Potasse	
1⁰ Engrais phosphatés				
Superphosphate	20 %			16 $ 000
Scories Thomas	16 %			9 $ 400
2⁰ Engrais azotés				
Salpêtre du Chili . . .		16 %		33 $ 000
Sulfate d'ammoniaque .		25 %		30 $ 000
3⁰ Engrais potassiques				
Chlorure de potasse à 80 %			50 %	23 $ 500
Sulfate de potasse à 90 %			48 %	25 $ 000

Les indications que nous venons de donner sur les quantités d'engrais à employer doivent s'entendre d'une manière générale, car ce n'est que par des essais effectués dans la plantation même que l'on constatera si le sol est suffisamment riche. L'analyse chimique rendra, dans ce cas, les plus grands services, et pour bien montrer son rôle au sujet de l'emploi des engrais, nous empruntons les données du tableau ci-contre au « Relatorio de Campinas » de 1899.

La terre n° I, malgré une bonne réserve de matières organiques, est pauvre et il est indispensable de lui appliquer des engrais phosphatés et potassiques ; sans désignation de culture, les doses devraient être, par hectare, d'après les résultats de l'analyse : 530 kgs de superphosphate simple ou 225 kgs de superphosphate double et 230 kgs de chlorure de potassium pur. S'il s'agissait d'une terre à café, les proportions varieraient suivant l'âge des caféiers. La terre n° 2 appartient à la « fazenda » Santa Antonio de Jaboticabal; elle est très pauvre et réclame, par hectare, pour une culture continue: 260 kgs de superphosphate double, 200 kgs de sulfate d'ammoniaque et 280 kgs de chlorure de potassium. La terre n° 3 provient de la « fazenda » Barrinha de T. C. Joâo S. do Amaral; elle ressemble à la terre n° 2 et réclame par hectare les mêmes quantités de sulfate d'ammoniaque et de superphosphate double, tandis qu'elle exige plus de chlorure de potassium, soit 320 kgs. Il est absolument inutile de multiplier les exemples, ceux que nous avons choisis sont suffisants.

Analyse de quelques terres de l'Etat de Saint Paul.

Corps dosés	N° 1	N° 2	N° 3
	%	%	%
Eau	11,00	14,810	14,380
Matières organiques .	10,57	12,530	10,480
Azote	0,33	0,110	0,110
Acide phosphorique .	0,06	0,046	0,047
Potasse	0,06	0,059	0,039
Chaux	0,09	0,236	0,264

Dans l'emploi des engrais chimiques, le « fazendeiro » doit prendre certaines précautions, lorsqu'il s'agit surtout du mélange de divers engrais. Ceux dont nous venons de signaler l'emploi, pour les trois terres précédentes, peuvent parfaitement se mélanger sans qu'aucune perte d'élément nutritif soit à craindre. Il n'en serait pas de même si, au lieu de superphosphate, on faisait usage de scories Thomas.

Celles-ci contiennent, en effet, de la chaux qui provoque le dégagement de l'ammoniaque du sulfate d'ammoniaque, ce qui est très préjudiciable pour le planteur.

L'époque à laquelle il faut appliquer les engrais chimiques n'est pas sans importance. Tous les engrais que nous avons signalés, à part le nitrate de soude ou salpêtre du Chili, qui ne peut être répandu qu'après la saison des plus grandes pluies à cause de sa grande solubilité, doivent être appliqués quelques semaines après la cueillette.

Leur mode d'application est très simple : il suffit de les répandre dans les espaces libres laissés entre les rangées de caféiers à partir de quinze à cinquante centimètres du tronc suivant l'âge des pieds de café. Si les salaires ne sont pas trop élevés on peut même recommander l'épandage à la main en respectant les distances sus-indiquées. Une fois épandus, les engrais doivent être enterrés soit à l'aide des instruments agricoles tels que le *cultivateur* et la herse, soit simplement à la bêche.

Nous ne traiterons pas plus longuement la question des engrais et nous renverrons pour de plus amples détails aux rapports du Dr F. W. Dafert, de l'Institut agronomique de l'État de Saint Paul, et à son ouvrage sur la culture rationnelle du café au Brésil où l'on trouvera une étude remarquable sur l'augmentation de la productivité des plantations de café.

IX. — MALADIES ET ENNEMIS DES CAFÉIERS.

Les maladies propres au caféier sont assez rares dans l'État de Saint Paul et y font, en général, peu de dégâts. Ainsi *l'hemileia* ou *Leaf blight*, la plus terrible des maladies cryptogamiques — produite par *l'hemileia vastatrix* B et Br. champignon de la famille de Urédinées qui s'attaque aux feuilles de l'arbuste — qui a détruit tant de plantations dans certains pays, notamment à Ceylan, n'y a pas encore été rencontrée. Nous ne nous y arrêterons donc pas davantage et nous nous contenterons d'étudier, dans ce chapitre, les ravages causés par un *nématode* et les *sauterelles*.

1. — Pourriture du pivot ou maladie de la racine mère.

Parmi les ennemis du caféier, on a signalé, à Saint Paul en 1898/99, qu'un *nématode*, auquel M. F. Noack, de l'Institut agronomique de Campinas, a donné le nom de *Apheleuchus cofeæ* (*), attaquait le pivot c'est-à-dire la racine principale ou « rais mestra » du caféier dont il modifie surtout l'écorce d'une manière tout à fait particulière

Les signes extérieurs qui révèlent l'apparition de cette maladie, connue aussi sous le nom de maladie d'Araraquara ou mieux pourriture du pivot ou de la racine mère, peuvent être, suivant le Dr G. d'Utra, résumés comme suit : sauf les cas où il serait très avancé, aucun signe extérieur ne décèle avec certitude l'apparition du mal. Cependant, à une certaine période de son évolution, on remarque que les extrémités des branches se dessèchent et jaunissent et notamment les extrémités de celles qui sont insérées sur le tiers moyen du tronc du caféier tandis que les feuilles des autres branches tombent graduellement. On a vu parfois des caféiers recouvrer une certaine vigueur et reformer de nouvelles feuilles qui ne tardaient pas à subir le sort des premières, c'est que la maladie s'était alors franchement déclarée. On a remarqué aussi des cas de marche violente dans lesquels l'arbuste perd brusquement ses feuilles et meurt, c'est

____

(*) Zeitschrift für Pflanzenkrankheiten. VIII Band. 4 Heft 1898.

qu'alors le mal s'est généralisé et s'étend, non seulement à tout le pivot, mais aussi aux plus petites ramifications radiculaires.

MM. H. Potel et F. Noack, de l'Institut agronomique de Campinas, ont étudié cette nouvelle affection du caféier et M. H. Potel est arrivé à recommander, avec succès d'ailleurs, l'emploi du sulfure de carbone, tant pour désinfecter les endroits où des caféiers sont morts, après avoir été envahis par le nématode, que comme traitement curatif et préventif. Il conseille également de circonscrire les caféiers attaqués par des fosses et de prendre toutes les précautions voulues pour isoler les parties infestées, comme on le fait, d'ailleurs, pour les vignes phylloxérées.

Quant à M. F. Noack, ses études l'ont amené aux conclusions qui suivent que nous extrayons du « Boletim do Instituto de Campinas » d'avril 1899. « 1. — La pourriture de la racine mère ou pivot, qui est apparue dans l'Etat de Saint Paul dans ces derniers temps, est causée par un nématode qui provoque dans l'écorce de la racine une modification caractéristique à cette maladie. 2. — La décomposition du pivot est accélérée par un champignon dont le *mycelium* pénètre facilement dans le tissu cortical spongieux, très humide et anormal. 3. — La maladie est contagieuse et se propage des arbres malades aux arbres sains pour former ainsi de nouveaux foyers d'infection. 4. — Les arbres malades meurent, suivant leur vigueur, plus ou moins rapidement, ce qui cause ainsi au planteur un préjudice considérable. 5. — Comme la maladie ne se propage que très lentement, on ne doit pas craindre une invasion dévastatrice qui mette en péril l'avenir de la culture. 6. — Par l'emploi des moyens appropriés appliqués à temps, il sera possible de limiter au minimum le dommage local causé. »

M. Jean Michel qui nous a communiqué ces renseignements ne pense pas que la maladie du pivot ait causé de sérieux dégâts dans les plantations paulistes ; d'ailleurs, sa présence n'est plus guère signalée à l'heure actuelle. Cependant, M. Jean Michel se demande si ce n'est pas à cette maladie qu'il faudrait attribuer la mort, sans cause extérieure apparente, de certains pieds de café, fait que l'on constate souvent dans les « cafezaes » de l'Etat de Saint Paul !

2. — **Sauterelles**.

En 1906, les sauterelles ont, pour la première fois, fait leur apparition dans les « cafezaes » de l'Etat de Saint Paul. Elles y ont produit des dégâts assez considérables, aussi bien dans les jeunes plantations que dans les vieilles. Elles s'attaquent surtout aux jeunes plants de remplacement et si elles ne les tuent pas, elles leur font perdre un an, au moins, dans leur développement.

Les moyens de destruction des sauterelles ne sont pas très nombreux. Tout d'abord, la lutte qu'on livre aux larves, lors de leur apparition, est coûteuse et pénible. Contre l'insecte parfait, c'est-à-dire contre les sauterelles elles-mêmes, on doit se contenter de faire le tapage le plus assourdissant possible lorsque la nuée s'annonce ; on lance même des fusées qui, en éclatant, effraient les terribles acridiens et les éloignent de la plantation.

Pour captiver et tuer les larves, lorsque leur ligne de marche est connue, on creuse des tranchées de 1 m. de profondeur et de 0.70 à 0.80 m. de largeur. A l'aide de branchages dont s'arment les colons, on pousse, tel un troupeau, les larves vers le fossé où on les enterre dans des trous de 1 m. pratiqués au fond même des tranchées.

X. — AGE DE PRODUCTION, RENDEMENTS ET LONGÉVITÉ DES CAFÉIERS.

Il est assez difficile de donner des indications précises au sujet de l'âge de production, des rendements et de la longévité des caféiers. D'une manière générale, on peut dire que la troisième année, au Brésil, la floraison des caféiers est relativement abondante et que la quatrième année, la récolte est presque suffisante pour couvrir les frais de cueillette. La cinquième année, la récolte est plus abondante encore et à six ans commence, pour les caféiers, la période de plein rendement (*). La production augmente alors insensiblement pour atteindre son maximum entre la quatorzième et la dix-huitième année et diminuer ensuite peu à peu. Dans certains cas exceptionnels, par exemple en des sols très fertiles, il peut arriver qu'on puisse récolter dès la deuxième année, ce qui est d'ailleurs la règle pour les plants qui ont été fumés.

Le rendement de café marchand par pied, qu'il ne faut pas confondre avec la quantité de cerises récoltées, varie beaucoup avec les conditions climatériques de l'année, l'âge des plants, la richesse des terrains sur lesquels sont établies les plantations, les soins culturaux, l'emploi des engrais, la variété cultivée, etc. ; mais, en tout cas, la moyenne de production annuelle dans l'État de Saint Paul, comparée à celle des autres pays, est extraordinaire.

Les rendements dans l'Etat de Saint Paul varient cependant beaucoup, en dehors d'autres circonstances, suivant les

______

(*) Le café *Bourbon*, dont le développement est le plus rapide, produit déjà après 5 ans, suffisamment de fruits pour payer les frais de récolte ; le *nacional* est un peu plus tardif, mais, c'est vers l'âge de 9 ans qu'ils arrivent tous deux à leur maximum de rendement. (L. Misson loc. cit.).

Fig. 23. — Plantation de café de l'Etat de Saint Paul au moment de la floraison.

plantations, les centres de culture et les conditions climatériques de l'année. Dans les vieux « cafezaes », par exemple, la production moyenne annuelle est de 800 à 900 kgs. par 1000 pieds, tandis que dans les nouvelles plantations établies en terres vierges, elle peut atteindre 1.788 kgs, comme dans la plantation de la « Companhia agricola » à Ribeirâo Preto. Aux environs de Piracicaba, le rendement moyen est de 1.200 à 1.500 kgs de café marchand par 1000 pieds ; dans la zone de Ribeirâo Preto, 1.900 kgs ; dans celle de Sâo Manoel, elle est plus élevée et atteindrait dans les bonnes années et dans certaines plantations, rares cependant, 3.000 kgs par 1000 pieds. On y cite même une « fazenda » dans laquelle 80.000 pieds de café de 11 ans auraient produit 450.000 kgs, soit 5.625 kgs par 1000 pieds, mais c'est là une exception. La récolte la plus élevée qu'on ait observée d'une manière certaine, *sans l'emploi des engrais*, et sur l'ensemble d'une grande plantation est, dit le Dr F. W. Dafert, de 7.395 kgs par 1000 pieds, chiffre qui a été relevé en 1895 à la « fazenda » Monte Bello, près de Campinas, où il avait été récolté 8.874 kgs de café préparé sur 1200 pieds. La « fazenda » de Guatapará, l'une des plus belles propriétés de l'Etat de Saint Paul, a produit en moyenne annuellement, pendant une période de six années consécutives, 120 à 180 arrobes (*), ou 1.800 à 2.700 kgs par 1000 pieds ; mais elle n'a guère fourni plus de 50 arrobes en 1907, c'est-à-dire pendant l'année qui a suivi la forte récolte de 1906-1907.

A titre de comparaison, disons que dans l'Est de Java, on admet comme rendement moyen 600 kgs de café marchand par 1000 pieds, tandis que dans l'Etat de Rio de Janeiro, il est évalué, d'après le Dr F. W. Dafert, à 333 kgs. dans les terres déjà épuisées.

(*) Un arrobe équivaut à 15 kilogrammes.

Fig. 24. — « Fazenda » Guatapará. Zone de Ribeirão Preto. Etat de Saint Paul.
« Cafezal » de 800.000 pieds.

Les rendements varient naturellement beaucoup, pour une même plantation, suivant les années et surtout suivant les conditions climatériques ; ainsi, à la « fazenda » Bôa Vista, située dans la région de São Manoel et appartenant à M. le « fazendeiro » L. T. de Camargo, dont nous avons déjà parlé plusieurs fois, les rendements ont été les suivants pendant les dix dernières années.

Rendements en café marchand de la " fazenda " Bôa Vista. São Manoel. Etat de Saint Paul.

Année de la cueillette	Saison caféière correspondante 1 juillet au 30 juin	Total des caféiers	Pieds formés En état de production	Pieds nouveaux Ne produisant pas	Production de café marchand en arrobes. un arrobe = 15 kgs.	Production de café marchand par 1000 pieds formés en kilogrammes
1897	1897 1898	284.000	180.000	104.000	40.600	3.383
1898	1898 1899	284.000	180.000	104.000	11.600	967
1899	1899 1900	320.000	200.000	120.000	50.560	3.792
1900	1900 1901	320.000	304.000	16.000	38.000	1.875
1901	1901 1902	380.000	320.000	60.000	71.000	3.328
1902	1902 1903	380.000	320.000	60.000	34.500	1.617
1903	1903 1904	402.000	320.000	82.000	50.580	2.371
1904	1904 1905	402.000	320.000	82.000	45.600	2.138
1905	1905 1906	402.000	380.000	22.000	43.000	1.695
1906	1906 1907	402.000	380.000	22.000	72.000	2.842
1907	1907 1908	402.000	380.000	22.000	36.000	1.421

Dans les rendements, il importe de bien distinguer la productivité moyenne d'un plant de celle par unité de surface. Tandis que cette dernière varie peu, dit le Dr F. W. Dafert, dans les mêmes conditions d'âge et de sol, la productivité moyenne d'un plant, c'est-à-dire la quantité moyenne de café produit par pied, dépend dans une large mesure de l'écartement des caféiers. Toutes deux se modifient d'ailleurs considérablement par l'emploi des méthodes de culture perfectionnées et surtout par l'usage des engrais lesquels augmentent les rendements de 2 à 2,5 kgs. de café préparé par pied.

Ramenée à l'unité de surface, à l'hectare par exemple, la récolte moyenne s'élève au Brésil à 333 kgs. en sol épuisé, 800 en bonne terre, 1.350 en terre vierge de première qualité, 1.600 et même 2.000 kgs. sous l'action des engrais.

Les récoltes des caféiers ne sont pas plus régulières que celles de nos arbres fruitiers ; elles dépendent des conditions climatériques et varient de plus de 50 $^{0}/_{0}$ d'une année à l'autre. Un fait, qu'il ne faut pas perdre de vue, est qu'une bonne récolte est généralement suivie de plusieurs autres médiocres ou mauvaises. C'est d'ailleurs la constatation qui a été faite à Saint Paul après la forte cueillette de 1901, désignée dans le commerce, récolte 1901/1902. Le même fait se représente d'ailleurs encore actuellement par suite de l'extraordinaire production de 1906 qui a constitué la récolte *record* de la saison 1906/1907. C'est pourquoi on pouvait déjà prévoir, en 1906, que les récoltes 1907/1908 et 1908/1909 seraient petites ou tout au moins moyennes. En effet, les années de forte production détruisent beaucoup de rameaux à fruits, et il faut aux caféiers plusieurs années pour réparer ce dommage. Il n'existe, dit le Dr F. W. Dafert, aucun remède capable d'empêcher ces accidents ; mais en fournissant aux arbres une alimentation raisonnée, en les taillant convenablement et surtout en supprimant une partie des fruits, trop nombreux, qu'ils portent les bonnes années, il est possible de diminuer beaucoup l'importance de ces variations de récolte et de régulariser davantage les rendements. Dans cet ordre d'idée, il est même recommandable, dans les premières années de production, de ne pas laisser porter aux caféiers une charge trop forte, ce qui les ruinerait pour la durée de leur existence.

« La longévité des caféiers, nous écrit M. L. T. de Camargo, est très variable suivant les régions. Dans la « terra roxa », comme à São Manoel, les arbres, par suite de leur énorme production, s'épuisent au bout de 30 à 40 années environ. Dans la « terra massapé », comme à Campinas, les caféiers atteignent un âge plus élevé et il est même courant de voir, en bon état, des « cafezaes » de 50 à 60 ans. Dans le municipe de Campinas, il y a des « cafezaes » de cent années, la « fazenda Matto Dentro », par exemple, qui produisent encore ! »

Terminons ce chapitre par la détermination du rendement d'un « cafezal », qui nous est communiquée par M. Jean Michel. On peut dire, sans crainte d'exagération, que le caféier *nacional ou commun*, planté en bonne terre, ne va pas au-delà de 35 à 40 ans. Ce dernier chiffre n'est que rarement dépassé par des « cafezaes » bien entretenus, élagués avec soin, mais dans tous les cas, leur productivité ne peut être maintenue qu'à force d'engrais, car à partir de 30 ans, plus tôt même parfois, elle diminue fortement d'année en année.

En admettant 40 ans comme limite d'âge, une « fazenda » de 600.000 pieds aura donc à remplacer, annuellement, pour maintenir sa production, un minimum de 600.000 : 40 = 15.000 pieds, sans compter ceux qui meurent accidentellement par suite d'une circonstance quelconque. Si, d'autre part, ces pieds ne produisent qu'après quatre ans, souvent cinq, six même, lorsqu'ils proviennent de semis directs et non fumés, on voit qu'il y aura comme non productifs 15.000 × 4 = 60.000 ou 15.000 × 5 = 75.000 de telle sorte que la récolte se répartit effectivement sur 600.000 — 60.000 = 540.000 ou 600.000 — 75.000 = 525.000 pieds. Admettons, si nous considérons que 2 % environ des caféiers sont improductifs, le chiffre de 500.000 pieds.

La « fazenda » de 600.000 pieds, que nous prenons comme exemple et dont nous donnons plus loin le plan des installations pour la préparation commerciale du café, a donné, comme cueillette en cerises mûres, pour les années 1904 à 1907, les chiffres renseignés au tableau suivant.

Cueillette d'une fazenda de 600.000 pieds dans l'Etat de Saint Paul.

Année de cueillette	Saison caféière 1 juillet au 30 juin	Cerises récoltées en alqueires de 50 litres	Cerises récoltées en litres
1904	1904/05	58.000	2.900.000
1905	1905 06	48.546	2.427.300
1906	1906/07	148.602	7.430.100
1907	1907/08	— de 40.000	— de 2.000.000

On admet généralement comme moyenne, qu'un litre de cerises mûres donne en café en grains de toutes qualités : pour le *Maragogype* 189,20 grammes ; pour le *Bourbon* 132,95 grammes ; pour le *Botucatú* 117,92 grammes et pour le *Nacional* 109,35 grammes. Dans la « fazenda » en question, ces chiffres se rapportant au caféier *nacional ou commun* ont été plus élevés et, pour l'année 1906, la grande année, les 148.602 alqueires récoltés, soit 7.430.100 litres, ont donné 87.000 arrobes de café en grains ou marchand soit 87.000 $\times$ 15 = 1.305.000 kgs. Les 500.000 pieds productifs avaient donc fourni en moyenne 2^{kgs},610 de café marchand par arbre et le litre de cerises représentait donc 175 grammes en chiffres ronds de café en grain. Certaines années, ce chiffre avait été de 137 grammes et de 142 grammes.

XI. — CUEILLETTE OU RÉCOLTE DU CAFÉ.

C'est au début du printemps, c'est-à-dire dans le courant du mois de septembre, que se produit, dans l'Etat de Saint Paul, la floraison des « cafezaes », tandis que le café mûrit et la cueillette commence généralement, suivant les régions, vers les premiers jours de mai pour se terminer, le plus souvent, dans le courant de septembre. On la pratique lorsque les cerises, de vertes qu'elles étaient d'abord, prennent une couleur pourpre tirant sur le noir, signe qu'elles ont atteint leur pleine maturité. Il est à recommander de ne pas cueillir les fruits non mûrs, car le café qui en provient est toujours de mauvaise qualité.

On utilise, pour la cueillette du café, tous les travailleurs disponibles et il règne, à ce moment, dans les plantations, une animation fiévreuse semblable à celle que l'on remarque lors de la récolte du froment au Kansas ou lors de la cueillette du coton dans la partie méridionale des Etats-Unis de l'Amérique du Nord.

La récolte du café s'effectue, dans l'Etat de Saint Paul, par deux procédés distincts : soit par la *méthode de terre* ou « da terra » soit par la *méthode au linge* ou au « lençol ».

1. — Méthode de terre.

Dans la cueillette du café par la méthode de terre ou « da terra », qui est le procédé ordinairement suivi à Saint Paul, les colons, chargés de ce travail, pratiquent tout

d'abord, quelque temps avant le commencement de la récolte proprement dite, la « varreçào » ou « coroaçào », opération qui consiste à débarrasser, à l'aide d'un balai ou d'une
houe ou « enxada », la surface du sol qui entoure le pied
des caféiers, jusqu'à une certaine distance, des mauvaises
herbes, des feuilles mortes, des pierres et des petites branches qui, ramassées avec le café, constitueraient autant
d'impuretés. Tout ce qui est ainsi balayé est réuni, avec la
terre superficielle, pour former une véritable couronne à
l'intérieur de laquelle on fera tomber le produit récolté.

Les colons parcourent alors la plantation, en suivant
les rangées de caféiers, et saisissant entre les doigts, les
rameaux chargés de fruits, ils détachent ceux-ci en faisant
glisser la main de la base des rameaux à leur extrémité ;
ces fruits tombent en même temps que quelques feuilles.

Cette méthode de cueillette, très expéditive sans doute,
nuit beaucoup au développement ultérieur des caféiers, car
elle provoque la chute d'une certaine partie des feuilles et
d'un grand nombre de jeunes brindilles.

Tout ce qui a été détaché des arbres tombe à l'intérieur de la couronne, pour être ensuite rassemblé, puis trié
sur place, à l'aide d'un tamis à main circulaire, en fil de
fer, dans le but d'en séparer les plus grosses branches, les
feuilles et tous les débris assez volumineux que l'on enlève
à la main, tandis que la terre et les petites pierres traversent les mailles du tamis qui sont assez resserrées que
pour retenir les cerises de café.

Les fruits récoltés et ainsi sommairement nettoyés sont
mis directement, par les colons, en sacs ou en paniers d'une
capacité d'un « alqueire » ou 5o litres. Ils vont alors les
verser dans des charrettes tirées par des bœufs ou par des
mules qui transporteront le café à la « fazenda » afin de le
préparer en vue de la vente.

La cueillette du café est donc faite par des colons que l'on paie d'après la quantité récoltée. Chaque fois qu'un récolteur verse dans la charrette de réception un panier ou un sac de 50 litres de cerises, le contrôleur ou « fiscal » lui délivre une fiche, ou si l'on veut un reçu. C'est à l'aide des fiches qui lui sont ainsi remises que le travailleur pourra réclamer son salaire. Pour cela, à la fin de la journée ou de la semaine, il se fait porter toutes ses fiches en compte à la « fazenda » où il a un livret qui constitue un véritable compte-courant. Un bon ouvrier peut cueillir, en moyenne, 250 litres par jour et comme on paie les 50 litres de fruits cueillis 0 $ 500, c'est-à-dire environ 0 fr. 80, il peut donc se faire par journée de cueillette un salaire de 4 francs en moyenne. En dehors du salaire qui leur est dû pour la récolte, les colons ont droit à une certaine rétribution — 125 à 175 francs — par mille pieds de café soignés par eux dans le cours d'une année.

A São Manoel, nous écrit M. L. T. de Camargo, la maturation des fruits est plus tardive que dans le nord-ouest de l'Etat, et c'est généralement d'avril à mai que l'on commence les préparatifs de cueillette, c'est-à-dire que l'on effectue entre autre la « varreção » des caféiers formés. La cueillette proprement dite, elle, ne se pratique que vers le mois de juin, un peu plus tôt ou un peu plus tard suivant les années. A ce moment, les colons ont déjà terminé le binage des plantations nouvelles et récolté tout le maïs qu'ils ont planté, pour leur usage, entre les jeunes caféiers. Lorsque commence la cueillette, toute la colonie est emmenée vers un « carreador » (voir fig. 25, page 153) où un contrôleur ou « fiscal » indique à chaque famille de colons, proportionnellement au nombre de personnes qui la composent une, deux ou plusieurs « ruas » ou rangées de caféiers, à proximité les unes des autres de manière à ce

Fig. 25. — Avant la cueillette. Colons dans un « carreador ». « Fazenda » Bôa Vista. São Manoel. Etat de Saint Paul.
Propriété de Monsieur Lupercio Teixeira de Camargo

que tout le personnel soit rassemblé afin de faciliter la surveillance du travail et la réception du café cueilli (fig. 28,
page 158). Munis des objets nécessaires : échelles, paniers,
linge, etc., tout le monde se livre à l' « apanhaçào » ou
cueillette des fruits. Le café ainsi cueilli est alors transporté
vers le « lavador » ou lavoir à l'aide de petits chariots,
tirés par quatre mules, qui contiennent environ 30 « alqueires », c'est-à-dire 1.500 litres de fruits.

2. — Méthode au linge.

La cueillette au linge ne se pratiquait jadis, dans l'Etat
de Saint Paul, que dans les plantations établies sur des
terrains accidentés, afin d'éviter que les fruits ne roulent le
long des pentes, ainsi que dans les plantations où, par suite
de la présence de nombreux petits cailloux, il était difficile
de rassembler le café sans qu'il soit accompagné d'un grand
nombre de pierres. Aujourd'hui, cette méthode au linge est
rendue nécessaire dans les « fazendas » qui préparent le
café par la méthode humide ou de dépulpage pour laquelle
le produit récolté doit être aussi propre que possible.

On procède de la façon suivante : les colons étendent,
dans les intervalles laissés entre les caféiers, une toile qu'ils
attachent à des piquets, de telle sorte qu'on puisse la
soulever quelque peu du côté le plus bas. Les récolteurs
dépouillent alors les branches se trouvant du côté de cette
toile et les fruits, les feuilles, ainsi que les morceaux de
rameaux tombent sur la toile à l'aide de laquelle ils seront
facilement rassemblés pour être ensuite tamisés et transportés vers les charrettes destinées à conduire le produit
récolté à la « fazenda ».

On comprend parfaitement que le café cueilli par cette
méthode soit beaucoup plus propre et qu'il nécessite, ulté-

Fig. 26. — « Fazenda » Guataparà. État de Saint Paul.
Aspect du « cafezal » au moment de la cueillette.

rieurement, beaucoup moins de soins pour son nettoyage que celui récolté par la méthode de terre.

3. — Transport du café récolté.

Les fruits cueillis, rassemblés, ramassés, triés et mis en sacs sont transportés, soit à l'aide d'une conduite hydraulique ou « rego conductor », ce qui est très rare, soit aussi, ce qui est le cas ordinaire, à l'aide de rustiques chariots, vers l'endroit de la « fazenda » où se fera la préparation du café pour le commerce.

Fig. 27. — Cueillette du café par la méthode au linge. « Fazenda » Araraquara. Etat de Saint Paul.

Fig. 28. — Réception par le « fiscal » du café cueilli. « Fazenda » Bôa Vista. Sâo Manoel. Etat de Saint Paul.
Propriété de M. Lupercio Teixeira de Camargo.

Fig. 29. – Cueillette du café dans l'Etat de Saint Paul et transport du produit récolté.
Les rangées de caféiers sont séparées par un « carreador » ou chemin de circulation.

Fig. 3o. — Transport du café cueilli vers les « terreiros » à l'aide d'un « rego conductor » ou caniveau.
« Fazenda » Guatapará. Etat de Saint Paul.

TROISIÈME PARTIE

"BENEFICIAMENTO" OU PRÉPARATION COMMERCIALE DU CAFÉ DANS L'ÉTAT DE SAINT PAUL.

Le café cueilli amené à la « fazenda » doit être convenablement préparé en vue de la vente. Cette préparation, appelée à Saint Paul « beneficiamento », comprend une série d'opérations au cours desquelles les grains de café sont desséchés, afin d'en assurer la conservation, extraits des fruits, c'est-à-dire débarrassés des diverses enveloppes qui les emprisonnent, ainsi que nettoyés et triés.

I. — IMPORTANCE DU « BENEFICIAMENTO ».

La préparation commerciale du café est de la plus haute importance, et l'on ne saurait trop insister sur les soins qu'il est nécessaire d'y apporter. Elle exerce, en effet, sur la valeur marchande du produit, une influence prépondérante et il est bien connu que la valeur des cafés du commerce dépend tout autant de la façon dont ils ont été préparés que de leurs qualités naturelles propres.

On comprend donc facilement tout l'intérêt que les planteurs expérimentés accordent aux diverses opérations dont le café est l'objet depuis le moment de sa cueillette jusque l'instant où, devenu marchand, il est mis en sac pour être expédié vers les divers marchés du monde.

II. — MÉTHODES DE PRÉPARATION.

La préparation commerciale des cafés est relativement compliquée et les méthodes en sont extrèmement variées, si l'on considère surtout que le café est produit dans des régions du globe présentant entre elles les plus grandes différences. On peut les ramener toutefois à deux méthodes principales : la *méthode sèche* et la *méthode humide*.

Pour se rendre exactement compte des diverses phases de chacune de ces deux méthodes de préparation, il faut avoir constamment à l'esprit la constitution du fruit du caféier appelé baie ou cerise. Celle-ci est, rappelons-le, formée d'une enveloppe ou écorce comprenant trois parties distinctes : l'épiderme, la pulpe et la parche. Cette enveloppe ou paroi, avons-nous vu, entoure le plus généralement deux, et parfois aussi une seule graine. Chacune d'elles est constituée par une pellicule très mince, la pellicule argentée, entourant la fève, c'est-à-dire le grain de café proprement dit.

Bien que le principe des deux méthodes de préparation du café soit absolument différent, on peut cependant les faire marcher de pair, les employer simultanément, car elles utilisent, partiellement, les mèmes installations et les mèmes appareils. Souvent mème une partie du produit récolté est préparée par la méthode humide, tandis que l'on réserve la méthode sèche pour l'autre partie.

La *méthode sèche*, dite encore méthode ordinaire, consiste à faire sécher tout d'abord les cerises de café tout entières pour les débarrasser ensuite, par la décortication, de leur enveloppe desséchée, écorce ou « palha », et en extraire ainsi les graines. Elle diffère essentiellement, à ce point de vue, de la *méthode humide* dans laquelle on dépouille tout d'abord, par dépulpage, la cerise encore fraîche et bien mûre, de sa pulpe, pour soumettre ensuite le café en parche ainsi obtenu à une dessication convenable et lui enlever enfin, par décortication, son enveloppe parcheminée.

III. — CHOIX DE LA MÉTHODE DE PRÉPARATION.

Il n'est guère possible de dire laquelle des deux méthodes de « beneficiamento » est la meilleure, chacune ayant ses avantages et ses inconvénients respectifs et l'une et l'autre exigeant, de la part du planteur, des soins particuliers. On peut dire toutefois, que si la méthode sèche fournit des produits de qualité supérieure comme arome, mais de moins belle coloration — bien que certains planteurs arrivent par cette méthode à obtenir de très beaux cafés —, la méthode humide paraît d'application plus facile, quoique cependant, la dessication du café en parche, pratiquée dans cette méthode, est une opération délicate.

Dans l'ensemble, la méthode humide fournit donc, lorsqu'elle est bien conduite, des produits de plus bel aspect et de coloration plus uniforme que ceux obtenus par la méthode sèche laquelle, et c'est là un avantage très appréciable, fournit cependant toujours des cafés d'un meilleur arome.

La méthode humide, elle, exige aussi une quantité d'eau bien plus grande que la méthode sèche, ce qui fait que son application n'est pas possible dans toutes les plantations. D'autre part, on ne peut traiter par cette méthode que des fruits parfaitement mûrs, non desséchés et ayant conservé leur fraîcheur, tandis que la méthode sèche s'accomode parfaitement d'un mélange de cerises vertes, mûres et séchées, tel qu'il se présente après la cueillette, dans les conditions où celle-ci se pratique habituellement.

Le choix de la méthode de préparation, en dehors des considérations qui précèdent, dépend, dans une très large mesure, des conditions climatériques du pays de production. Lorsque le climat d'une région est très chaud, la méthode humide n'est pas à conseiller, car alors les fruits mûrs sèchent très vite sur l'arbre. Or, comme par cette méthode, on ne peut traiter que des fruits frais, la récolte devrait se faire dans un laps de temps extrêmement court, chose absolument impossible si l'on ne dispose pas d'une main-d'œuvre suffisante. D'autre part, il faudrait de plus grandes installations pour la préparation du café, celle-ci devant se faire dansun espace de temps plus court.

Ainsi, dans l'Etat de Saint Paul, la récolte, lorsqu'elle est importante, dure environ cinq mois ; elle commence vers les premiers jours de mai pour se terminer vers la fin du mois de septembre. Si, au contraire, elle est petite ou moyenne, elle finit dans le courant de septembre. Lorsqu'on se trouve en présence d'une récolte importante et que le temps est chaud, les cerises ayant mûri en mai seront déjà sèches à la fin de juin. Dans ces conditions, si l'on voulait travailler tous les cafés, à Saint Paul, par la méthode humide, la récolte devrait donc être terminée en juin. Elle demanderait, de la sorte, deux mois au lieu de cinq et exigerait, par conséquent, un nombre presque trois fois plus grand de récolteurs, déjà si nombreux au moment de la cueillette. Il serait d'ailleurs impossible de disposer d'une main-d'œuvre plus considérable. En conséquence que se passe-t-il ? Comme on ne peut trouver suffisamment de travailleurs pour terminer la cueillette en deux mois, la méthode sèche doit nécessairement prédominer dans l'Etat de Saint Paul ; aussi, 70 % environ des cafés de cet Etat sont-ils traités par cette méthode, tandis que 30 % seulement sont préparés par la méthode humide.

Les planteurs qui adoptent la méthode humide continuent généralement à employer partiellement la méthode sèche pour les cerises ayant subi un commencement de dessication ; ils opèrent alors, dès l'arrivée du café à la « fazenda », un triage du produit récolté, de manière à séparer les cerises fraîches, qui seront traitées par la méthode humide, des cerises séchées appelées « café boia » que l'on préparera par la méthode sèche.

Que le planteur choisisse, pour le « beneficiamento » de son café, l'une ou l'autre méthode, il doit toujours disposer d'une installation spéciale qu'il devra placer, le plus possible, au centre de la plantation, de manière à réduire au minimum les frais de transport. Cette installation sera également située, de préférence, non loin d'un cours d'eau qui fournira l'eau nécessaire à la préparation du café et qui permettra, éventuellement, d'actionner les machines par l'intermédiaire d'une roue à aubes.

Dans les grands centres de production, et dans l'Etat de Saint Paul en particulier, on trouve à l'heure actuelle des installations remarquables qui ne ressemblent en rien aux installations primitives. Elles sont pourvues d'un outillage absolument moderne et les usines de préparation du café de l'Etat de Saint Paul disposent de machines très perfectionnées dont la production est extraordinaire. Ces machines permettent entre autre de classer le café en plusieurs catégories de volume et de forme, ce qui en augmente considérablement la valeur marchande.

IV. — MÉTHODE SÈCHE DANS L'ÉTAT
DE SAINT PAUL.

La méthode de préparation du café par voie sèche consiste, ainsi que nous le disions plus haut, à faire sécher les cerises du caféier avant d'en retirer les graines. Elle comprend diverses opérations que nous examinerons successivement et qui sont dans l'ordre ordinaire de leur exécution : 1°. — Le lavage du café en cerises. 2°. — Le séchage des cerises ou fruits. 3°. — Le passage des cerises séchées au ventilateur simple ou ventilateur de « café em côco ». 4°. — La décortication. 5°. — Le passage du café décortiqué au ventilateur double ou « ventilador dobrado ». 6°. — Le triage des grains de café suivant leur volume et leur forme et enfin 7°. — Le classement des grains suivant leur densité par leur passage au « catador ».

1°. — *Lavage du café en cerises.*

Que l'on opère par la méthode sèche ou par la méthode humide, il faut tout d'abord procéder à un lavage des fruits, venant du « cafezal », dans un bassin spécial appelé « lavador » ou lavoir. Le café cueilli, par la méthode de terre surtout, contient toujours une certaine quantité de pierrailles et de grains de terre de la grosseur d'une lentille. C'est pourquoi, il est nécessaire de lui faire subir un lavage lequel est purement mécanique. Dans le « lavador », qui est muni d'un faux-fond percé de trous de cinq millimètres de diamètre, les cerises sont traitées à grande eau et remuées à l'aide de râteaux en bois pour les débarrasser des impuretés diverses, de la terre et des pierres qui y sont

Fig. 31. — Lavage du café récolté dans le « lavador » ou lavoir. « Fazenda » Bòa Vista. — Sâo Manoel.
Etat de Saint Paul.
Propriété de M. Lupercio Teixeira de Camargo.

mélangées. La séparation se fait par différence de densité : les grains de terre et les pierres s'accumulent au fond du réservoir, tandis que les feuilles, rameaux et autres corps étrangers très légers surnagent. Dans le lavoir s'opère aussi, par différence de poids, la séparation des cerises possédant encore toute leur fraicheur et, par conséquent, plus lourdes d'avec les cerises qui, déjà desséchées, sont plus légères et constituent le « café boia ».

Le lavage-triage étant terminé, le café en cerises est transporté, par l'intermédiaire de l'eau, dans des caniveaux en maçonnerie convenablement disposés. Le café sec ou « boia » (bouée) est immédiatement dirigé vers les aires de séchage ou « terreiros », tandis que les cerises fraîches sont emportées par le courant d'eau vers les macérateurs ou vers les dépulpeurs, dans les « fazendas » qui travaillent également par voie humide. Dans celles qui ne font pas le dépulpage, c'est-à-dire qui ne pratiquent que la méthode sèche, tout le café va, après triage, du lavoir aux « terreiros » ; sur ceux-ci, on sépare toutefois, à cause de leur état de siccité différent, les cerises fraiches de celles déjà desséchées qui réclameront, naturellement, un temps moins long pour leur dessication complète.

2°. — *Séchage du café en cerises*.

Le séchage du café en cerises est la première des opérations de la méthode sèche qui exige de la part du planteur une attention particulière. Il doit, en effet, y apporter tous les soins désirables, car le café mal séché perd beaucoup de ses qualités, surtout au point de vue de l'arome et de la coloration.

Fig. 32. — « Terreiros » ou séchoirs d'une « fazenda » appartenant à M. Francisco Schmidt. Ribeirão Preto. État de Saint Paul.

Derrière les séchoirs se trouve l'usine de « beneficiamento ».

1. — Description des séchoirs ou « terreiros ».

La dessication du café se pratique généralement, dans l'Etat de Saint Paul, sous l'action directe des rayons du soleil, sur des aires planes auxquelles on donne le nom de « terreiros ». Ceux-ci diffèrent beaucoup les uns des autres suivant l'importance des « fazendas ». Ainsi dans les petites exploitations, ils sont constitués par une aire en terre simplement roulée et battue, recouverte parfois d'une couche de bitume. Certains « fazendeiros » avaient, en effet, pour augmenter la durée des « terreiros » en terre battue, enduit leur surface de goudron, mais l'absorption de la chaleur est, dans ce cas, tellement considérable que le café était souvent brûlé, si pas entièrement, au moins sur l'une des faces ; de sorte que le goudronnage est, à l'heure actuelle, généralement abandonné. Dans les grandes plantations, les « terreiros » sont construits en briques ou en carreaux en terre cuite appelés « ladrilhos », cimentés ou non. Généralement, on ne les cimente pas ; cependant, dans les « fazendas » les mieux outillées, on trouve des « terreiros » dont la surface est formée par des briques cimentées, du béton ou des pavés naturels, mais ils représentent alors un capital très élevé.

Les « terreiros » sont le plus souvent divisés en un certain nombre de compartiments séparés les uns des autres par de petits murs, de trente centimètres de hauteur environ, sur lesquels on dispose généralement des rails destinés à la circulation de petits wagonnets servant au transport du café.

2. — Superficie des " terreiros ".

La superficie des « terreiros » varie naturellement suivant l'importance des « fazendas », la cueillette maximum

Fig. 33. — « Lavador », « terreiros » et usine de préparation. « Fazenda » Bôa Vista. São Manoel.
État de Saint Paul. Propriété de M. L. T. de Camargo.
A l'arrière-plan on remarque le « cafezal ».

prévue, la durée de la récolte, la méthode de préparation, etc.. Elle doit, nous écrit M. Jean Michel, être en rapport direct avec le nombre de pieds de café et l'on peut dire que, pour la commodité du travail, elle ne peut pas être inférieure en mètres carrés au vingtième du nombre de caféiers en production, c'est-à-dire formés ; de sorte qu'une « fazenda » de 600.000 pieds doit avoir des « terreiros » d'une superficie de 30.000 mètres carrés minimum, c'est-à-dire de plus de trois hectares. Cette superficie dépend aussi de la proportion de café traité par la méthode humide, le café dépulpé ou café en parche obtenu lors de l'emploi de cette méthode, occupant moins de place et séchant plus rapidement que le café en cerises.

On calcule, dit M. F. Ferreira Ramos, (*) qu'il faut en moyenne un yard carré de superficie (**) pour sécher 22 livres anglaises de café marchand (***). Partant de là, la surface nécessitée par le séchage de la récolte moyenne annuelle de l'Etat de Saint Paul serait sensiblement de 11.100 acres (****), c'est-à-dire 4.500 hectares environ. A titre de renseignement, ajoutons que les « terreiros » de la « fazenda » Iraçema, une des trente-trois propriétés appartenant à M. Francisco Schmidt, occupent une surface de plus de quatre hectares et que le capital qu'ils représentent n'est pas inférieur à 375.000 francs. Dans les « fazendas » les plus importantes de l'Etat de Saint Paul on rencontre même des « terreiros » dont la superficie atteint dix hectares et plus.

(*) F. Ferreira Ramos. — Industries and Electricity in the State of São Paulo. Brazil 1903.

(**) Un Yard = 3 pieds = $0^m,9143835$.

(***) Une livre anglaise = $0^{Kg},4535926$.

(****) Un acre = $0^{Ha},40467$.

Fig. 34. — « Terreiros » dans une petite plantation. « Fazenda » Conceição. San Pedro. Etat de Saint Paul.

Les colons transportent le café à l'aide de « jacás ».

3. — Pratique du séchage.

Les cerises lavées sortant du « lavador » sont amenées aux « terreiros » par un courant d'eau circulant dans des caniveaux en maçonnerie convenablement disposés. Ceux-ci présentent, à leur extrémité, des trémies ou « bacias » munies d'une grille de manière à permettre l'égouttage du produit et sa séparation d'avec les eaux d'amenée qui sont dirigées par un canal d'évacuation vers la vidange générale. Les cerises égouttées sont immédiatement distribuées sur le « terreiro » à l'aide d'un Decauville ou de « jacás » ou paniers. Elles sont alors étendues en couche mince de huit centimètres d'épaisseur environ pour les remuer ensuite fréquemment à l'aide de ratissoires en bois de manière à obtenir un séchage aussi uniforme que possible et éviter aussi bien la fermentation de la partie inférieure de la couche qu'un trop fort échauffement de sa partie supérieure. Celui-ci ferait, en effet, éclater la pulpe et la parche, ce qui aurait pour inconvénient de brûler le café qui, par suite des taches noires qu'il présenterait alors, perdrait énormément de sa valeur marchande.

Le séchage du café en cerises est progressif en ce sens que le nombre d'heures d'exposition au soleil augmente au fur et à mesure que la dessication avance. De plus, le volume des tas d'amoncellement journalier augmente aussi, dans le même sens, de telle sorte qu'à la fin de l'opération, ils atteignent leurs dimensions maxima. Pendant toute la durée du séchage, le planteur rassemble, en effet, chaque soir, son café et il le fait de façon différente suivant les progrès de la dessication. Dans les premiers jours de séchage, le café est étendu, pendant la journée, en couche relativement peu épaisse et le soir, lorsque la pluie n'est pas à craindre, il est rassemblé en lignes avant

Fig. 35. — « Terreiros ». Colons remuant le café en cerises à l'aide de ratissoires. « Fazenda » Olaro Egydio. Sâo Manoel. Etat de Saint Paul.

le coucher du soleil pour être de nouveau étendu en couche mince le lendemain matin après le lever du soleil. Les lignes parallèles sont changées de place, chaque soir, de telle sorte qu'elles occupent toujours le milieu de l'intervalle laissé entre les lignes du jour précédent. Ce déplacement est nécessité par ce fait que la surface du « terreiro » est toujours plus humide là où le café a séjourné toute une nuit.

Lorsque le degré de dessication du café est assez avancé, sans que les fruits soient toutefois suffisamment secs que pour pouvoir être décortiqués, il est rassemblé le soir, avant le coucher du soleil, en tas pyramidaux relativement petits pour être étendu de nouveau en couche mince dès le lendemain matin, après le lever du soleil, lorsque la rosée n'est pas abondante. A mesure que le séchage progresse, on fait des tas de plus en plus grands de telle sorte que lorsque la dessication est complète, le café d'un séchoir ne forme plus qu'un seul tas que l'on recouvre de bâches afin de le préserver de l'humidité de l'air extérieur et également pour concentrer la chaleur dans la masse. De cette façon, la dessication devient uniforme en ce sens que le produit incomplètement sec reçoit la chaleur du café convenablement desséché, laquelle se communique de proche en proche. Cette pratique est très importante ; c'est grâce à elle, surtout, que le « fazendeiro » arrive à obtenir des cafés de coloration uniforme.

Lorsque le temps est clair, que la pluie n'est pas à craindre, le café est laissé à l'extérieur pendant la nuit. Cependant, les jours de pluie, il est rentré et sorti à nouveau lorsque le beau temps revient. Cette rentrée et cette sortie du café sont très onéreuses et exigent une main-d'œuvre extraordinaire. Aussi pour réduire les frais de manipulation, les planteurs rassemblent-ils, le plus souvent, en cas de

Fig. 36. — « Terreiros ». Mise du café en lignes parallèles. « Fazenda » Santa Cruz.
Etat de Saint Paul.

pluie, leur café dans un dispositif très simple placé au centre de chaque séchoir. Ce dispositif consiste parfois en un petit mur circulaire en briques cimentées délimitant une surface formée de deux parties légèrement inclinées. Le café y est accumulé, mis en tas, et recouvert de bâches de telle sorte qu'il s'y trouve à l'abri de la pluie et des eaux s'écoulant à la surface des « terreiros ».

Lorsqu'il y a menace de pluie, nous écrit M. L. T. de Camargo, on a pour habitude de rassembler tout le café ; on fait alors de petits tas avec le café qui est le moins sec tandis que le café le plus sec est réuni en tas beaucoup plus grands que l'on recouvre de grandes bâches imperméables.

Les tas de café sont, nous écrit M. Jean Michel, protégés sur les « terreiros » contre la rosée à l'aide de toiles grossières et contre la pluie à l'aide de bâches. Dans certaines exploitations, on fait même usage de « tulhas » ambulants (*) constitués par des caisses carrées, de 2 m. de côté et de 0.35 à 0.40 m. de hauteur, que l'on peut superposer. La caisse du bas possède seule un fond auquel se trouvent adaptées deux poutrelles dans le but de la surélever et de l'isoler ainsi du sol, de telle sorte qu'en cas de pluie l'eau passe au-dessous d'elle. On remplit de café ces « tulhas » ambulants superposés au nombre de quatre et parfois cinq et recouverts de bâches. Le tout se défait facilement, les caisses étant munies de poignées pour en rendre le maniement plus facile.

4. — Fin du séchage et durée.

Le café en cerises, par son exposition au soleil, sur les « terreiros » noircit et perd son eau peu à peu, tandis

---

(*) « Tulha » signifie grenier.

Fig. 37. — « Terreiros ». Le café est réuni en lignes pour la nuit. « Fazenda » Santa Veridiana.
Etat de Saint Paul.

que sa surface se plisse. Au bout d'un certain temps, il arrive à une dessication complète. Il appartient au planteur d'apprécier, par la pratique, le degré de dessication auquel il faut porter le café pour en assurer la conservation tout en lui conservant ses qualités marchandes. Le séchage est, en général, terminé lorsque la pulpe et la parche desséchées se brisent facilement sous la pression des doigts ou lorsque, prenant une poignée de cerises séchées qu'on secoue près de l'oreille, on entend les graines remuer dans leur enveloppe. M. Jean Michel nous écrit à ce sujet que le caféiculteur reconnaît, sur le « terreiro », que le café est séché à point en le broyant entre les mains ou sous le pied pour en séparer l'écorce. Il peut ainsi facilement se rendre compte si son état de siccité et sa couleur sont convenables. Le café en cerises suffisamment sec, secoué près de l'oreille doit, ajoute M. J. Michel, produire le « barulho de ouro » c'est-à-dire le son caractéristique de l'or.

La durée du séchage varie dans d'assez larges limites et dépend surtout des conditions climatériques et des matériaux employés pour la construction des « terreiros ». Sous un soleil très chaud, cinq à six jours suffisent, à condition qu'il n'y ait pas de pluie, mais on estime en général que le café est suffisamment sec, par un temps clair, après quinze jours, sur les séchoirs en briques et après vingt-deux à vingt-quatre jours, sur ceux en terre battue.

5. — Transport du " café em côco " ou café séché en cerises.

La dessiccation des cerises étant complètement terminée, celles-ci sont transportées vers les « tulhas » ou magasins à l'aide de « jacás » ou paniers, s'il s'agit de « fazendas » peu importantes, ou au moyen d'un chemin

Fig. 38. — « Terreiros ». Le café est rassemblé en un grand tas afin d'en terminer la dessication.

Fig. 39. — « Fazenda » Guatapará. Etat de Saint Paul.
Vue d'ensemble sur les « terreiros ».
A l'arrière-plan le « cafezal ».

Fig. 40. — « Fazenda » Guatapará. État de Saint Paul.
« Casa de Machinas » ou usine de « beneficiamento ».

Fig. 41. — « Fazenda » Jacutinga. Etat de Saint-Paul.
« Terreiro » et « Machinas de beneficiar ».
Pont reliant le « terreiro » aux « tulhas » ou greniers d'emmagasinage du café séché.

Fig. 42. — « Fazenda » Jacutinga. Etat de Saint Paul.
Vue prise du pont reliant le « terreiro » aux « tulhas ». (Voir fig. 41.)
A l'arrière-plan habitation du « fazendeiro » et « cafezal ».

de fer Decauville, s'il s'agit au contraire de plantations de grande importance.

Le café en cerises séchées est conservé dans les « tulhas », pendant un temps plus ou moins long, soit un, deux ou trois jours, soit encore quelques semaines, plusieurs mois et même parfois pendant plusieurs années, pour passer enfin aux diverses machines qui en termineront la préparation. Plus le café sec sera conservé en magasin et plus il acquerra d'arome. Beaucoup de « fazendeiros » gardent même pour leur propre consommation, pendant cinq ou six ans, une certaine provision de café séché en cerise, qu'ils renouvellent annuellement, sans la décortiquer.

6. — Séchage artificiel.

L'instabilité des saisons qui caractérise certaines régions tropicales rend parfois l'opération du séchage longue et dispendieuse, aussi a-t-on songé à remplacer le séchage à l'air libre par le séchage artificiel. Bien que, dans l'Etat de Saint Paul, cette instabilité ne se fasse pas trop sentir, il y existe, en dehors des « terreiros », des machines appelées « seccadores » ou séchoirs. Elles sont peu employées cependant à cause surtout de leur prix assez élevé et des frais occasionnés par le chauffage.

Par le séchage sur les « terreiros », le « fazendeiro » se trouve sous l'entière dépendance des conditions climatériques qui augmentent parfois la durée de la dessication du café. Par l'emploi des séchoirs artificiels, au contraire, il peut se soustraire à l'influence du climat et arriver par conséquent plus rapidement à un séchage parfait, sans compter que la dessication sera plus régulière et que la coloration du café pourra être réglée à volonté.

En 1902, il existait, dans l'Etat de Saint Paul, dit M.

Fig. 43. — Vue générale sur les « terreiros » et l'usine de « beneficiamento ». Pont avec Decauville pour l'amenée du café à l'usine. « Fazenda » Diederichsen. Ribeirão Preto. Etat de Saint Paul.

F. Ferreira Ramos (*), soixante-quinze « fazendas » outillées
pour sécher le café artificiellement. Elles faisaient usage de
quatre systèmes d'appareils basés sur l'emploi de l'air chaud
ou de la vapeur d'eau surchauffée. Cinquante-huit de ces
« fazendas » possédaient le séchoir *Augusto*, onze le séchoir
Arens, tandis que cinq utilisaient le *Guichard* et le *Tournay
& Trelles*. Ce dernier est le plus anciennement connu car
il est employé à la « fazenda » Santa Genebra depuis 1884.

Au sujet des « seccadores », M. L. Misson (*) dit qu'il
existe à Saint Paul des séchoirs basés sur l'emploi de l'air
chaud, de la vapeur d'eau surchauffée, des gaz de com-
bustion, etc.. « On trouve, continue-t-il, des installations
de ce genre dans certaines « fazendas », mais la plupart des
caféiculteurs les ont délaissées parce que les frais de travail
sont trop élevés. Elles ne sont employées, là où elles
existent, qu'occasionnellement, dans les cas où il y aurait,
pendant l'époque du séchage, une période de pluies empêchant le travail à l'air libre, ce qui est rare d'ailleurs à
Saint Paul, car le climat de juin à fin septembre est presque toujours sec.

« Ces appareils, d'un prix élevé généralement, paraissent avoir, pour l'avenir, moins de chances encore
d'être adoptés ; les forêts diminuant rapidement par suite
de nombreux incendies souvent irraisonnés qui en détruisent
chaque année de grandes étendues, le prix du bois tend à
augmenter tous les jours et les frais d'exploitation de ces
machines ne feront que s'élever. »

Le rendement des séchoirs artificiels varie considérablement. Ainsi l'*Augusto* fournit quarante-cinq à cinquante
hectolitres de cerises séchées par jour, à condition que le
café ait été tout d'abord exposé pendant trois à quatre jours

---

(*) Loc. cit.

au soleil, comme cela se pratique à la « fazenda » Santa Adelaïde qui produit, annuellement, environ dix mille balles de café. Les « fazendeiros » qui utilisent les « seccadores » considèrent, en effet, qu'il est préférable, afin de diminuer les dépenses de combustible, de sécher d'abord le café à l'air pendant un à deux jours au moins, car il est bien connu que, sous un bon soleil, il perd en deux jours plus de la moitié de son humidité.

Parmi les divers types d'appareils de séchage construits au Brésil même, nous ne sommes parvenus à nous procurer des renseignements que sur le « novo seccador Arens » ou nouveau séchoir Arens — voir figures 44 et 45, pages 190 et 191 — construit par la firme brésilienne Arens et C⁰ (*) laquelle s'occupe de la question du séchage artificiel depuis plus de vingt-cinq ans.

Ce nouveau séchoir, qui a déjà été employé à Saint Paul pendant plusieurs campagnes, a donné, au dire de ses constructeurs, les meilleurs résultats et un certain nombre de « fazendeiros » qui s'en sont rendus acquéreurs en sont très satisfaits. Il ne présente pas seulement l'avantage très appréciable de conserver au café sa couleur, mais il a aussi pour effet de l'améliorer ; de plus, il en augmente l'arome qui devient meilleur et plus agréable. Il permet de sécher complètement les cerises fraîches de café, telles qu'elles arrivent de la plantation, en neuf heures ; cependant, si elles ont été exposées pendant deux ou trois jours à l'air sur le « terreiro », leur dessiccation peut se terminer en six ou sept heures. Lorsqu'il s'agit de café dépulpé, c'est-à-dire de café en parche, le séchage est plus rapide encore et ne demande, au maximum, que quatre heures et demie à cinq heures.

(*) La firme Arens et C⁰ a ses usines à Rio de Janeiro, Saint Paul et Jundiahy.

Séchoir Arens de la firme Arens & Cº. Vue latérale.

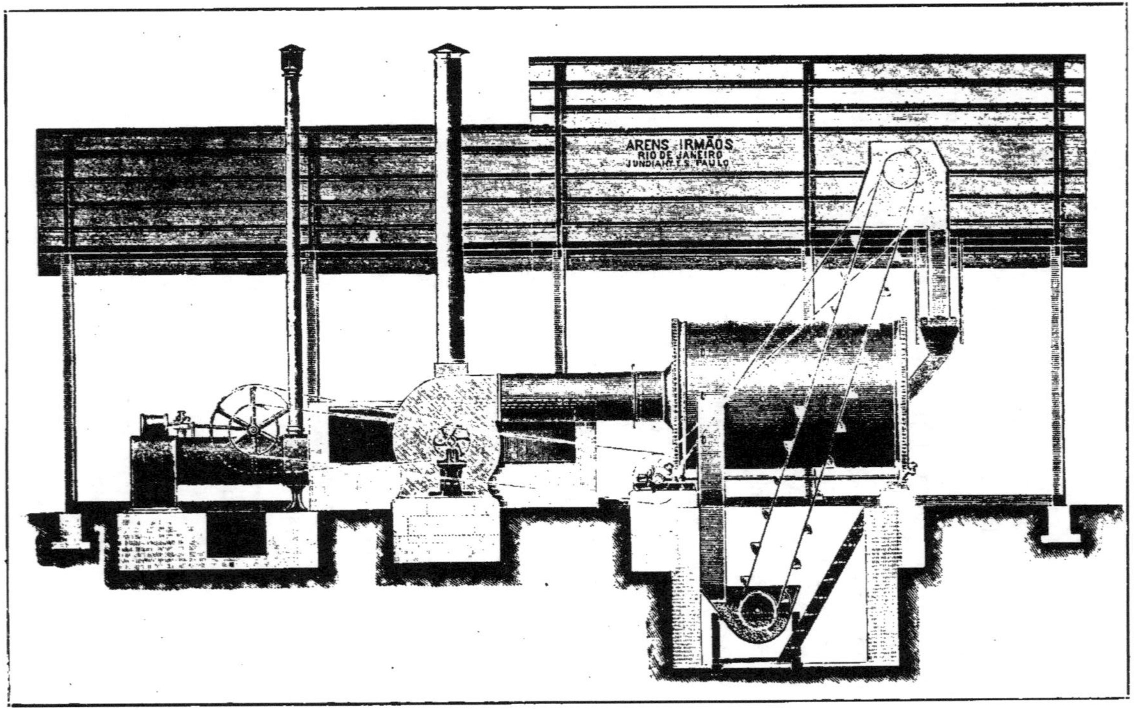

Machine à vapeur. Foyer. Ventilateur. Cylindre-sécheur. Trémie.

Fig. 44. — « Novo seccador Arens » privilegiado pela patente Nº 1567. Brésil.

N. B. La machine à vapeur indiquée à gauche peut être remplacée par une roue à eau ou un moteur quelconque.

Séchoir Arens de la firme Arens & C°. Coupe transversale.

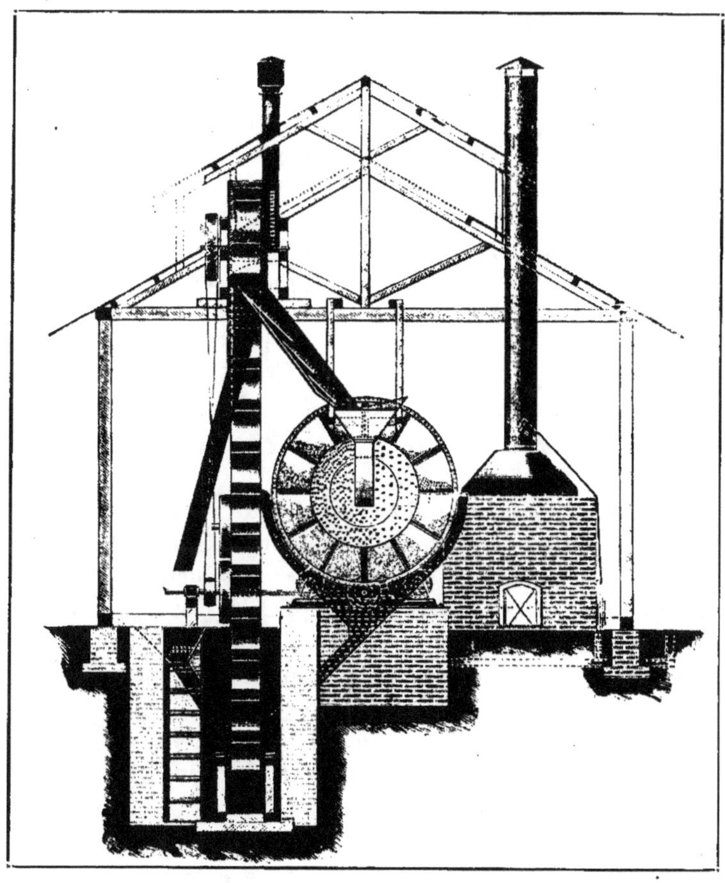

Fig. 45. — « Novo seccador Arens ».

La construction et le fonctionnement de cet appareil, fourni en diverses grandeurs, sont des plus simples. Il est essentiellement formé par un cylindre-sécheur, solidement construit, animé d'un mouvement de rotation, et se composant en réalité de deux cylindres différents et concentriques, reliés l'un à l'autre par des plaques disposées dans le sens de leur longueur et formant de véritables cloisons longitudinales. La paroi du cylindre extérieur est perforée de manière à permettre l'évacuation de l'air refroidi chargé de la vapeur d'eau provenant du séchage, tandis que celle du cylindre intérieur est garnie de grandes ouvertures qui le mettent en communication directe avec le cylindre extérieur. Le séchoir est complété par une trémie d'alimentation qui amène le café dans le cylindre intérieur, une chaîne à godets reprenant le café devant repasser dans le cylindre-sécheur, des poulies et roues dentées transmettant les divers mouvements et enfin, une installation spéciale pour la production du courant d'air chaud nécessaire pour le séchage. Cette installation comprend un puissant ventilateur, mis en mouvement par un moteur quelconque, qui aspire continuellement l'air extérieur. Celui-ci doit traverser tout d'abord une série de tubes métalliques portés à une température plus ou moins élevée par un foyer chauffé au bois, au charbon ou mieux à l'aide des pailles provenant de la décortication du café. L'air chaud ainsi obtenu est refoulé, par le ventilateur même, dans le cylindre-sécheur, grâce à un large tuyau de communication.

Le café que l'on désire sécher est amené par la trémie d'alimentation qui l'introduit directement, dans le cylindre intérieur de l'appareil sécheur, par l'extrémité opposée à celle par laquelle entre l'air chaud. Par suite du mouvement de rotation et grâce aux ouvertures latérales du cylindre central, il est déversé sur les plaques longitudinales reliant

les deux cylindres et formant cloisons pour être alors
ramené par elles immédiatement au-dessus du cylindre intérieur et y rentrer par les ouvertures latérales. Aussitôt
rentré dans le cylindre central, le café s'y déplace quelque
peu, par suite de l'inclinaison de l'appareil et de son mouvement de rotation. Il ne tarde cependant pas à en ressortir
pour venir à nouveau s'étaler, en couche mince, sur les tôles
longitudinales. Continuellement donc, il est évacué du
cylindre intérieur pour y rentrer peu après ; et tandis qu'il
s'y échauffe, il vient quelques instants plus tard abandonner
la plus grande partie de son humidité dans les cloisons
externes du cylindre-sécheur.

Pendant ces sorties et ces rentrées successives le café
est constamment remué, ce qui en active la dessication.
De plus comme il chemine lentement dans l'appareil, en
sens inverse du courant d'air chaud, il rencontre, dans sa
marche lente, de l'air de plus en plus sec et dont la température est de plus en plus élevée. Sa dessication est par conséquent progressive et méthodique.

Un premier passage, dans le cylindre, de la quantité de
café à traiter en une opération, ne suffisant pas pour le
sécher complètement, le produit est reçu, à sa sortie de
l'appareil, dans une trémie placée en contre-bas. Il y est
alors repris par un élévateur à godets qui le ramène dans
la trémie placée à l'avant du cylindre-sécheur.

Le degré de dessication du café peut se vérifier facilement ; pour cela, il suffit d'en prélever un échantillon
dans un des godets de l'élévateur. L'opération terminée on
ne laisse plus rentrer dans le sécheur le café charié par
l'élévateur ; il suffit, dans ce but, de déplacer latéralement
l'auge faisant communiquer l'élévateur et la trémie d'alimentation placée immédiatement à l'entrée du cylindre.

Le café séché fourni par l'appareil est emmagasiné

dans les « tulhas » d'où on peut, si on le désire, le faire passer directement aux machines de bénéficiage.

Un séchoir du type Arens se trouve précisément installé à la « fazenda » Bòa Vista, chez M. L. T. de Camargo, à Sào Manoel ; le cylindre-sécheur a de sept à huit mètres de longueur sur deux mètres cinquante de diamètre. Il tourne très lentement et ne fait guère que trois révolutions par minute. Il permet de terminer en deux heures en moyenne la dessication d'un café auquel il manque encore quatre ou cinq jours de séjour sur le « terreiro » pour arriver à un séchage parfait.

A côté d'avantages très appréciables, le séchoir Arens présente certains inconvénients. On lui reproche, en effet, de consommer, pour sa mise en marche, beaucoup de combustible, la masse métallique à échauffer étant considérable. Cependant, les frais de chauffage sont relativement peu élevés si l'on fait usage du foyer automatique Arens, lequel permet d'employer, exclusivement, comme combustible, les pailles provenant de la décortication du café (*).

Bien que les séchoirs du genre de celui que nous venons de décrire ne paraissent pas, pour le moment du moins, prendre beaucoup d'extension à Saint Paul, remarquons cependant, que le séchage artificiel soustrait le « fazendeiro » aux intempéries et le met à l'abri du manque de bras ; il lui permet en même temps de préparer et d'exporter plus rapidement sa récolte et d'en obtenir ainsi un plus haut prix. Enfin, il améliore, d'une manière générale, la qualité du café.

(*) Les figures relatives au séchoir et aux autres appareils construits par la firme « Arens & Companhia » portent toutes l'ancienne raison sociale « Arens Irmàos ». A Saint Paul la maison Arens se trouve « Rua do Commercio », n° 24.

3°. — *Passage du café séché en cerises au ventilateur simple ou ventilateur de « café em côco. »*

Le « café em côco » ou café séché en cerises sur les « terreiros » est, nous l'avons dit, tout d'abord emmagasiné dans les « tulhas » pour être amené ensuite, au moyen d'une vis d'Archimède, à l'usine qui en terminera la préparation. Tel qu'il se présente après sa dessication, le café est toujours accompagné de diverses impuretés telles que feuilles, fragments de rameaux, pierres, terre, poussière, etc., c'est pourquoi il est nécessaire de le soumettre, dans un ventilateur, à l'action d'un courant d'air violent. Le ventilateur employé à cet effet est un simple tarare dans lequel tournent rapidement un certain nombre de palettes en bois fixées sur un même axe. Le tout est complété par une trémie d'alimentation et un tamis à secousses.

Le café séché en cerises amené des « tulhas » ou magasins, dans lesquels il a séjourné plus ou moins longtemps, est repris par un élévateur à godets qui le déverse dans la trémie d'alimentation du ventilateur. Aussitôt entré dans cet appareil, il est soumis à l'action du vent qui chasse les feuilles, les morceaux de rameaux et la poussière qui l'accompagnent. Ainsi débarrassé de ses impuretés les plus légères, le café passe alors sur le tamis à secousses pour être ensuite repris par un nouvel élévateur qui le conduit dans la trémie d'alimentation du « descascador » ou décortiqueur lequel séparera les grains de café de leur enveloppe.

Le ventilateur simple, que nous venons de décrire, est indispensable dans une usine à café, non seulement qu'il débarrasse les cerises séchées des corps étrangers

« Ventilador sujo ou para café em côco ». Arens & Co.

Fig. 46. — Ventilateur simple pour « café em côco » ou café séché en cerises.

qui s'y trouvent mêlés, mais parce qu'il en sépare aussi le café « chôcho », nom que l'on donne aux cerises très légères dans lesquelles les graines, ayant avorté, font défaut.

4°. — *Décortication du café séché en cerises.*

La décortication, qui a pour but de séparer les graines de leur écorce ou plutôt de leur enveloppe desséchée, c'est-à-dire de la pulpe et de la parche, dans laquelle elles sont toujours prisonnières, s'effectue par des procédés plus ou moins compliqués suivant le degré d'avancement de la culture et l'importance des plantations. Dans l'Etat de Saint Paul, elle se pratique, généralement, à l'aide de machines ingénieuses et perfectionnées, appelées « descascadores » ou décortiqueurs, dont il existe divers systèmes basés tous à peu de chose près sur le même principe.

A. — *Procédés de décortication employés par les petits planteurs.*

Les petits « fazendeiros » pratiquent la décortication de leur café séché en cerises par les procédés suivants que nous allons rapidement passer en revue.

1. — Pilonnage à la main.

Dans le procédé primitif de pilonnage à la main, on fait usage d'un mortier, dans lequel on jette les cerises séchées, et d'un pilon en bois qu'on élève et abaisse successivement. La mise en liberté des graines s'effectue, dans ce cas, par suite de l'action du pilon qui opère par écrasement des fruits. C'est là certes un procédé très simple, dont le rendement est extrêmement faible, mais il ne peut être appliqué que dans de petites plantations dont la production est très peu importante.

2 — Pilons actionnés mécaniquement.

Afin d'augmenter le rendement des pilons, on dispose parfois ceux-ci en batterie. Chaque appareil est alors formé d'un mortier ou auge dans lequel on verse le café à décortiquer et d'un pilon dont l'extrémité inférieure est garnie d'une pointe en fer qui prévient une usure trop rapide. Les mortiers sont remplis de telle façon que les pilons ne puissent venir battre contre le fond.

La décortication se produit par la chute du pilon; chaque fois que celui-ci tombe dans la masse de cerises séchées, une partie de celles-ci est chassée du milieu inférieur de l'auge vers l'extérieur, tandis qu'une autre partie descend en sens contraire. Le pilon tombe dans le mortier par son propre poids et il est relevé grâce au mouvement de rotation de cames qui s'accrochent à une partie proéminente du pilon. Les pilons peuvent être mis en mouvement soit par un manège actionné par des bœufs, soit encore par une roue à aubes mue par une chute d'eau, soit enfin par une machine à vapeur.

Ce dispositif de pilons disposés en batterie est utilisé dans les plantations qui produisent de vingt à trente arrobes, c'est-à-dire 300 à 450 kgs. de café décortiqué par jour.

3. — Meules verticales.

L'un des appareils les plus anciennement connus pour la décortication du café, mais que l'on utilise surtout dans l'Amérique Centrale, consiste en une auge circulaire au milieu de laquelle se dresse un axe vertical. Sur celui-ci est fixé un arbre horizontal portant à ses extrémités deux roues en bois dur assez lourdes qui sont placées de manière à ne jamais permettre leur contact avec le fond de l'auge car, si ce contact existait, le café serait écrasé au lieu d'être décortiqué.

Les deux roues décortiqueuses sont animées d'un mouvement de rotation horizontal et d'un autre mouvement de rotation vertical. Si elles ne reposent pas directement sur le fond de l'auge, elles en sont suffisamment rapprochées pour produire l'écrasement des cerises séchées et mettre ainsi le café en liberté.

B. — *Pocédés de décortication employés par les grands planteurs.*

Les grands « fazendeiros » de l'Etat de Saint Paul utilisent, pour la décortication de leur café, des machines appelées « *descascadores* » ou *décortiqueurs* dont le nombre est extrêmement grand. Ils sont de plusieurs systèmes, mais entre les divers types les plus communément employés, il y en a cinq ou six qu'on dit bien fonctionner, mais ce n'est là que l'opinion de « fazendeiros » ayant adopté telle ou telle machine et la croyant supérieure à toute autre. Ce sont :

1. — Le « *descascador* » *Engelberg*, vieux modèle, construit et vendu par la « Companhia Mechanica e Importadora » de Saint Paul. 2. — Le « *descascador* » *Engelberg Huller C°* qui n'est que la modification et le perfectionnement de l'appareil précédent. Il est construit aux Etats-Unis par la firme « The Engelberg Huller C° » de Syracuse et est vendu à Saint Paul par M. F. Upton. 3. — Le « *descascador* » *Lidgerwood* construit dans l'Etat de Saint Paul. 4. — Le « *descascador conico* » *Arens*, dont la partie active est hexagonale et tronconique. Il est construit et vendu par la firme Arens & C°, Ingénieurs à Rio de Janeiro, Saint Paul et Jundiahy. 5. — Le « *descascador* » *Mac-Hardy*, qui se

différencie du précédent en ce que sa partie travaillante est cylindrique. Il est construit à Campinas dans l'Etat de Saint Paul. 6. — Le « *descascador* » *Barros & C°* au sujet duquel nous n'avons pu obtenir de renseignements.

Bien qu'étant de construction différente, le travail de ces divers types de décortiqueurs est basé sensiblement sur le même principe. Tous produisent la décortication du café par l'écrasement des cerises séchées (ou bien du café en parche lorsqu'il s'agit de la méthode humide) contre la paroi perforée d'un tambour métallique, de forme cylindrique ou tronconique, fixe ou animé d'un mouvement de rotation, à l'intérieur duquel tourne rapidement la partie active. Celle-ci est constituée par une série de barres de fer, disposées dans le sens de la longueur et formant tambour, ou encore par des lames métalliques fixées sur un cylindre et présentant une certaine élasticité grâce à des tampons en caoutchouc faisant office de ressort. La tension de ces lames est réglée de telle sorte que les enveloppes qui entourent le café soient écrasées et, par conséquent, brisées, tandis que le grain de café reste absolument intact.

Certaines machines à décortiquer, dit M. L. Misson, consistent essentiellement en un cylindre creux, circulaire ou octogonal, présentant à sa surface huit barres fixées au moyen de tire-fonds. Il tourne à l'intérieur d'un autre cylindre fixe, dont la partie supérieure pleine est cannelée et dont la partie inférieure est constituée par une grille dont les ouvertures sont assez grandes pour laisser passer les débris de pulpe séchée et de parche, mais dont les dimensions sont assez réduites que pour empêcher la sortie des graines. Par suite du mouvement de rotation rapide du cylindre creux intérieur, les cerises séchées, prises entre les barres longitudinales et le cylindre fixe, sont par conséquent décortiquées.

Un aspirateur, disposé à la partie inférieure du décortiqueur, immédiatement au-dessous des grilles du cylindre fixe, aspire les poussières et les débris de pulpe et de parche suffisamment réduits pour les expulser de l'appareil. Cela produit un premier nettoyage du café décortiqué. La description que donne ici M. L. Misson correspond à celle du « descascador » Engelberg que nous allons étudier en détail.

1. — "Descascador" Engelberg, vieux modèle.

Ce type de « descascador » est, comme nous le disions plus haut, construit et vendu par la « Companhia Mechanica e Importadora » de Saint Paul, dont le Directeur général, M.A. Siciliano, nous avait promis quelques renseignements qui, malheureusement, ne nous sont pas encore parvenus. Nous donnons de cet appareil figure 47, page 203, une coupe longitudinale et une coupe transversale que nous avons dessinées grâce aux croquis qui nous ont été communiqués par M. Jean Michel. Ce « descascador » dont la photographie se trouve figure 69, page 249, comprend les organes suivants :

1°. — Une trémie d'alimentation dans laquelle on fait arriver le « *café em côco* », c'est-à-dire les cerises séchées, s'il s'agit de café préparé par la méthode sèche ou le *café en parche*, c'est-à-dire le café dépulpé, s'il s'agit, au contraire, de café préparé par la méthode humide, car le même appareil peut servir dans les deux cas.

2°. — Un cylindre métallique A garni à l'avant, du côté de la trémie, de lamelles métalliques h, à section triangulaire, disposées en hélice et destinées à pousser le café vers la partie active de la machine. Celle-ci est formée de huit barrettes q, de deux centimètres de largeur sur six à sept millimètres d'épaisseur qui, placées suivant des génératrices, forment, dans leur ensemble, un tambour creux octogonal. Afin de faire avancer le café, des lames inclinées a', de même section que les barrettes, sont fixées sur elles et disposées également en hélice. Le cylindre A est animé d'une vitesse de rotation de 250 à 300 tours par minute.

3º. — Une tôle semi-cylindrique n perforée, placée immédiatement au-dessous du cylindre A et au travers de laquelle passent les poussières et les débris d'enveloppes suffisamment petits aspirés par le ventilateur v se trouvant à la partie inférieure de l'appareil. Les trous de cette tôle perforée, disposée longitudinalement, sont rectangulaires et mesurent 1,5 millimètre de largeur sur 13 ou 14 millimètres de longueur.

4º. — Une petite trémie u se trouvant à l'extrémité gauche de l'appareil. C'est par cette trémie que sortent : le café décortiqué, c'est-à-dire les grains de café, la « palha » ou pailles (écorces ou enveloppes) et le café non décortiqué. Le tout est repris par une chaîne à godets ou élévateur, pour passer ensuite au ventilateur double lequel a pour but de séparer le café des pailles Cet appareil effectue également la séparation du café non décortiqué qui, automatiquement, retourne au premier ventilateur, c'est-à-dire au ventilateur simple, pour repasser ensuite au « descascador ».

Il existe des modèles de « descascador » Engelberg dans lesquels la tôle semi-cylindrique inférieure n porte deux sortes d'ouvertures : les premières, semblables à celles dont nous venons de parler, destinées à laisser passer surtout les poussières et allant jusqu'aux deux tiers de la longueur de l'appareil; les secondes, de 5 millimètres de largeur sur 15 millimètres de longueur, pratiquées dans le dernier tiers de la longueur, permettant la sortie du café décortiqué, mélangé aux écorces, lequel ira, grâce à un

Décortication du café séché en cerises ou du café en parche.

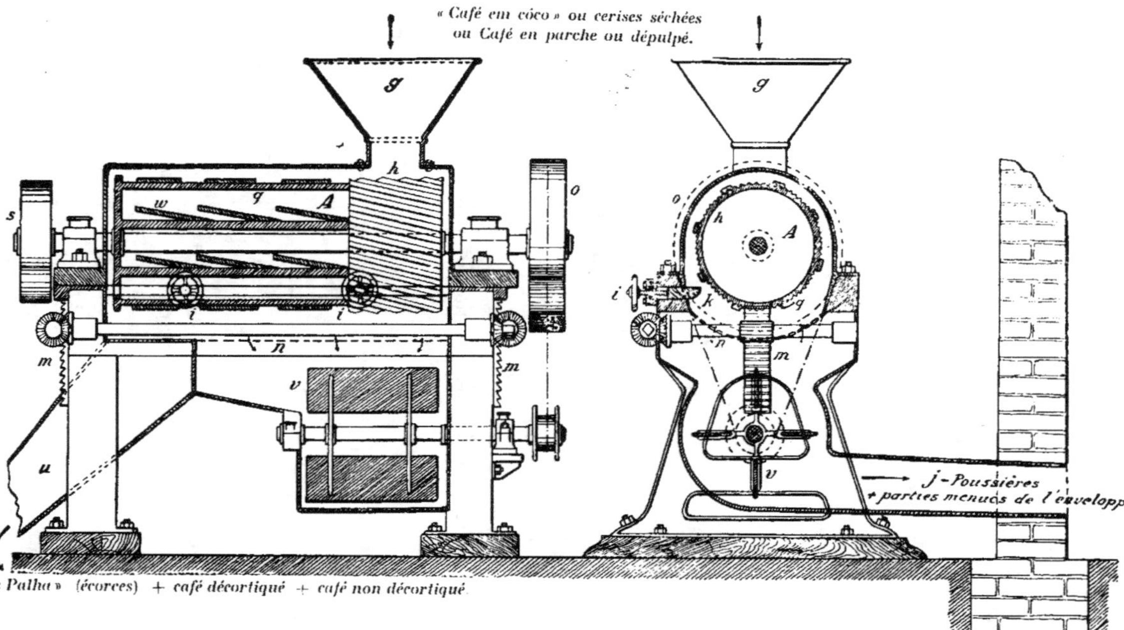

Fig. 47. — « Descascador » ou décortiqueur Engelberg, vieux modèle.
La photographie de cet appareil se trouve dans la vue d'ensemble fig. 69, page 247.

élévateur, au ventilateur double. A l'extrémité de la machine dont la tôle est munie de deux genres d'ouvertures, se trouve également une petite trémie par laquelle s'évacue le café non écorcé, c'est-à-dire non décortiqué, qui retournera au « descascador ».

5º. — Deux crémaillères m et m, une à chaque extrémité, permettant de soulever facilement la partie supérieure du décortiqueur et sa partie active, ou cylindre creux, constituée par les huit barrettes longitudinales, dans le but de procéder au nettoyage ou pour retirer les corps étrangers qui s'introduiraient dans l'appareil. Ce dispositif a été modifié et le « descascador » The Engelberg Huller Cº s'ouvre par le dessous, ce qui est plus facile et permet d'aller plus vite.

6º. — Un ventilateur-aspirateur v aspirant les poussières qui, traversant la tôle perforée, sont chassées au-dehors. Ce ventilateur reçoit son mouvement soit directement, soit par l'intermédiaire d'une poulie o calée sur l'axe du cylindre creux. L'expulsion des poussières se fait par la tubulure j qui est en tôle ou en bois.

7º. — La poulie de commande s du cylindre décortiqueur.

8º. — Une barrette d'acier k placée longitudinalement et horizontalement, réglable à volonté grâce aux deux vis i et i de manière à l'approcher ou à l'éloigner du cylindre décortiqueur suivant la grosseur des grains de café à travailler et suivant aussi qu'il s'agit de café séché en cerises ou en parche, car les mêmes décortiqueurs sont employés, comme nous l'avons déjà dit, dans l'un et l'autre cas.

Inutile d'insister davantage sur le fonctionnement du «descascador » Engelberg, la description que nous venons d'en faire, permettant de s'en rendre compte. L'écrasement des cerises séchées, ou du café en parche, est produit par l'action des organes du cylindre intérieur. Ceux-ci, animés d'un mouvement de rotation rapide, tournent pour ainsi dire au contact des parties fixes de la paroi de la machine. La séparation des grains de café écorcés du café non décortiqué et des écorces s'effectue comme nous l'avons indiqué dans la description.

2. — "Descascador" The Engelberg Huller Co.

Le « descascador » Engelberg, beaucoup employé à Saint Paul, a été modifié et perfectionné et l'on trouve à présent, à côté du vieux modèle, un type nouveau, appelé « The Engelberg Huller Cᵒ » au sujet duquel nous extrayons les renseignements suivants du catalogue de la société qui le construit.

Ce type de « descascador » construit par la firme « The Engelberg Huller Cᵒ » de Syracuse (New-York) décortique, polit, au cas où l'on désire le café poli, et aspire les parties menues de l'enveloppe en une seule opération. Contrairement au « descascador » Engelberg, vieux modèle, il s'ouvre par la partie inférieure. Pour cela, il présente, un faux fond que l'on peut enlever avec la plus grande facilité et en quelques secondes, lorsqu'il s'agit de retirer les corps étrangers tels que pierres, clous, vis, écroux, qui auraient pu s'introduire accidentellement dans la machine, en même temps que le café.

Il ne laisse plus le moindre morceau d'enveloppe ou de pellicule dans le café et ne tache absolument pas le produit. Il présente encore de nombreux petits avantages qu'il serait trop long d'énumérer, mais les personnes qui s'y intéressent peuvent toujours se rendre compte des machines et de leur fonctionnement au bureau de M. F. Upton, agent de « The Engelberg Huller Cᵒ », à Saint Paul.

Il est à remarquer que la poulie du ventilateur-aspirateur du « descascador » n° 0, renseigné dans le tableau ci-contre, doit avoir une vitesse de rotation de 1500 tours par minute et que la force nécessaire indiquée en chevaux-vapeur dépend aussi de la qualité du café.

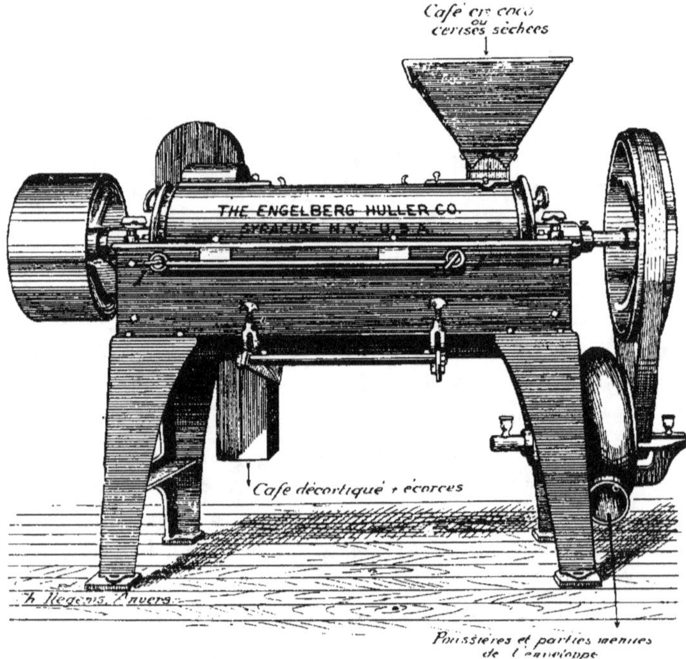

Fig. 48. — « Descascador » The Engelberg Huller Cº, n° 1.

Lorsqu'on désire employer cet appareil pour la décortication du café « melado », c'est-à-dire collant quelque peu, il est nécessaire de n'ouvrir qu'à moitié l'entrée de la machine, tandis que si l'on veut travailler du café bien sec ou dépulpé, il faut ouvrir entièrement la trémie, ce qui aug-

mente considérablement le rendement de la machine. Les
« descascadores » de ce système sont livrés avec deux
tamis, en vue de la décortication de café « melado » et dans
ce cas, on utilise l'un des tamis pendant la moitié de la
journée pour le remplacer par le second tamis pendant
l'autre moitié, ceci, afin de pouvoir procéder au nettoyage.

" Descascador " The Engelberg Huller Co.			
Numéro de grandeur . . .	0	1	2
Capacité en arrobes	500	300	150
Tours par minute	360	450	500
Dimensions de la poulie motrice en pouces	28×10½	16×7	16×5
Poids net en kgs	819	512	290
Poids brut en kgs	1022	670	380
Force nécessaire en chevaux .	12	8—10	6—8
Surface occupée en pouces .	34×81	32×69	28×54
Hauteur du « descascador » avec trémie en pouces . .	56	52	47

Lors de l'emploi de cet appareil, il faut prendre soin
de ne pas laisser s'obstruer le tuyau de sortie du « descascador » par lequel s'évacue le café écorcé. De plus, il doit
se trouver à une distance de six mètres au moins de la

transmission et la courroie doit prendre sur toute la largeur de la poulie.

La décharge de l'aspirateur peut se placer de n'importe quel côté et pour l'expulsion au dehors, il suffit de disposer convenablement les tuyaux d'évacuation qui sont en tôle. Le registre de sortie du café bénéficié doit être réglé d'après le degré de décortication auquel on veut arriver ; il suffit pour cela de se rappeler que plus ce registre sera fermé et plus la décortication sera parfaite.

Lors du placement de ce « descascador », il est nécessaire de s'assurer si, lorsqu'on l'ouvre, le faux fond ne vient pas butter contre l'axe du ventillateur-aspirateur, ce qui pourrait le fausser et faciliter ainsi l'entrée de l'air. La barre de décortication que l'on peut déplacer grâce aux vis $I\,I$ doit être réglée suivant la grosseur du grain de café.

3. — "Descascador" conique Arens.

Le « descascador » conique Arens, représenté par les figures 49, 50 et 51, ainsi que dans la vue d'ensemble, figure 68, page 246, est essentiellement constitué par deux tambours concentriques, octogonaux et tronconiques, animés d'un mouvement de rotation en sens contraire. Le tambour extérieur F, formé par une tôle perforée, présente des parties saillantes internes f qui augmentent et facilitent l'action des lamelles l, fixées sur le tambour intérieur D et grâce auxquelles se produit la décortication. L'appareil comprend les parties suivantes :

1º. — Une trémie d'alimentation B permettant l'introduction dans la machine du « café em côco » ou du café en parche.

2º. — Un registre r et une alimentation automatique A, commandée par une poulie W fixée sur l'arbre principal.

Décortication du café séché en cerises ou du café en parche.

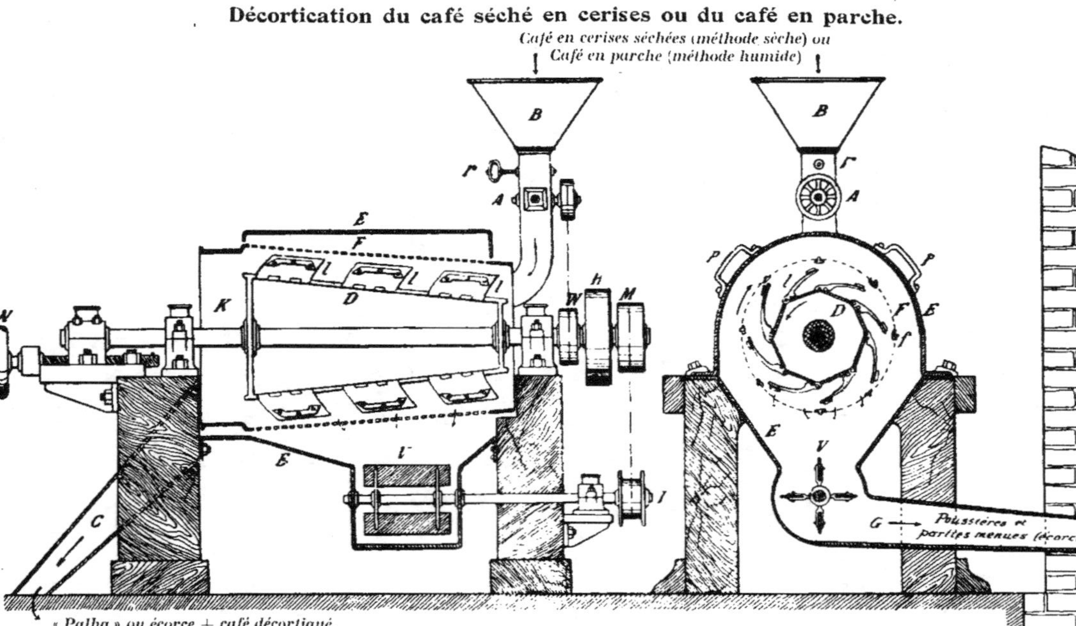

Fig. 49. – « Descascador » conique Arens & Co.

N. B. Il n'a pas été tenu compte dans ces deux coupes du nombre et des dimensions des lamelles *l*.

3º. — Une tôle extérieure E fixe, faisant office de couvercle, qui s'enlève facilement à l'aide des poignées p et p.

4º. — Un tambour F formé par une tôle perforée dont l'armature est constituée par des fers en T; la tête de ceuxci fait saillie à l'intérieur. Ce tambour, qui reçoit son mouvement par l'intermédiaire de la poulie K, tourne en sens contraire du tambour intérieur D.

5º. — Un tambour octogonal et tronconique D pouvant se déplacer dans le sens longitudinal, grâce à une vis sans fin mue par la manivelle N, de manière à diminuer ou augmenter la pression des lamelles contre la tôle perforée. Ce tambour, qui tourne en sens inverse de F, est commandé par la poulie H.

6º. Des lamelles en acier $l\,l$ fixées sur le tambour D et garnies d'une barrette d (voir fig. 5o) d'une épaisseur de 4 millimètres. Ces lamelles, qui sont les organes actifs de l'appareil, tournent avec le tambour D et font ressort sur lui grâce à un bourrelet d'appui. Elles font charnières sur des tiges c fixées aux arrêtes du tambour octogonal D. Au nombre de trois sur une longueur de tambour de 0,75 m., elles laissent entre elles un vide de 0.10 m.

7º. — Un ventilateur V, placé à la partie inférieure du « descascador » et mis en mouvement grâce aux poulies M et I, aspire les poussières et les parties suffisamment menues de l'enveloppe qui peuvent traverser le tambour perforé F.

8º. — Une trémie C permettant la sortie du café décortiqué mélangé d'écorces qui en seront séparées par le ventilateur double, machine qui suit immédiatement le décortiqueur.

Le fonctionnement du « descascador » conique Arens est très simple et ne demande pas d'explications complémentaires. Le réglage de ses lamelles, qui consiste à les éloigner ou à les rapprocher du cylindre extérieur perforé,

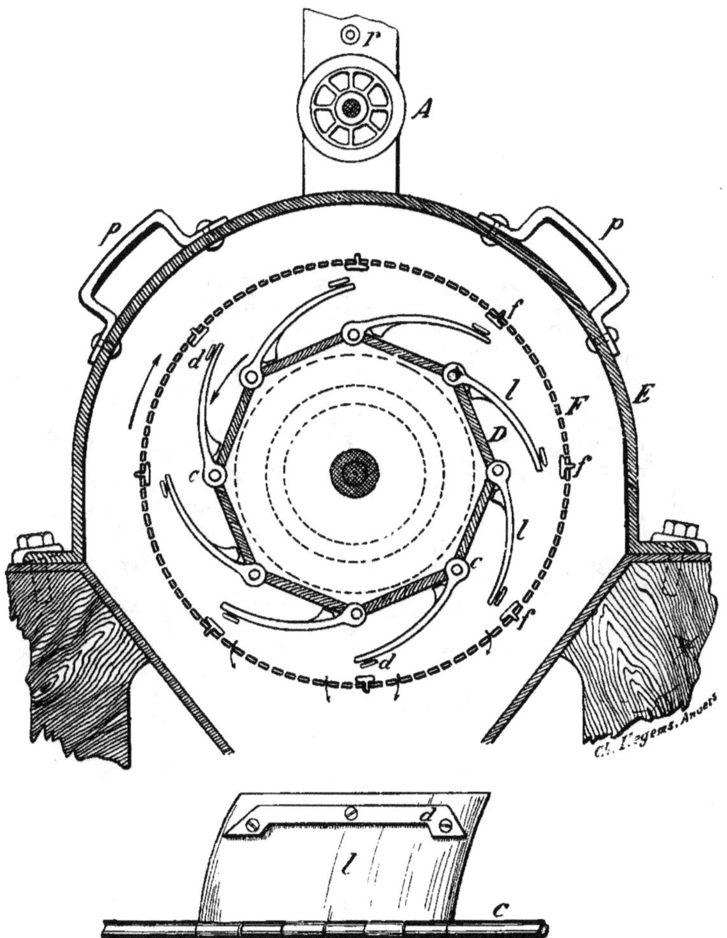

Fig. 50. — « Descascador » conique Arens.
Détails des deux tambours D et F et des lamelles l.

suivant la sorte de café à traiter, est très facile et peut se faire, lorsque l'appareil est en pleine marche, sans qu'il soit nécessaire de l'arrêter.

„ Descascador conico " Arens & Co.

Fig. 51. — « Descascador » conique Arens.

Les machines à décortiquer, comme d'ailleurs les autres appareils employés pour la préparation du café, sont actionnées à la vapeur ou à l'aide d'une roue à aubes mise en mouvement par une chute d'eau. Elles exigent, en moyenne, une force motrice inférieure à 8 chevaux-vapeur. Leur rendement varie dans d'assez larges limites : d'après M. F. Ferreira Ramos, certains « descascadores » produisent 7.500 kgs de café décortiqué par jour, tandis que d'autres peuvent en décortiquer jusque 15.000 kgs, c'est-à-dire 250 balles de 60 kgs en une journée de dix heures. Leur prix très élevé atteint parfois 5.000 francs.

5°. — *Passage du produit décortiqué au ventilateur double.*

Le café en grain sortant du décortiqueur est toujours accompagné de débris d'enveloppes ou écorce, auxquels on donne le nom de « palha » ou pailles et qui, trop volumineux, n'ont pu traverser les trous de la tôle perforée du « descascador ». Il s'y trouve en outre mélangé, en proportion plus ou moins grande, suivant les systèmes d'appareils employés, un certain nombre de grains non décortiqués, soit accompagnés de leur enveloppe toute entière (cerises) soit simplement entourés de leur enveloppe parcheminée. C'est pourquoi on doit faire passer le produit du « descascador » dans un ventilateur appelé « ventilador dobrado » ou ventilateur double qui a pour but d'éliminer, par l'action d'un courant d'air violent, la paille ou débris d'enveloppe et de séparer, en même temps, par des tamis convenablement disposés, le café non décortiqué du café décortiqué.

Le ventilateur double, figures 52 et 53, page 214 et 215, ressemble au premier ventilateur ou ventilateur simple; on le dit double parce qu'il est formé de deux ventilateurs v_1 et v_2 placés l'un au-dessous de l'autre; le ventilateur supérieur v_1 servant uniquement à rejeter, ou plutôt à chasser au dehors, la « palha » formée par la pulpe séchée et l'en-

veloppe parcheminée, déchirées par écrasement dans le
« descascador ».

„ Ventilador duplo ” Arens & C⁰.

Fig. 52. — « Ventilador dobrado » ou ventilateur double.

En face du ventilateur inférieur v_2 se trouvent placés
horizontalement deux tamis t et t', animés de deux mouvements, l'un vertical et l'autre de va-et-vient. Ce sont donc

simplement deux tamis à secousses qui, tout en laissant passer le café décortiqué, rejettent les grains de café non décortiqués. Ceux-ci font retour, grâce à un élévateur con-

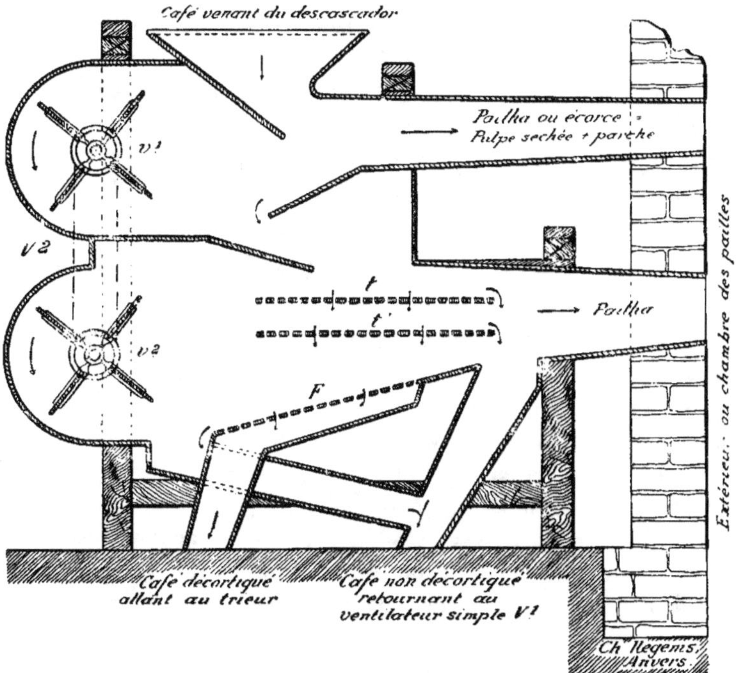

Fig. 53. — Coupe schématique du « ventilador dobrado »
ou ventilateur double.

venablement disposé, au premier ventilateur, c'est-à-dire au ventilateur simple, pour repasser ensuite au décortiqueur. Les deux tamis t et t' sont interchangeables et à ouvertures plus ou moins grandes suivant le volume des grains de café travaillés et suivant aussi qu'il s'agit de café séché en cerises, propre à la méthode sèche, ou de café séché en parche, propre à la méthode humide.

Ces deux tamis t et t' sont complétés par un troisième tamis F lequel est fixe, incliné et placé à la partie inférieure de l'appareil ; il a pour but de rejeter le café non décortiqué qui n'aurait pas encore été éliminé ; en outre, il ne livre passage qu'au café écorcé. Celui-ci sera conduit par un élévateur à godets à l'appareil de triage qui suit généralement et qui, suivant les installations, est le trieur « separador » ou le « monitor ».

6". — *Triage du café.*

Le café sortant du ventilateur double est loin d'être uniforme. Il est formé par un mélange de grains de grosseurs et de formes différentes ; c'est pourquoi, il est nécessaire de le trier, c'est-à-dire de le diviser de manière à le séparer en plusieurs classes qui diffèrent tant au point de vue du volume que de la conformation générale du grain.

Le triage est, avec le séchage, certainement une des opérations les plus importantes de la préparation commerciale des cafés car il en augmente considérablement la valeur marchande. Il s'effectue à l'aide d'appareils très nombreux et de modèles fort différents. Cependant, ceux en usage, dans l'Etat de Saint Paul, peuvent se rapporter à deux types principaux : 1. le trieur cylindrique ou « *separador* » et 2. le trieur à tamis superposés ou « *monitor* ».

1. — **Trieur cylindrique ou "Separador".**

Les trieurs de ce type consistent essentiellement en un cylindre assez long, en cuivre ou en fer battu, légèrement

Triage du café

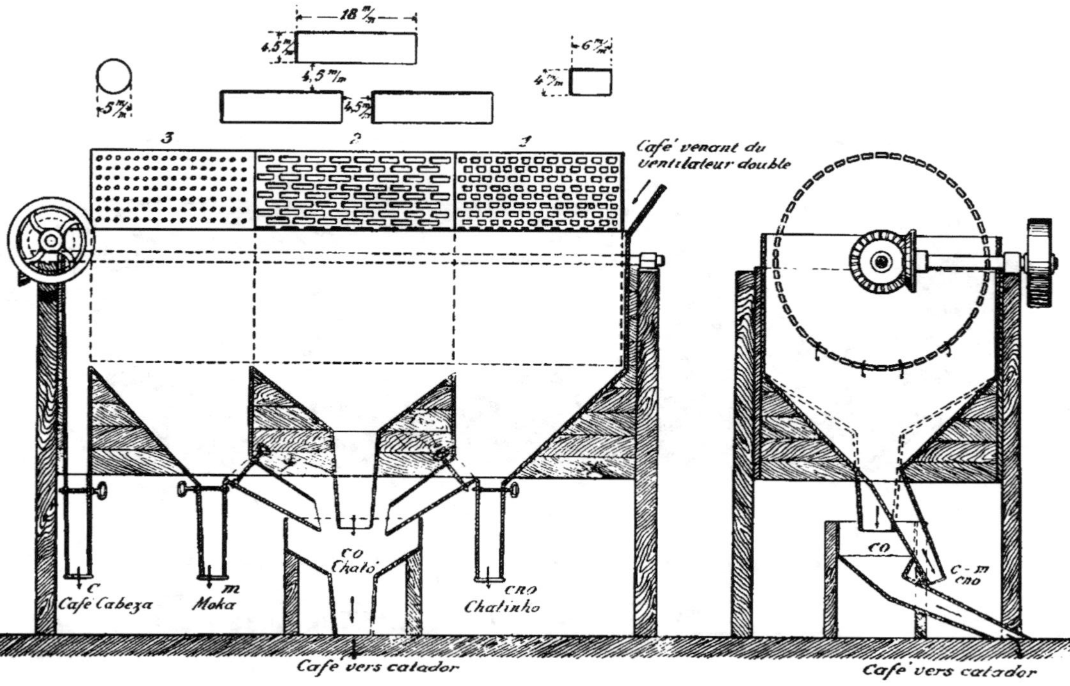

Fig. 54. — « Separador » ou trieur cylindrique fournissant quatre classes de café.

Triage du café.

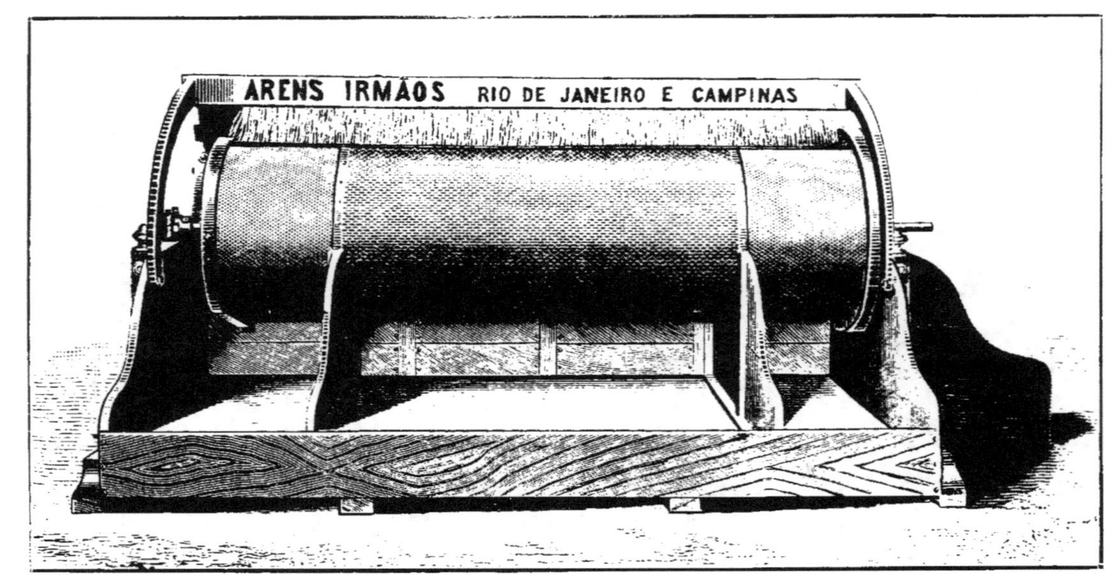

Fig. 55. — « Separador » ou trieur cylindrique de la firme Arens & Cº.

Ce « separador » est en cuivre. Il est construit en plusieurs numéros. Nº 2. — Longueur 10 pieds, diamètre 36 pouces. Nº 3. — Longueur 12 pieds, diamètre 36 pouces.

Il fournit quatre classes de café : 1. — Le « *chatinho* » ou petit chato ; 2. — Le « *bom chato* » ou chato ordinaire ; 3. — Le « *redondo* », *caracole* ou *moka* et 4. — Le « *graúdo* » ou grains les plus gros.

incliné dans le sens de la marche du café et animé d'un mouvement de rotation relativement lent; il ne fait, en effet, pas plus de quinze à vingt tours par minute. La paroi de ce cylindre est perforée et présente plusieurs séries d'ouvertures, proportionnées au volume et à la forme des classes de café que l'on désire obtenir. Lorsque les trous sont de trois sortes, ce qui est le cas ordinaire, ceux de la première série, qui se trouvent du côté de la trémie d'alimentation, sont rectangulaires et relativement petits ; ceux de la seconde série, qui occupent la partie moyenne du cylindre, sont également rectangulaires mais un peu plus larges et surtout plus allongés que les précédents, tandis que ceux de la troisième et dernière série sont circulaires. L'appareil est complété par une trémie d'alimentation et quatre trémies destinées à l'évacuation des diverses classes de café. Une poulie et des roues dentées assurent la transmission du mouvement.

Le « separador » dont nous reproduisons la coupe, figure 54, page 217, et qui est précisément celui de l'usine centrale de Piracicaba dont nous parlerons plus loin, correspond exactement à la description que nous venons de donner. Il fournit quatre classes de café qui, dans l'ordre de leur séparation, sont : le « *chatinho* » ou petit chato, le « *chato* » ou plat moyen, le « *redondo* », *caracole* ou *moka* et le « *cabeza* » formé par les grains les plus volumineux.

2. — Trieur « Monitor ».

Le « monitor », considéré comme le trieur le plus parfait existant à l'heure actuelle, est plus récent que le « separador » ou trieur cylindrique. Il est construit par la « Companhia Mechanica e Importadora » et consiste essentiellement en une série de tamis superposés, légèrement inclinés et animés d'un mouvement saccadé. Leurs mailles devenant de plus en plus étroites au fur et à mesure que le café descend, les grains les plus gros seront, par conséquent,

Triage du café.

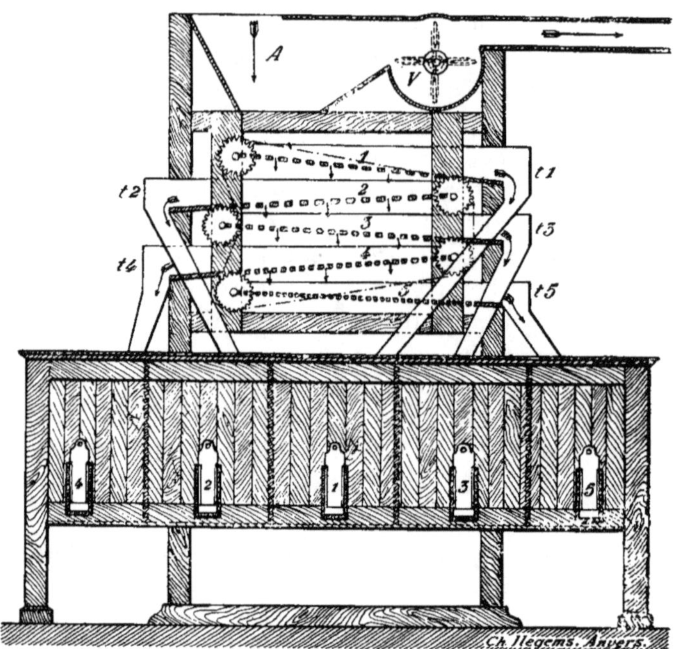

Fig. 56. — Coupe du trieur « Monitor ».

retenus et fournis par les tamis supérieurs et les grains les plus petits par les tamis inférieurs.

Dans l'ensemble, le « monitor » — voir coupe fig. 56 — est un appareil de dimensions plutôt extraordinaires, comprenant deux bâtis, un supérieur et un inférieur. Le bâti supérieur supporte la trémie d'alimentation A dans laquelle se déverse le café venant du ventilateur double et amené par un élévateur. Un fort ventilateur V disposé à l'intérieur de l'appareil enlève par aspiration les poussières que le café

Triage du café.

Fig. 57. - Trieur à tamis superposés ou « Monitor ».
A gauche se trouve le « catador » appareil classant le café d'après la densité.

pourrait encore contenir, tandis que des tamis 1-2-3-4-5, en toile métallique, placés immédiatement en dessous, inclinés et animés d'un mouvement vibratoire, font descendre en couche mince le café étalé sur eux. Ces tamis en nombre variable correspondent aux classes de café que l'on désire obtenir. De petites trémies t_1 - t_2 - t_3 - t_4 - t_5, etc., en communication directe avec les tamis employés, reçoivent les classes de café correspondantes pour les conduire dans les caisses du bâti inférieur d'où elles sont mises en sacs par les orifices *1, 2, 3, 4, 5*, etc..

7°. — *Passage au « Catador »*.

Le « catador » (*) est l'appareil qui termine généralement la préparation commerciale du café et au sortir duquel le produit est définitivement mis en sacs pour être expédié vers le port de Santos. Il a pour but de diviser chacune des classes de café, c'est-à-dire les cafés de même volume et de même forme, par catégories de densité ; il en élimine en même temps les pierres et autres corps très denses qui y seraient mélangés.

Chacune des classes de café fournies par le trieur est traitée séparément au « catador ». Celui-ci est essentiellement formé par une grande colonne, divisée en deux sections, sur une partie de sa hauteur, par une cloison verticale et dans laquelle un ventilateur, placé à la partie inférieure de l'appareil, produit un courant d'air violent. Des ouvertures, convenablement disposées et en communication directe avec des trémies d'évacuation, permettent la sortie des divers cafés fournis par le « catador ». Ceux-ci sont directement reçus dans des sacs.

Le café à classer par catégories de densité est introduit dans le « catador » par la partie supérieure de la colonne dans laquelle il tombe ; mais comme il y rencontre un courant d'air dirigé de bas en haut, un triage s'opère immédiatement. Les grains les plus denses, assez lourds pour que

---

(*) « Catador » vient du verbe « catar » qui signifie chercher avec soin c'est-à-dire trier.

Fig. 58. — « Catador » incliné Arens.
Appareil divisant les diverses classes de café par catégories de densité.

leur poids l'emporte sur la force du vent, traversent la colonne de haut en bas et sortent par une trémie d'évacuation qui leur est affectée. Les grains les plus légers et les brisures, formant l'*escolha*, par suite de leur très faible poids, ne peuvent résister au courant ; ils sont donc refoulés jusque la partie supérieure de la colonne d'où ils passent dans la trémie qui doit les faire sortir de l'appareil. Les grains de moyenne densité, eux, ne suivent pas les grains les plus lourds, mais comme ils ne sont pas refoulés avec le café léger, ils tombent, chassés par le vent, dans la deuxième section de la colonne du « catador » d'où ils sont évacués par une trémie spéciale.

Les appareils destinés à classer le café par catégories de densité sont de construction quelque peu différentes. Nous donnons figure 58, page 223, le modèle fabriqué par la firme Arens ; il mesure 14 1/2 palmos (*) de hauteur, 10 palmos de longueur et 5 palmos de largeur. Nous reproduisons également figure 67, page 245, la coupe du catador Mac-Hardy au sujet duquel nous donnerons quelques renseignements au chapitre se rapportant à la centrale de « beneficiamento » de Piraricaba.

Le « catador » qui, dans les installations de préparation du café, précède parfois le trieur, mais seulement lorsque celui-ci est du type « monitor », rend de grands services au « fazendeiro ». Grâce à son emploi, celui-ci ne doit plus faire le triage de ses cafés à la main ; il peut, par conséquent, supprimer beaucoup de main-d'œuvre, gagner énormément de temps et vendre son produit comme café choisi, car sa qualité gagne de 5o à 75 % au moins.

---

* Un palmo $= 0^m,22$.

V. — MÉTHODE HUMIDE DANS L'ETAT
DE SAINT PAUL.

La préparation du café par voie humide, qui consiste à débarrasser, de leur pulpe, les cerises encore fraiches, pour dessécher et décortiquer ensuite le café en parche ainsi obtenu, comprend, le plus souvent, les opérations suivantes : 1º, le lavage du produit récolté ; 2º, la macération ; 3º, le dépulpage ; 4º, la fermentation du café dépulpé ou café en parche ; 5º, le lavage du café en parche; 6º, le séchage du café en parche ; 7º, la décortication ; 8º, le passage au ventilateur double ; 9º, le triage et 10º, le passage au « catador ».

Cette méthode de préparation présente certaines exigences particulières. On ne peut, en effet, l'utiliser qu'à la condition expresse que l'on dispose d'une quantité d'eau assez considérable ; ensuite, comme l'appareil employé pour le dépulpage ne peut enlever la pulpe qu'aux baies parfaitement mûres, ayant conservé toute leur fraicheur, il est de toute nécessité de procéder à la cueillette des cerises avant que celles-ci n'aient eu le temps de se dessécher sur l'arbre, à moins que l'on n'opère, avant le dépulpage, un triage des fruits, de façon à séparer, des cerises fraiches, le café « boia » ou sec qui sera traité par la méthode sèche.

Dans les conditions où se fait habituellement la récolte, le produit cueilli est formé, ainsi que nous l'avons vu, par un mélange de cerises insuffisamment mûres et encore vertes, de cerises très mûres et déjà plus ou moins desséchées et de fruits à point, c'est-à-dire arrivés à un état de maturité convenable et dont la pulpe, partant, est assez molle pour se laisser enlever facilement. Le tout est accompagné de feuilles, de rameaux, de terre, de pierres, etc. On comprend donc qu'il n'est pas possible de traiter semblable mélange sans le soumettre à un triage préalable de telle sorte qu'on n'envoie au dépulpage que les fruits dont la pulpe soit facile à enlever.

1°. — *Lavage-triage du produit récolté.*

Le triage du produit récolté, dont nous avons déjà dit quelques mots dans l'exposé de la méthode sèche, s'effectue par lavage dans un bassin spécial appelé « lavador » ou lavoir. Dans certains cas, rares cependant, le café cueilli est transporté du « cafezal » au lavoir par un « rego conductor » ou caniveau dans lequel circule un courant d'eau et dont la pente doit être suffisante pour que l'eau puisse entraîner facilement les fruits. Lorsqu'on utilise ce procédé, il est à recommander de creuser, de place en place, dans le caniveau, des excavations de $0^m,25$ à $0^m,30$ de profondeur dans lesquelles, en raison de leur poids, viendront se rassembler les pierres. De plus, pour empêcher tous les corps étrangers très légers, c'est-à-dire les feuilles et les rameaux, ainsi que les fruits secs ou ceux mal formés d'arriver au lavoir, on peut disposer, sur le cours du canal, une plaque plongeant de quelques centimètres dans l'eau de manière à arrêter tout ce qui surnage et le diriger dans un canal latéral qui le conduira dans un bassin spécial. De la sorte, on opère déjà un premier triage. On peut adopter également un autre moyen, tel le dispositif suivant fort ingénieux appliqué à la «fazenda» Santa Constança appartenant à M. le Dr Carlos Botelho, ancien Secrétaire d'Agriculture de l'Etat de Saint Paul : sur le parcours du canal que doit suivre le café avant d'arriver au lavoir, se trouve pratiquée une excavation dans laquelle s'accumulent les pierres, tandis qu'un peu plus loin, est installée, dans l'eau même, une

Fig 59. — « Fazenda » Guatapará. État de Saint Paul.
Transport du café récolté vers le lavoir par un « rego conductor » ou conduite hydraulique.
A l'arrière-plan, la plantation de café ou « cafezal ».

plaque inclinée divisant le courant en deux parties superposées. De la sorte, le café vert, non mûr et plus lourd,
passe sous la plaque pour s'engager immédiatement après
dans un canal inférieur, tandis que les cerises plus mûres,
plus légères, passent au-dessus pour arriver, en fin de
compte, seules, au lavoir dans lequel on séparera les baies
fraiches de celles déjà partiellement desséchées.

En tout cas, quel que soit le système de transport
employé, supposons le produit récolté arrivé au lavoir, soit
tel quel, soit déjà partiellement trié. On l'y lave tout
d'abord à grande eau pour en éliminer la terre, les pierres
ainsi que les corps étrangers très légers qui surnagent. Le
bassin est ensuite rempli complètement d'eau dans le but
d'opérer un triage parfait du produit : pour cela, la masse
est remuée à l'aide de râteaux en bois ; les cerises desséchées, plus légères, qui flottent à la surface de l'eau, sortent
alors du bassin, par des ouvertures spéciales, lorsque celui-
ci déborde ; elles sont conduites par l'eau directement vers
les « terreiros » pour les préparer par la méthode sèche ou
bien encore dirigées vers les bacs de macération d'où,
après un séjour d'une trentaine d'heures ou plus, elles pourront passer au dépulpeur. Les fruits qui restent encore dans
le lavoir après l'évacuation du café sec, et comprenant des
baies mûres et des baies encore vertes, sont conduits dans
les bassins de macération d'où ils passeront directement
au dépulpeur si celui-ci est libre. Dans le cas contraire, ils
resteront dans les macérateurs qui serviront alors de bacs
d'attente. Il faut avoir soin cependant de ne pas les y
laisser séjourner trop longtemps.

Après le lavage, il reste encore parfois dans le café
quelques pierrailles quartzeuses qui arrivent soit aux décortiqueurs, soit aux dépulpeurs. L'emploi du « lavador maravilha » ou laveur *merveille* présente, à ce point de vue,

Fig. 60. — « Fazenda » Guatapará. Etat de Saint Paul.

Arrivée du café amené par le « rego conductor » aux « lavadouros » ou lavoirs.

Le café « boia » ou café sec s'écoule dans le lavoir de gauche pour être conduit aux « terreiros ». Derrière le lavoir, l'usine de dépulpage. A l'arrière-plan les « terreiros », l'usine de préparation et le « cafezal ».

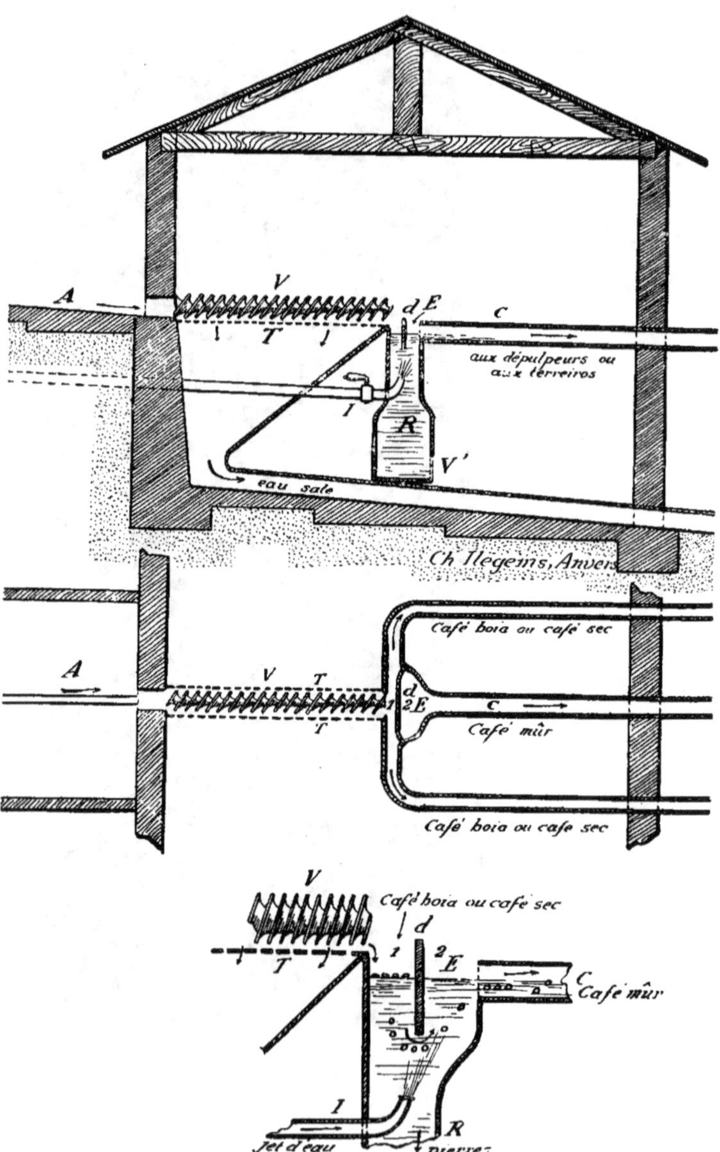

Fig. 61. — Lavoir « Maravilha ».

certains avantages particuliers. Il est basé sur un principe analogue à celui de l'épierreur Loze, employé dans les fabriques de sucre de betterave, et fonctionne de la manière suivante (figure 61 page 230). Le café amené du cafezal est lancé dans une trémie A et porté par un courant d'eau sur une tôle perforée semi-cylindrique T dans le creux de laquelle se meut une vis d'Archimède V destinée à faire progresser le café et à remplacer la force hydraulique qui se perd par la tôle perforée. Arrivé à l'extrémité de celle-ci, le café tombe dans un entonnoir E divisé en deux parties par une lame métallique d dépassant le niveau de l'eau. Le café «boia» ou café sec, plus léger, reste en 1 et est conduit, par une dérivation, soit au « terreiro » (méthode sèche) soit aux macérateurs (méthode humide). Les cerises mûres, plus lourdes, descendent, au contraire, dans l'entonnoir E mais, prises par le courant d'eau injecté par I, elles passent en 2 pour s'échapper par C et être conduites au dépulpeur. Les pierrailles et la terre s'accumulent au fond du réservoir R; elles en sont évacuées par la vidange V'. Inutile d'insister sur les avantages que peut rendre le « lavador maravilha » qui est aussi simple qu'ingénieux (*).

2°. — *Macération.*

La macération qui se pratique dans les cas où l'on désire préparer tout le café par dépulpage, c'est-à-dire par voie humide, est une opération qui consiste à laisser séjourner dans l'eau les cerises de café, et particulièrement les cerises sèches, pendant un temps plus au moins long,

---

(*) Il existe en dehors de ce type de lavoir « maravilha » d'autres systèmes au sujet desquels M. Jean Michel nous a communiqué de très intéressants croquis. Ceux-ci nous sont malheureusement parvenus trop tard que pour pouvoir être insérés dans ce travail.

dans le but de les ramollir, afin de pouvoir les soumettre au dépulpage. Elle s'effectue dans des bassins appelés macérateurs au sujet desquels nous donnerons plus loin quelques renseignements, lors de l'étude des installations de la « fazenda » Montevideo à Araras.

3°. — *Dépulpage.*

Le dépulpage est l'opération qui a pour but de débarrasser les fruits de leur pulpe et les machines qu'on emploie à cet effet portent le nom de dépulpeurs. Ceux-ci appartiennent à deux systèmes principaux : les dépulpeurs à cylindre et les dépulpeurs à disque. Ces machines doivent, autant que possible, fournir un travail propre et rapide, laisser le moins possible de pulpe adhérente à la parche et ne pas briser cette dernière, car elle doit pouvoir protéger efficacement les graines pendant l'opération du séchage.

Dans les *dépulpeurs à cylindre*, les cerises sont écrasées entre une plaque en caoutchouc fixe et un cylindre mobile de telle sorte que la pulpe se détache comme si on pressait les fruits entre le pouce et l'index. A la sortie de l'appareil, une lame métallique sépare le café dépulpé, qui est conduit aux bacs de fermentation, de la pulpe qui est dirigée à l'extérieur dans un égouttoir, pour être ensuite employée, comme engrais, dans la plantation.

Dans les *dépulpeurs à disque*, l'opération est effectuée par un disque mobile, pourvu de cannelures, pressant les baies contre un axe fixe.

Le dépulpeur rappelle parfois les décortiqueurs employés dans la méthode sèche avec cette différence que les barres longitudinales munies de ressorts métalliques sont, dans ce cas, garnies de plaques en caoutchouc.

A la sortie du dépulpeur, le café en parche passe dans

Fig. 62. — Dépulpage. Dépulpeurs et laveurs séparateurs de la « Companhia Mechanica e Importadora » de São Paulo.

un laveur-séparateur, placé immédiatement en dessous, afin de compléter son nettoyage. Cet appareil est constitué par un tambour à grilles suffisamment écartées que pour laisser passer le café en parche, qui se rendra immédiatement dans les bassins de fermentation, mais assez rapprochées cependant que pour retenir la pulpe qu'on dirigera vers un égouttoir placé à l'extérieur. Si, parmi la pulpe, se trouve encore du café vert non dépulpé, on l'en séparera pour le préparer alors par la méthode sèche.

4°. — *Fermentation du café dépulpé.*

Le café en parche, fourni par le dépulpeur, est loin d'être complètement nettoyé ; il présente encore des petites particules de pulpe adhérentes à la parche et qu'il est nécessaire de faire disparaître. On arrive à ce résultat par la fermentation et le lavage.

La fermentation du café en parche a pour but de désorganiser, en les rendant solubles et enlevables par l'eau, les parties de pulpe dont il a été impossible de débarrasser le café lors du dépulpage. Elle exige un temps relativement long et se fait dans des bassins dont le nombre doit être suffisant pour pouvoir poursuivre, sans discontinuer, le dépulpage. On la pratique de la manière suivante : le café dépulpé est amené dans l'un des bassins de fermentation où il est simplement mouillé en le recouvrant d'une quantité d'eau plus ou moins grande qu'on doit laisser immédiatement s'écouler. Cela suffit pour provoquer un échauffement de la masse et, par suite, la fermentation de la pulpe. La durée de cette fermentation, qui varie suivant les pays et les conditions climatériques, est comprise entre 36 et 60 heures.

Le terme de la fermentation est indiqué par la façon

Fig. 63. — A l'arrière-plan : usine de dépulpage. Au centre et à droite : bassins de fermentation. A l'avant-plan : bassins de lavage du café en parche.

N.B. Les deux ouvriers sont occupés à remuer le café en parche dans le bassin de lavage. Dans le bassin de gauche : café en parche lavé.

dont le café en parche se comporte au toucher ; il ne doit plus pouvoir glisser entre les doigts, mais, au contraire, y paraître un peu rude. Pendant l'opération la température ne doit pas trop s'élever ; il n'y a pas toutefois de degré à indiquer, il faut s'en rendre compte, par la pratique et surtout par l'essai à la main.

5'. — *Lavage du café en parche.*

La fermentation terminée, il s'agit de faire disparaître les particules de pulpe complètement désorganisées. Pour cela, le café en parche est lavé à grande eau dans le bassin même de fermentation ou, de préférence, dans un bassin spécial appelé bassin de lavage. Dans ce cas, la fermentation étant terminée, il suffit d'ouvrir la porte de communication du bassin de fermentation avec celui de lavage, de telle sorte que le café soit entraîné par le courant d'eau produit par la différence de niveau existant entre eux. Lorsque la quantité de café amenée dans le bassin de lavage atteint environ $0^m,25$ de hauteur, on ferme la vanne de communication et on continue à laisser arriver l'eau jusqu'à ce que son niveau soit de $0^m,10$ à $0^m,15$ au-dessus de la couche de café. A ce moment, des ouvriers armés de râteaux en bois entrent dans le bassin pour remuer fortement la masse. Par suite de la dissolution de la pulpe désorganisée par la fermentation, l'eau ne tarde pas à devenir mucilagineuse, on la renouvelle et on agite à nouveau. On recommence cette opération un certain nombre de fois, trois ou quatre généralement, mais en tout cas jusqu'au moment où le café ne cédera pour ainsi dire plus rien à l'eau de lavage. L'opération terminée, on ouvre la vanne de sortie du bassin de lavage et le café en parche, entraîné par l'eau, est conduit par elle vers les séchoirs.

6°. — *Séchage du café en parche.*

Le café en parche fermenté et lavé est donc conduit par l'eau vers les « terreiros » c'est-à-dire vers les séchoirs où il restera exposé à l'air et au soleil jusqu'à complète dessication. Cette dessication du café est, sans contredit, l'une des opérations les plus importantes, aussi, le planteur doit-il y consacrer tous ses soins ; le café mal séché s'altère, en effet, très rapidement au grand détriment de sa valeur marchande.

Le séchage du café en parche est l'opération la plus délicate de la méthode humide et les précautions qu'elle exige sont plus grandes encore que pour le café séché en cerises. Toute la qualité du café lavé (*), c'est-à-dire préparé par la méthode humide, dépend d'ailleurs de sa dessication. Au cours de celle-ci, il faut avoir soin d'éviter une température trop élevée, une action trop directe des rayons du soleil qui, faisant éclater la parche, décolorerait le grain de café, ce qui lui ferait perdre ainsi une grande partie de ses qualités et, par conséquent, de sa valeur. Une petite différence dans l'intensité de la chaleur ou un léger excès d'humidité suffisent pour modifier la coloration du café.

Les séchoirs employés pour la dessication du café en parche sont identiques à ceux que nous avons décrits dans la préparation du café par la méthode sèche, avec cette différence qu'ils sont toujours dallés ou cimentés. Le café en parche qui y est amené par l'eau est réparti en couches de 0^m,08 d'épaisseur environ. Il faut avoir soin de le remuer, sur les séchoirs, plusieurs fois par jour, à l'aide de ratissoires en bois, afin de produire une dessication aussi uniforme que possible.

____

(*) On donne le nom de café lavé au café préparé par la méthode humide ou méthode de dépulpage.

Généralement, lorsque le café est à moitié sec, on le rassemble en tas, avant le coucher du soleil, et il faut alors avoir soin de le couvrir et de ne l'étendre à nouveau en couche que le lendemain, lorsque le soleil est levé depuis assez longtemps. Lors de la mise en tas du café, celui-ci ne doit pas être ni très chaud ni très froid, ce qui pourrait en altérer la coloration.

La durée de la dessication du café en parche est très variable, mais elle est, en tout cas, toujours moins longue que celle du café en cerises.

7°. — *Fin de la préparation du café par voie humide.*

Le café en parche étant complètement sec, il s'agit d'en terminer la préparation. A cette fin, on le décortique et l'on emploie, à cet effet, les mêmes « descascadores » que ceux que nous avons décrits pour la méthode sèche. La décortication terminée, le mélange de café décortiqué et d'écorce passe au ventilateur double tandis que le produit fourni par cet appareil passe au trieur et au « catador ». On obtient ainsi, après le passage aux diverses machines, le café marchand.

A partir de la dessication, la préparation du café, *bénéficié* par la méthode humide, est donc en tous points identique à la préparation par la méthode sèche. On fait d'ailleurs usage, dès ce moment, des mêmes appareils.

VI. — INSTALLATIONS
POUR LE " BENEFICIAMENTO " DU CAFÉ
DANS L'ÉTAT DE SAINT PAUL.

Les diverses machines employées, dans l'Etat de Saint Paul, pour la préparation commerciale du café, sont réunies dans un même bâtiment, de manière à former une véritable usine dans laquelle le produit passe d'une machine à la suivante grâce à des élévateurs à godets convenablement disposés.

Les «fazendas» suffisamment importantes possèdent, sans exception, leur usine de préparation propre, et les installations de ce genre se comptent par milliers dans l'Etat de Saint Paul. Cependant, le prix des machines pour *bénéficier* le café étant assez élevé, les petits planteurs ne peuvent pas toujours se les procurer. Aussi, pour obvier à ces inconvénients, a-t-on eu l'idée de créer des *centrales*, pourvues de tous les appareils nécessaires, où les petits « fazendeiros » amènent leur café, préalablement séché, sur les « terreiros ».

Il existe à Piracicaba une centrale semblable à celles dont nous venons de parler, et comme nous possédons à son sujet des renseignements et croquis qui nous ont été communiqués par notre confrère et ami M. Jean Michel, nous la prendrons comme exemple pour montrer les dispositions d'ensemble d'une usine de préparation. Faisons remarquer toutefois, que le dispositif d'arrivée du café séché « em côco », c'est-à-dire séché en cerises, diffère ici de celui utilisé habituellement dans les « fazendas ».

1°. — *Centrale de " beneficiamento " Carracedo à Piracicaba. Etat de Saint Paul.*

Les cafés séchés par les « fazendeiros » sur leurs « terreiros », en terre battue ou dallés avec des carreaux en argile rouge appelés « ladrilhos », sont amenés par eux à l'usine centrale de « beneficiar » Carracedo à Piracicaba, de plusieurs lieues à la ronde, de très loin parfois, sur de rustiques chars, attelés de cinq, six ou sept paires de bœufs. L'attelage est à la bricole ; les roues des charrettes sont pleines et leur essieu qui est en bois doit, au dire des conducteurs, grincer dans le but de faire avancer les bêtes. Le café, qui se trouve en sacs de 50 ou 100 litres, est, dès son arrivée, mis en magasin en attendant son passage aux machines.

A la centrale, on travaille successivement le café des différents producteurs. Pour cela (voir les quatre planches pages suivantes) le « café em côco » à bénéficier est versé dans *une trémie de chargement T* d'où il tombe, par l'orifice t muni d'un registre R, dans l'*auge G* présentant une grille, dans le but d'en séparer la terre et les pierres. L'auge G qui, grâce à un excentrique, est animée d'un mouvement alternatif de va-et-vient, est inclinée d'environ 15 %. Elle est munie d'un double-fond formé par une tôle perforée étamée et percée de deux séries d'ouvertures : la première série comprend des trous ronds a de 7 mm. de diamètre, au nombre de 14×14 sur une surface de 20 centimètres carrés, ils permettent l'élimination des poussières et de la terre qui se séparent d'abord ; la seconde série d'ouvertures comprend des trous plus grands b, ceux-ci sont ovales, de 15×13 mm. et au nombre de 10×9 sur une surface de 20×20 cent.. Ils livrent passage au « café em côco », tandis que les pierres, trop grosses pour suivre le même chemin, glissent et se dirigent vers la partie inférieure de l'auge où elles vont se mêler à la terre qui est également venue s'y accumuler.

Le « café em côco », ainsi débarrassé de la terre et des pierres qui l'accompagnaient, est alors repris par un élévateur à godets e_1 qui l'amène au « *ventilador em côco* » ou « *ventilador singelo* » V^1, tarare simple, qui chasse dans

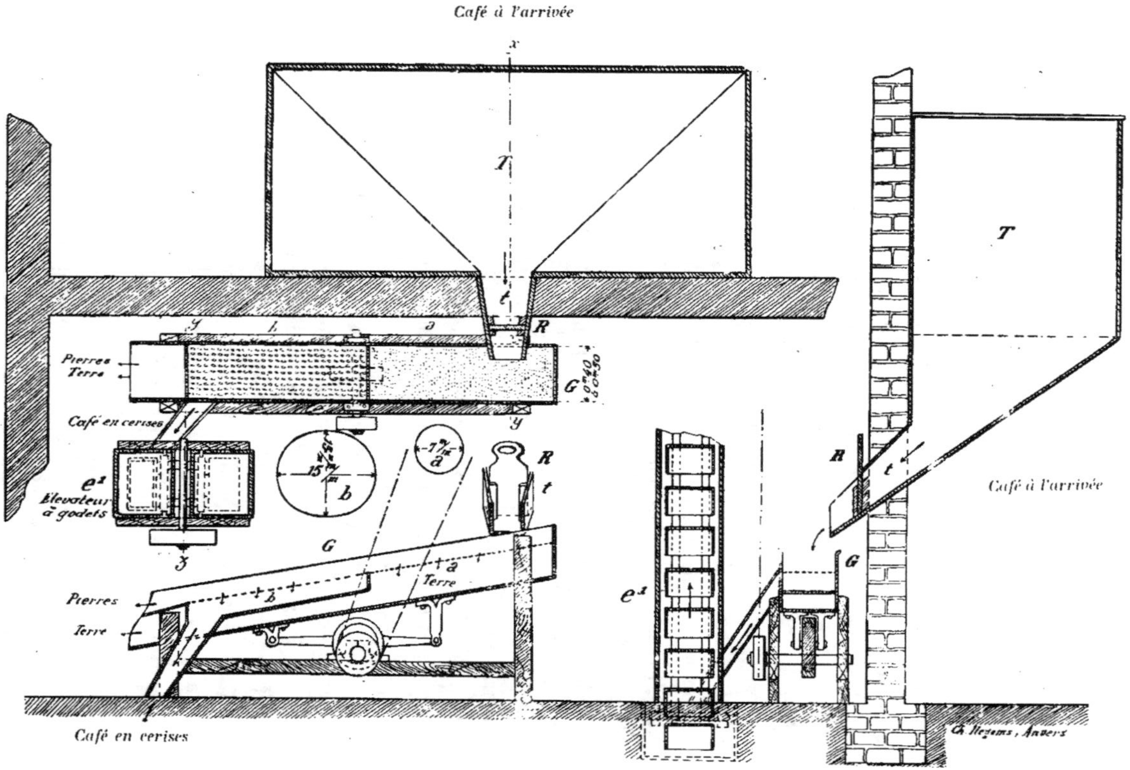

« Beneficiamento » du café.

Fig. 64. — Centrale Carracedo à Piracicaba. État de Saint Paul.

le « *cuarto de palhas* » ou local des pailles (*), les impuretés, la terre, les fragments de branches et les « *cascas sem café* » c'est-à-dire les écorces sans grain ou fruits vides qui forment le café « chôcho ».

Du ventilateur « em côco », le café passe, grâce à l'élévateur *e*, au « *descascador* » conique *Arens D* sous lequel un petit ventilateur aspire les parties menues et poussiéreuses de l'enveloppe qui sont refoulées dans le « *cuarto de palhas* » (**). L'élévateur e_3 conduit alors le mélange de café écorcé, de café non décortiqué et d'enveloppes au « *ventilador duplo* » Arens ou ventilateur double V_2 lequel est muni de trois grilles ou tamis qui séparent le mélange en trois parties qui sont : 1. le café en grain tout à fait écorcé qui ira au trieur-séparateur grâce à l'élévateur e_5 ; 2. les pailles ou enveloppes brisées qui, aspirées par le ventilateur, sont chassées ici vers le « *cuarto de palhas* » et 3. le café que le « descascador » n'a pas attaqué, qui a donc conservé totalement ou partiellement son écorce. Celui-ci tombe dans les godets de l'élévateur e_4 pour être renvoyé au premier ventilateur V_1 et repasser ainsi de nouveau au « descascador ».

Le café décortiqué passe donc, immédiatement à sa sortie du ventilateur double V_2, et grâce à l'élévateur e_5, au *séparateur* ou *trieur S*. Ce trieur, dont nous avons donné la coupe, figure 54 page 217, est formé par un cylindre perforé de 0,70 à 0,80 m. de diamètre. Ses ouvertures, de grandeur et de forme différentes, lui permettent de diviser les grains de café, suivant le volume et la forme, en quatre classes qui sont : le *chatinho*, le *chato*, le *moka* et le *cabeza*.

(*) Les pailles sont employées ici comme combustible.

(**) Le local des pailles est utilisé lorsque l'installation se trouve en ville ou bien si l'on désire utiliser les enveloppes ou pailles comme combustible. A la campagne, les pailles sont expulsées à l'air libre.

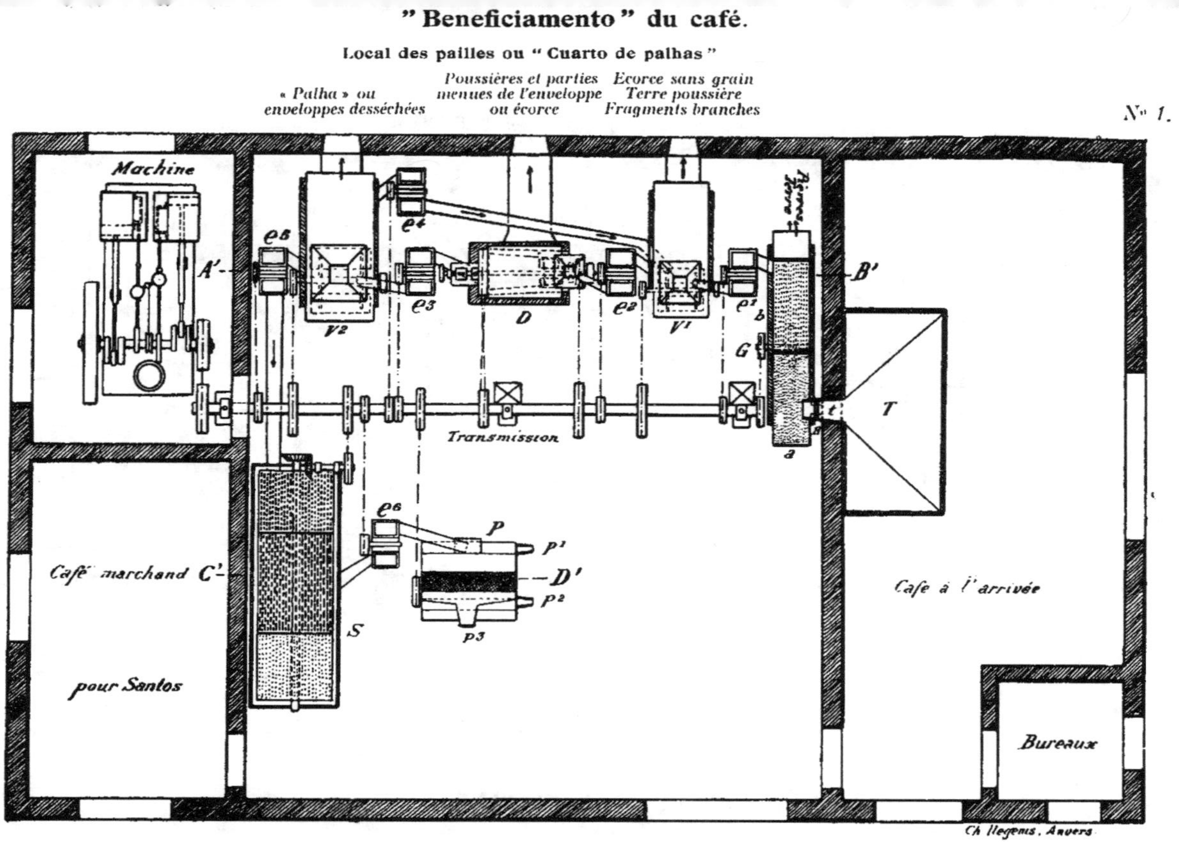

" Beneficiamento " du café.

Local des pailles ou " Cuarto de palhas "

Fig. 65. — Centrale Carracedo à Piracicaba. Etat de Saint Paul.

"Beneficiamento" du café

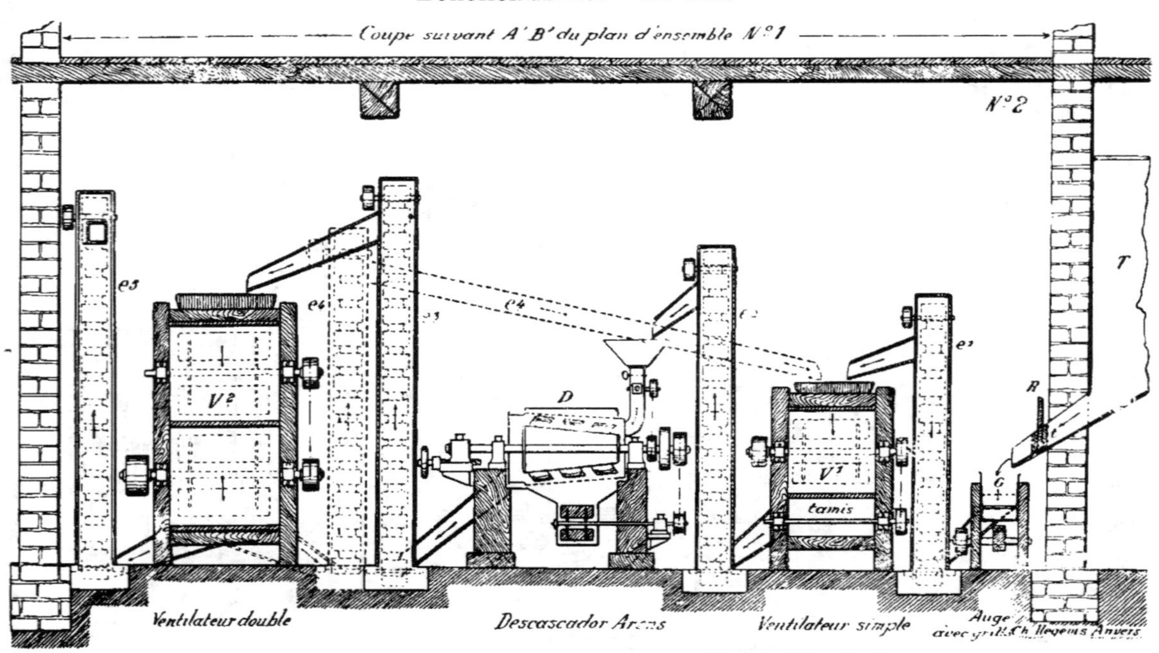

Fig. 66. — Centrale Carracedo à Piracicaba. Etat de Saint Paul.

" Beneficiamento " du café.

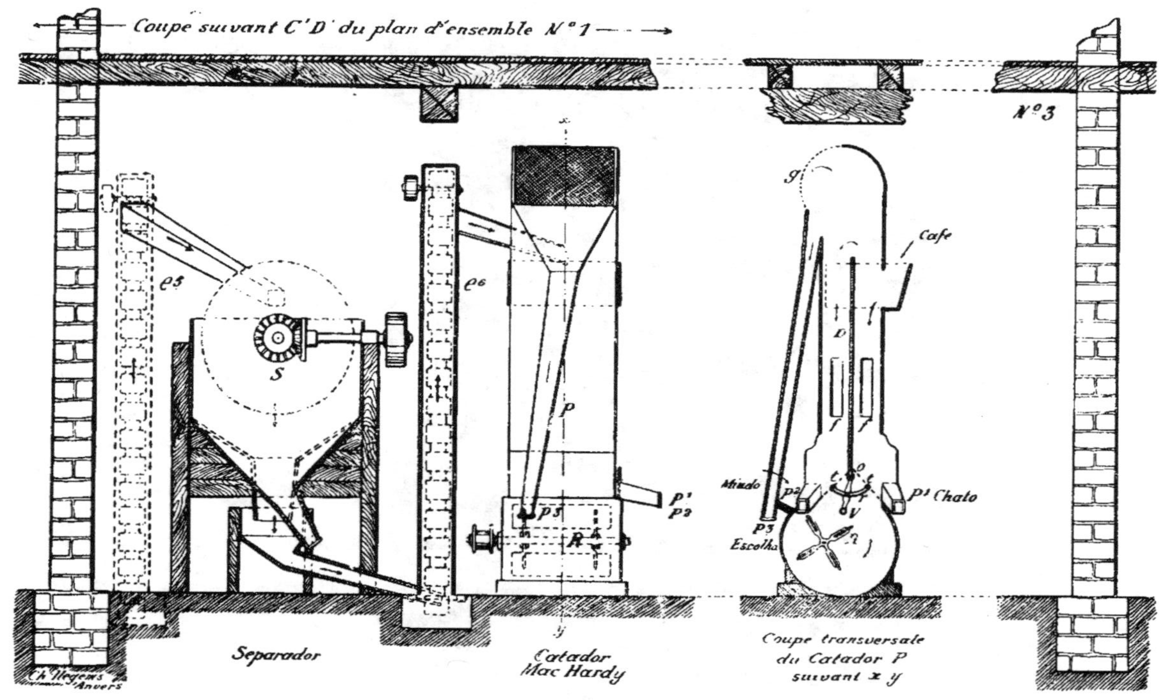

Fig. 67. — Centrale Carracedo à Piracicaba. Etat de Saint Paul.

Il est légèrement incliné de manière que, grâce au mouvement de rotation, le café y progresse lentement ; il comprend trois séries d'ouvertures qui, depuis la trémie d'alimentation de l'appareil jusqu'à celle qui sert à l'évacuation

Photo. J. Michel. 1907.

Fig. 68. — Centrale Carracedo à Piracicaba. État de Saint Paul.
De droite à gauche : ventilateur simple, « descascador » Arens et ventilateur double.

des grains les plus gros appelés *cabeza*, sont : 1. — des ouvertures rectangulaires, de 6 sur 4 mm., au nombre de 140 sur une surface de 10 $\times$ 10 cent., qui livrent passage aux grains plats appelés *chatinho* ; 2. — des ouvertures également rectangulaires, de 4,5 sur 18 mm., séparées entre elles par des largeurs de tôle de 4,5 mm. dans tous les sens ; elles livrent passage à des grains plats qui, plus gros que les précédents, sont appelés *chato* ; 3. — des trous ronds de 5 mm. de diamètre qui laissent passer les grains ronds, c'est-à- dire les cafés *caracole* ou *moka*.

Le *chatinho*, le *chato*, le *moka* et le café *cabeza*, ce dernier étant formé par les grains très volumineux qui n'ont pu passer par l'une ou l'autre des ouvertures du trieur-séparateur, sortent de celui-ci par des trémies différentes. Ils passent ensuite, repris par un élévateur e_6, au « catador » *P*.

Le « catador » *P* employé à la centrale Carracedo à Piracicaba est du système Mac-Hardy. Chacune des classes de café livrées par le trieur y est traitée séparément. Cet appareil, grâce à l'action d'un courant d'air dirigé de bas en haut, divise une classe de café par ordre de densité en *chato*, le plus dense qui sort par P_1, en *miúdo*, grain grêle, mince et plus léger qui sort par P_2 et en *miúdinho* ou *escolha* qui est évacué par P_3 après avoir été se butter, à la partie supérieure de l'appareil, contre la grille *g* servant à l'échappement de l'air refoulé par le ventilateur *R* placé à la partie inférieure. Une sorte de vanne *V* mobile autour de l'axe *O*, lequel correspond à la partie inférieure de la séparation *D*, permet d'augmenter ou de diminuer la quantité d'air qui s'engouffre dans la colonne du « catador ». Le ventilateur, lui, se règle de telle façon qu'à volonté, on puisse admettre plus ou moins de *chato*.

Le « catador » Mac-Hardy, qui mesure $2^m,5$ à $3^m,5$ de hauteur, suivant les types, est pourvu de deux petites fenètres *ff* placées latéralement ; elles permettent de se rendre compte du mouvement du café à l'intérieur de l'appareil. Celui-ci est complété par une rainure *r* avec vis de pression permettant de fixer la vanne *V* et de deux tamis *tt* inclinés qui laissent passer l'air et obligent le café à se diriger vers P_1 ou P_2. Les classes de café qui sortent du « catador » sont immédiatement mises en sacs pour être expédiées vers Santos.

2°. — « *Beneficiamento* » *du café à la* « *fazenda* » *Bôa Vista. Sâo Manoel.*

Les installations de « beneficiamento » varient naturellement d'une « fazenda » à l'autre et les machines employées à cet effet sont plus ou moins nombreuses ; de plus, leur ordre de succession peut subir certaines modifications comme cela se présente, par exemple, à la « fazenda » Bôa Vista appartenant à M. le « fazendeiro » L. T. de Camargo. On n'y pratique que la méthode sèche et le café en cerises, convenablement desséché sur les « terreiros », est conduit directement par un Decauville vers les « *tulhas* » ou magasins, pour passer ensuite aux machines qui doivent le *bénéficier*. Celles-ci comprennent dans l'ordre du passage du café : 1. une « bica de jogo » ou vis d'Archimède qui amène, dans l'usine de « beneficiamento », le café emmagasiné dans les « tulhas » ; 2. un « ventilador de côco » ou ventilateur simple pour cerises séchées ; 3. un « descascador » Arens ; 4. un « ventilador singelo » ou ventilateur simple ; 5. un « descascador » Engelberg ou Siciliano, fabriqué par la « Companhia Mechanica » ; 6. un « ventilador dobrado » ou ventilateur double ; 7. un « catador » Arens qui élimine, du café fourni par le ventilateur double, le *miúdinho* ou *escolha*, c'est-à-dire le café le plus léger lequel est formé de grains de toute espèce et de brisures ; 8. un « monitor », appareil perfectionné qui fait aussi office de « catador » et qui divise le café venant du « catador », déjà débarrassé du *miúdinho* par conséquent, en quatre classes principales : le *chato grosso*, le

Fig. 69. — Machines pour la préparation commerciale du café. « Fazenda » Santa Cruz. Etat de Saint Paul.
De droite à gauche : ventilateur simple, « descascador » Engelberg vieux modèle, ventilateur double, trieur-séparateur et « catador ».

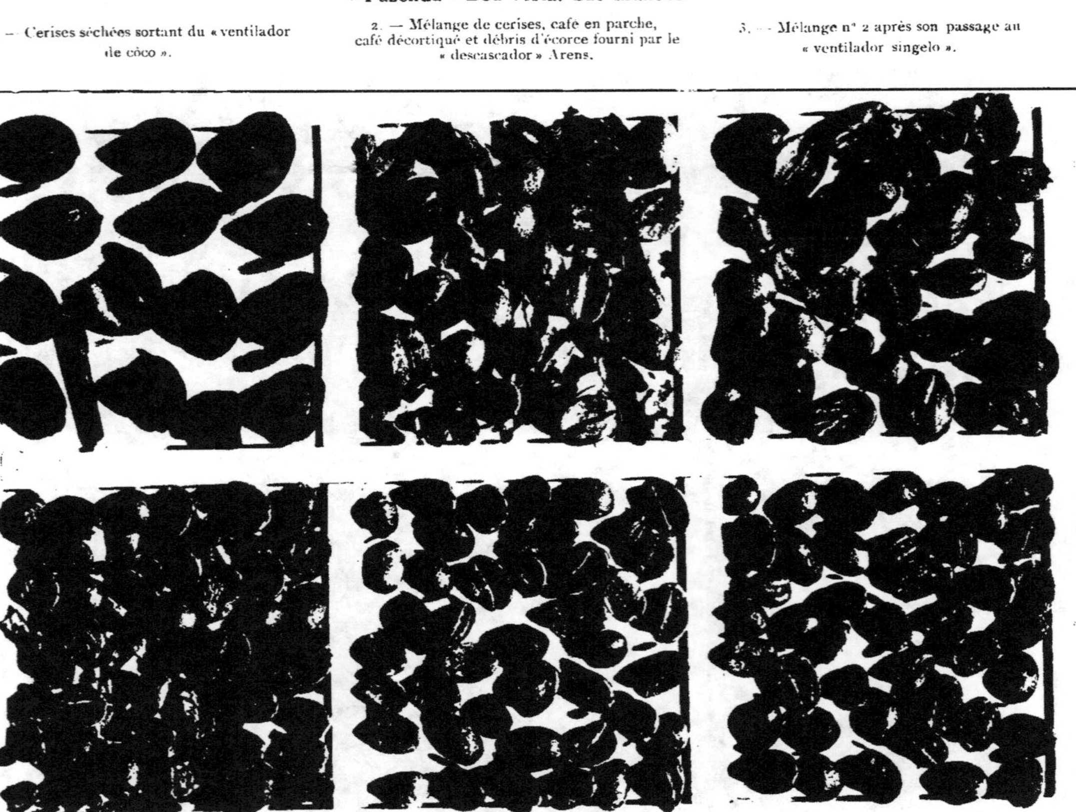

Fig. 70. — Aspects du café après son passage aux diverses machines de « beneficiamento ».
« Fazenda » Bòa Vista. Sào Manoel.

1. — Cerises séchées sortant du « ventilador de côco ».

2. — Mélange de cerises, café en parche, café décortiqué et débris d'écorce fourni par le « descascador » Arens.

3. — Mélange n° 2 après son passage au « ventilador singelo ».

4. — Mélange fourni par le « descascador » Siciliano.

5. — Mélange n° 4 après son passage au « ventilador dobrado ».

6. — Café du n° 5 après son passage au « catador » Arens qui le débarrasse du miúdinho (voir n° 11).

Classes de café obtenues.

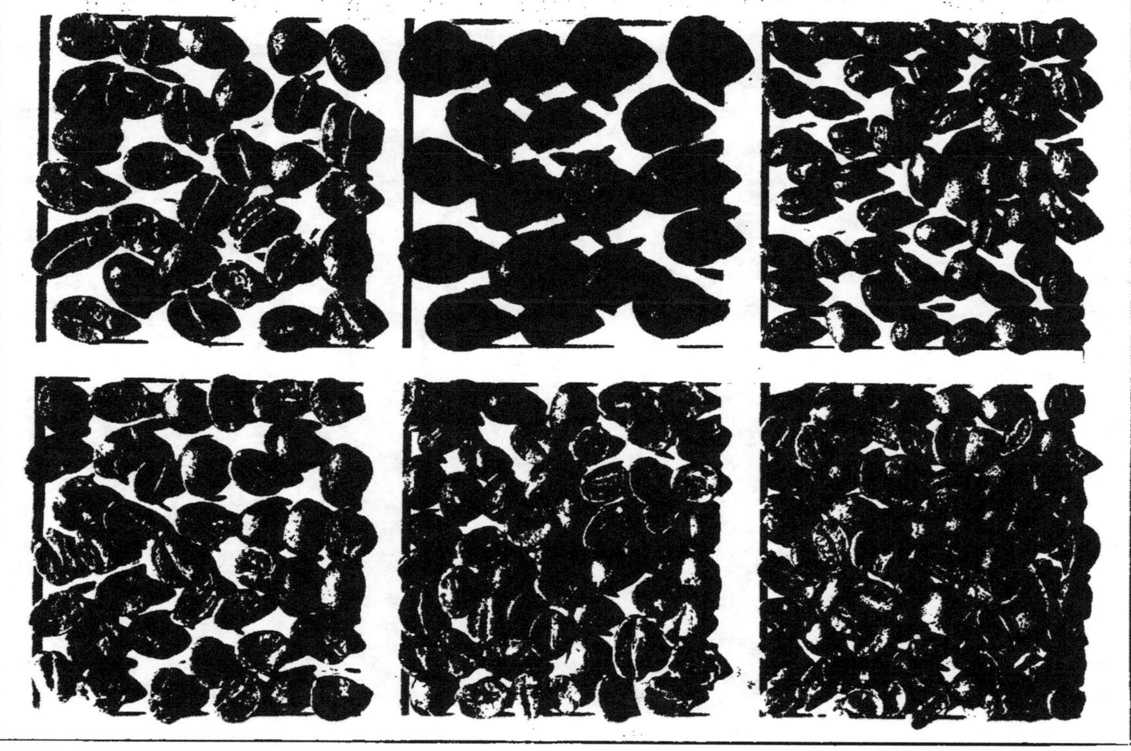

7. — « Chato grosso » obtenu par le passage du café n° 6 au trieur « monitor ».

1. — Cerises séchées fournissant après leur travail de préparation les cinq classes de café 7, 8, 9, 10 et 11.

8. — « Moka » obtenu par le passage du café n° 6 au trieur « monitor ».

9. — « Chato » commun ou ordinaire obtenu par le passage du café n° 6 au trieur « monitor ».

10. — « Chatinho » obtenu par le passage du café n° 6 au trieur « monitor ».

11. — « Miúdinho » éliminé par le « catador » Arens.

N. B. Nous avons fait les photographies des figures 70 et 71 d'après des échantillons qui nous ont été obligeamment envoyés par M. L. T. de Camargo.

chato ordinaire, le *chatinho* et le *moka*, ainsi qu'en un certain nombre d'autres classes moins importantes. (Pour l'aspect du café après son passage dans chaque machine voir les figures 70 et 71, pages 250 et 251). Le transport du café d'une machine à l'autre est assuré par une série d'élévateurs à godets.

Le bénéficiage du café à la « fazenda » Bôa Vista fournit, sur 100 sacs de café marchand de 60 kgs : *chato grosso* (cabeza ou graúdo) 16 sacs; *chato ordinaire* (chato commun ou bom chato) 66 sacs ; *chatinho* 10 sacs, *moka* (caracole ou redondo) 6 sacs et *miúdinho* (escolha) 2 sacs.

A sa sortie du « monitor », le café trié est directement mis en sacs de 60 kgs. chacun ; ces sacs sont cousus et expédiés au « commissario » à Santos où le produit est classé, comme nous le verrons plus loin, en types suivant les règles adoptées sur cette place de commerce.

Ainsi qu'on peut le remarquer par l'exposé que nous venons de faire, les machines employées à la « fazenda » Bôa Vista sont en nombre plus grand que celui que nous avions indiqué précédemment ; d'autre part le « catador », contrairement à ce que nous avons vu pour la centrale de Piracicaba, y précède le trieur, celui-ci étant du système « monitor ».

3°. — « Beneficiamento » du café. Installation de la « fazenda » Montevideo à Araras. Etat de Saint Paul.

La description de la centrale de bénéficiage du café de Piracicaba ne nous ayant pas permis de donner une idée d'ensemble d'une installation complète pour la préparation commerciale du café, cette usine recevant directement des « fazendeiros » le café en cerises séché par eux sur

Fig. 72. — Machines pour la préparation commerciale du café.

De gauche à droite : ventilateur simple, « descascador » Mac-Hardy, deux ventilateurs doubles, « catador » Mac-Hardy et « monitor ».

leurs propres « terreiros », nous décrirons, avec quelques détails et à l'aide de renseignements qui nous sont communiqués par M. Jean Michel, les installations de la « fazenda » Montevideo, à Araras. Cette « fazenda », qui appartient à Madame la baronne de Arary, compte 600.000 pieds et sa cueillette journalière maximum est d'environ 1000 alqueires de 50 litres. Ces installations, dont nous donnons le détail figures 74, 75 et 76 (grand plan) comprennent :

1. — *Une aire de réception A* des cafés venant du « cafezal ». Les chariots d'amenée sont de deux types : le premier qui est à quatre roues est traîné par des mules qui, plus rapides que les bœufs, sont utilisées pour les transports éloignés ; dans ce cas, on adapte, au milieu du chariot, une petite trémie qui facilite beaucoup le chargement. Le second type, qui est à deux roues, est tiré par des bœufs. A l'arrivée des chariots à la ferme, leur contenu est déversé sur l'aire de réception en les faisant simplement basculer.

2. — *Un laveur L.* Le café cueilli, par la méthode de terre surtout, contient toujours, ainsi que nous le savons, une certaine quantité de pierrailles et de terre, celle-ci possédant, par suite de ses propriétés physiques, la caractéristique de s'agglutiner et de former ainsi des grains de la grosseur d'une lentille. C'est pourquoi, il est nécessaire de soumettre le produit récolté à un lavage qui, outre son action d'épuration, permet de séparer, par différence de densité, les grains secs, c'est-à-dire le café « boia » ou bouée qui surnage, des grains mûrs et frais qui, plus lourds, vont au fond du laveur.

Le café déversé sur l'aire de réception *A* est jeté dans le laveur *L* où il est remué à l'aide d'un râteau en bois. Ce lavoir présente un faux fond formé par une tôle perforée dont les trous ont 5 mm. de diamètre environ. Sa capacité est de 70 alqueires.

A l'extrémité du lavoir L, sont superposées de petites vannes demi-circulaires de 0.40 à 0.50 m. de diamètre ; elles sont au nombre de quatre, généralement, et on peut les retirer de manière à accélérer la sortie du café sec. Celui-ci se rendra soit vers le « terreiro » spécial qui lui est destiné, soit dans les macérateurs, si on désire le traiter par dépulpage.

La division du produit récolté étant faite, on relève toutes les vannettes et le café qui reste ira aux dépulpeurs ou aux « terreiros ».

3. — *Une série de quatre bacs de macération* M dont le fond présente une pente, vers la décharge, de 2.5 °/₀. Celle-ci est formée (*) par une grille placée immédiatement devant une petite vanne. Elles sont, l'une et l'autre, manœuvrées de la partie supérieure. On ouvre seulement la vanne lorsqu'il s'agit de permettre, pendant la macération, l'évacuation de l'eau en excès ou lorsque, pour éviter une trop forte élévation de la température, un lavage de la masse est nécessaire, la grille retient alors le café. Lorsqu'il faut procéder à la vidange d'un bac, on doit naturellement ouvrir la vanne et la grille. Le même dispositif se retrouve dans les bacs de fermentation.

Les bacs de macération sont en maçonnerie, le plus souvent cimentée ou goudronnée, ce qui en augmente la durée. Leur volume est de 350 litres par 1000 pieds de café. Au sujet de ce volume, il faut considérer que seul le café cueilli au linge est dépulpé et qu'il représente environ 30 à 40 °/₀ de la récolte totale. De plus, le café « *boia* », ou plus ou moins sec, est aussi en proportion variable suivant

---

(*) Voir, pour ce détail, la décharge des bacs de fermentation, figure 74, page 259. Elle est exactement semblable à celle des bacs de macération.

les conditions de la récolte ; ainsi, si celle-ci peut se faire rapidement, la quantité de « *boia* » diminue naturellement. On ne peut donc pas, pour la capacité des macérateurs, établir de règle fixe ; le volume de ceux de la « fazenda » de Montevideo à Araras est de 4000 alqueires, c'est-à-dire de 200 m³, et ils donnent pleine satisfaction.

4. — *Deux dépulpeurs doubles Lidgerwood D.* Ces deux dépulpeurs sont actionnés par une locomobile et l'installation de dépulpage comprend : 1. un canal d'amenée *m* des fruits venant des macérateurs, à l'extrémité de ce canal se trouve une grille qui, retenant le café, permet l'évacuation des eaux d'amenée vers la vidange générale V_d ; 2. un élévateur *e* amenant le café à dépulper aux trémies d'alimentation *t* et *t* des dépulpeurs *DD* et 3. un caniveau *s*, spécialement affecté à cet usage, conduit le café dépulpé aux bacs de fermentation, tandis qu'un autre caniveau *s'* est destiné à l'évacuation de la pulpe enlevée aux cerises.

5. — *Une série de quatre bacs de fermentation F* dont le volume total est de 2200 à 2300 alqueires, soit 114 mètres cubes.

6. — *Deux « terreiros » T et T'* vers lesquels le café à sécher, soit en cerises, soit en parche, est amené à l'aide d'un caniveau dans lequel circule un courant d'eau. Dans ce transport hydraulique du café, il est préférable, pour éviter l'inondation du produit en train de sécher, de placer les trémies ou « *bacias* » *B* et *B'* d'arrivée du café dans la partie la plus basse et non au centre du « terreiro ». Cette disposition augmente, il est vrai, quelque peu les frais de transport et d'épandage, mais elle permet d'éviter l'inconvénient de l'inondation.

7. — *Un Decauville C'* que l'on utilise en cas d'obstruction des conduites souterraines amenant le café aux trémies *B* et *B'*.

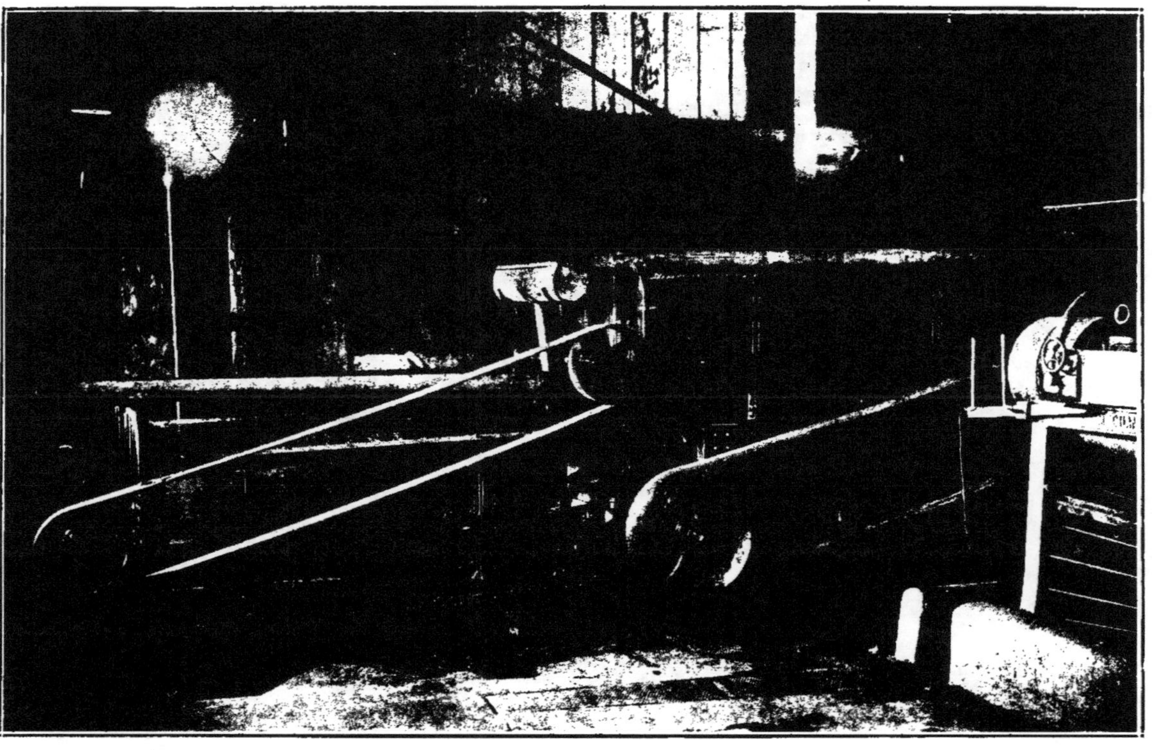

Photo M. J. Michel, juin 1908.

Fig. 73. — « Despolpador » ou dépulpeur double « Lidgerwood ».

De droite à gauche : trémie d'alimentation, dépulpeur, sortie du dépulpeur, laveur-séparateur séparant les pulpes du café en parche — N. B. A droite, partie d'un dépulpeur abandonné de la « Companhia Mechanica e Importadora ».

Installation pour le " beneficiamento " du café de la " fazenda " Montevideo à Araras.

Coupe A du plan général figure 76.

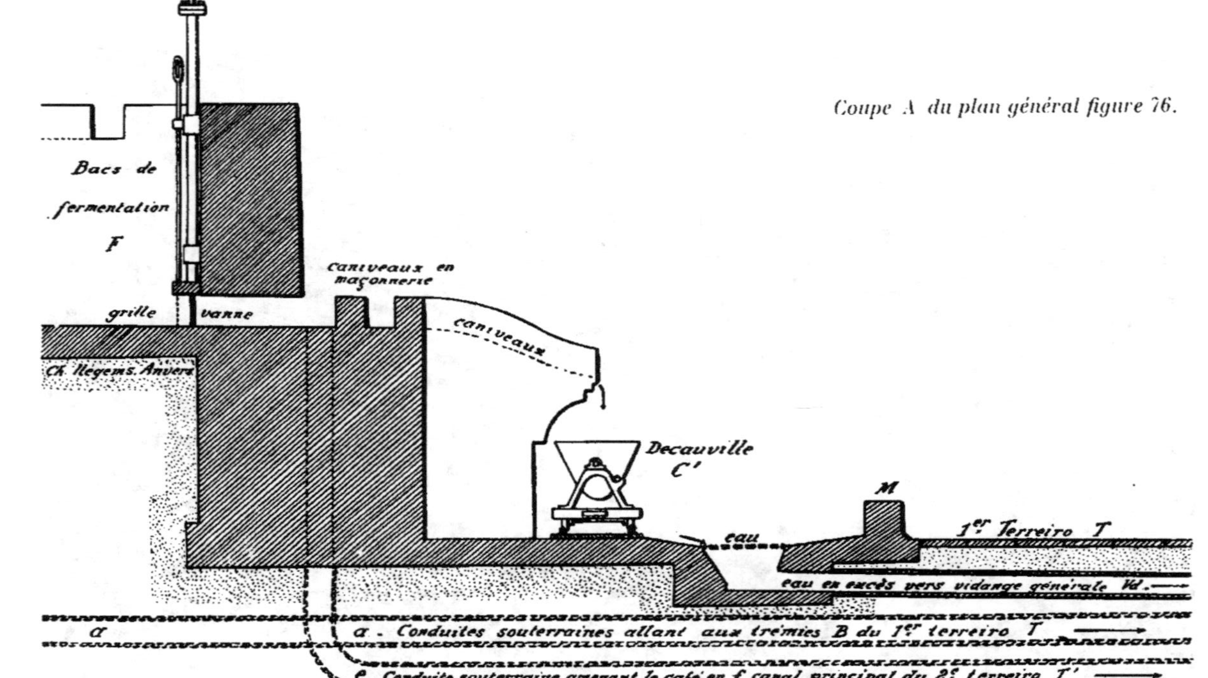

Fig. 74. — Détail de la sortie des bacs de fermentation.

N. B. Ce dessin se rapporte au plan général fig. 76 intercalé entre les pages 262 et 263.

8. — *Un pont H* qui livre passage aux petits Decauvilles *C″* utilisés pour le transport du café sec. Celui-ci est emmagasiné dans les « *tulhas* » ou greniers. Ces « *tulhas* » reçoivent aussi bien les cafés séchés en cerises que ceux séchés en parche ; ils sont divisés en quatre ou cinq et parfois plus de compartiments. Leur volume est facile à déterminer : il représente en litres, dans certaine « fazenda », le double du nombre total de pieds de café.

9. — Une vis d'Archimède *V*, se mouvant dans un caniveau pratiqué au centre du magasin et courant tout le long de celui-ci, amène le café, au-dessous des machines de préparation, à un élévateur. Le café passe alors : 1°, dans le « *ventilador em côco* » ou *ventilateur simple* ; 2°, au « *descascador* » ; 3°, dans le *ventilateur double* et ensuite 4°, au « *monitor* ». Il arrive, surtout dans les exploitations importantes, que l'on prépare le café directement pour l'exportation, sans qu'il soit manipulé à nouveau à Santos. Le « *commissario* » vend alors à l'exportation sur échantillon. Dans ce cas, et telle est la pratique suivie à la « fazenda » Montevideo à Araras, un *premier* « *monitor* » fait seulement quatre classes de café, c'est-à-dire : du *chato*, du *chatinho*, du *moka* et de l'*escolha*. Les deux premières classes sont envoyées ensemble au « catador », tandis que le moka et l'escolha attendent, dans les caisses du bas du trieur, leur tour de passage au « catador ». Le café fourni par le « monitor » qui précède est donc dirigé : 5°, vers le « *catador* » qui est ici du type Mac-Hardy déjà décrit dans l'installation de Piracicaba. De cet appareil, il est amené par un élévateur 6°, dans *un second* « *monitor* » lequel, par la combinaison de tôles perforées convenablement disposées, fait, par ordre de volume, quatre, cinq et jusqu'à six classes de café. On arrive de la sorte à obtenir un classement parfait, et les plus beaux cafés ainsi obtenus, surtout s'ils pro-

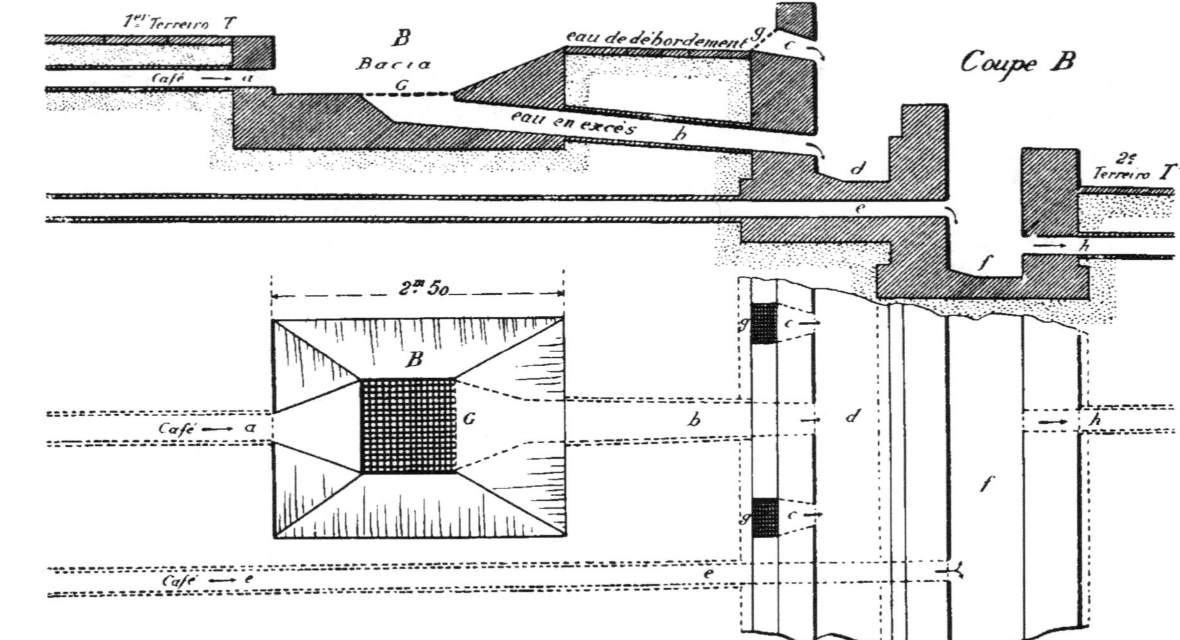

Fig. 75. — Détail des «bacias» B ou trémies d'arrivée du café au « terreiro ».

N. B. Ce dessin se rapporte au plan général fig. 76 intercalé entre les pages 262 et 263.

a. — Conduites souterraines allant aux trémies B du 1er terreiro T.   d. — Collecteur des eaux en excès ou eaux d'amenée du café au 1er terreiro T vers vidange générale.   e. — Conduite souterraine amenant le café en f, canal principal du 2e terreiro T'.   f. — Canal principal alimentant les conduites souterraines h allant aux trémies B' du 2e terreiro T'.   b. — Évacuation des eaux d'amenée du café vers collecteur d.   c. c. — Conduites des eaux passant par les grilles g g.   g g. — Grilles permettant le passage des eaux de pluie et des eaux en excès de la bacia B en cas d'obstruction de G.   G. — Grille de la trémie ou bacia B.

viennent de la méthode humide, arrivent à des prix très
rémunérateurs. On les désigne même souvent, dans le commerce, sous le nom de cafés du Centre-Amérique, bien que
ce ne soit pas là une façon de rendre justice à l'Etat de
Saint Paul le véritable pays producteur.

Les cafés traités, comme nous venons de le dire, sont
ensachés pour passer finalement 7°, à la *bascule* et être, en
fin de compte, dirigés sur Santos.

4°. — *Distribution d'eau pour le « beneficiamento » du café.*

La distribution de l'eau, destinée aux diverses opérations de la préparation commerciale du café, comprend le
plus souvent *une caisse en charge* ou *un petit réservoir* alimenté
par un canal de dérivation venant d'un étang naturel ou
artificiel ou simplement d'une rivière voisine. Cette caisse
ou ce réservoir alimente :

1. — *Une vidange générale* destinée à évacuer les eaux
sales du laveur, l'excès d'eau provenant des dépulpeurs,
les résidus de dépulpage et enfin les eaux qui amènent
aux « *terreiros* » le café séché en cerises ou en parche.

2. — *Un système de caniveaux* en maçonnerie cimentée
et parfois goudronnée. Ces caniveaux, qui sont à ciel ouvert
ou fermés, conduisent le café : du laveur aux macérateurs,
de ceux-ci aux dépulpeurs et de ces derniers aux bacs de
fermentation (voir plan d'ensemble figure 76). De là, part
un canal transversal qui court tout le long de la partie
supérieure des « terreiros » et qui alimente les caniveaux
souterrains servant au transport du café en cerises, ou du
café dépulpé, vers les diverses trémies disséminées sur les
« terreiros ». Au sujet de ces trémies, faisons remarquer

qu'il est bon de les placer à la partie inférieure des « terreiros » de manière qu'en cas d'obstruction de la vidange *b* (voir figure 75 page 260), les eaux en excès arrivent immédiatement au bas du « terreiro » d'où elles peuvent s'échapper par *g* et *c* sans causer aucun préjudice. Lorsqu'elles se trouvent au milieu de l'aire de séchage, le café déjà étendu est, en cas de débordement, submergé et entraîné vers le bas du « terreiro ».

3. — En dehors de ce qui précède il existe, dans les installations hydrauliques, une *série de conduites métalliques* encastrées dans la maçonnerie et qui mènent l'eau : 1°, à la tête des macérateurs pour y maintenir une humidité suffisante et donner la chasse voulue au moment du passage du café des macérateurs aux dépulpeurs ; 2°, aux dépulpeurs pour l'irrigation des tambours (cylindres perforés) et des organes actifs ; 3°, au bas des dépulpeurs pour l'entraînement du café dépulpé d'une part et des résidus pulpeux d'autre part et enfin 4°, à la tête des bacs de fermentation, comme pour la macération.

Les *caniveaux en maçonnerie*, dont nous avons parlé plus haut, dérivent tous du laveur. En effet, s'il s'agit d'utiliser la *méthode sèche*, le café est préalablement lavé ; le café « *boia* » ou bouée, déjà plus ou moins sec, qui surnage est envoyé, par une dérivation spéciale, sur une partie du « *terreiro* » qui lui est réservée, tandis que le reste est entraîné par une autre voie vers les « *terreiros* ». Si d'autre part le café est destiné à être dépulpé, il est divisé de même par le laveur, mais le « boia » passe ici à la macération où il restera quatre ou cinq jours et même plus pour amollir sa pulpe tandis que la cerise mûre, bien fraîche et non desséchée, ira directement aux dépulpeurs. Si, pour effectuer tout le travail, ceux-ci ne suffisent pas, les fruits frais non desséchés font un court séjour dans les macérateurs qui servent ainsi de bacs d'attente.

allant
Descascador
e
Ventilateur double
Monitor
Catador
Monitor
Balance
U
Café marchand pour Santos
S
asins ou Tulhas
Mét Vis d'Archimède
dôt des cafés secs
Ma
Locomobile
Lalière
d'ap. l'Etat de Saint-Paul (Brésil).
Va
mettan
en es
grille
uterr
enefici
U
V
c"
Ma
S
Ch. Ilegems, dessinateur, Anvers.

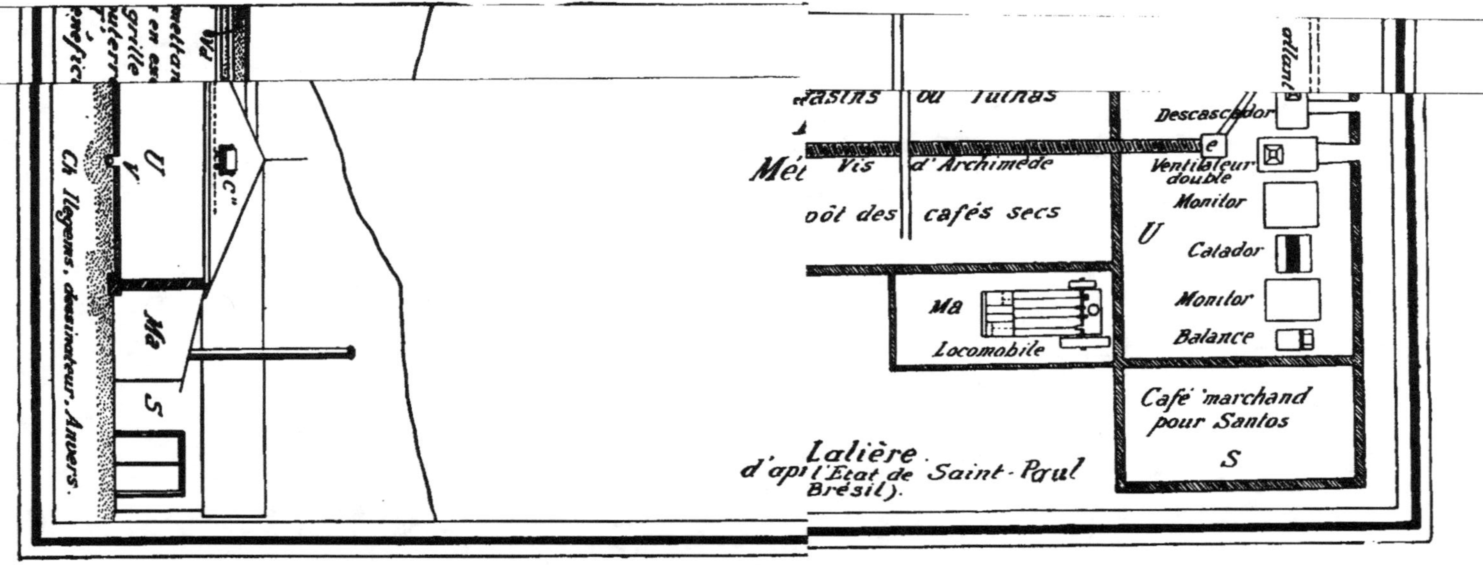

Figure 76.

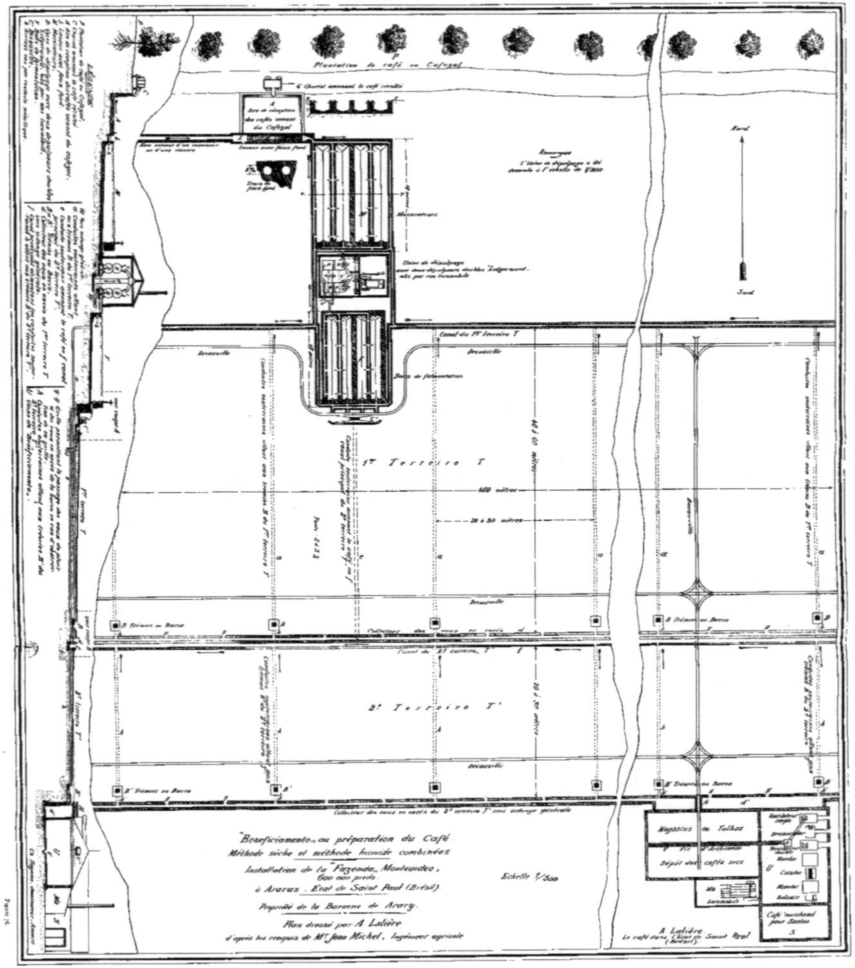

Perfectionnements ou préparation du Café
Méthode sèche et méthode humide combinées
Installation de la "Fazenda" Montejunho,
à Ararus — Etat de Saint-Paul (Brésil)
Propriété de la Baronne de Ararg
Plan dressé par A. Latière
d'après les croquis de M. Jean Michel, ingénieur agricole

LÉGENDE

Echelle 1/500
Figure 76.

Un système de *petites vannes métalliques* convenablement disposées permet de diriger facilement le café vers l'un ou l'autre bac de macération ou de fermentation ou vers l'un ou l'autre point du « terreiro » suivant les nécessités du travail.

La sortie des réservoirs de fermentation communique par une canalisation spéciale avec les caniveaux qui contournent les « terreiros » à leur partie supérieure. Au cas où ces caniveaux viendraient à s'obstruer, on dispose de trémies en maçonnerie en charge sur un Decauville (voir figures 74 et 76) de façon à éviter toute interruption dans le travail.

Les dimensions des caniveaux en maçonnerie sont généralement de $0^m,20$ à $0^m,25$ en largeur et de $0^m,25$ à $0^m,30$ en profondeur. Leur pente est variable et va généralement de 1 1/2 à 2 et jusque 3 %.

Fig. 77. — « Fazenda » Guatapará. Etat de Saint Paul.
Colons et leurs familles.

QUATRIÈME PARTIE

FACTEURS ÉCONOMIQUES DE LA PRODUCTION DU CAFÉ DANS L'ÉTAT DE SAINT PAUL.

Dans l'exposé de cette partie, notre intention n'est pas de faire une étude complète de l'économie rurale de la production du café dans l'Etat de Saint Paul, mais seulement de passer rapidement en revue les principaux facteurs économiques de la production du café dans cette région. Nous examinerons donc successivement la question de la main-d'œuvre, l'outillage agricole et le prix de revient.

Iº. — MAIN-D'ŒUVRE EMPLOYÉE DANS L'ÉTAT DE SAINT PAUL. TRAVAILLEURS OU COLONS.

Les travailleurs employés dans les « fazendas » de l'Etat de Saint Paul portent le nom de colons. Ils sont pour les sept dixièmes de nationalité italienne (*), tandis que la partie restante est constituée plus spécialement de Portugais et d'Espagnols.

Au sujet des colons, M. L. T. de Camargo, que nous

(*) Malgré son extraordinaire étendue, l'Etat de Saint Paul ne comptait en 1886 que 1.221.394 habitants ; il en possède, à l'heure actuelle, un peu plus de 3.000.000 (environ 11 habitants par kilomètre carré) dont un million environ sont d'origine italienne.

avons eu l'occasion de citer de si nombreuses fois au cours de ce travail, nous écrivait en décembre dernier ce qui suit :

« De tout le personnel qui travaille dans les plantations de café de l'Etat de Saint Paul, la grande majorité est constituée par des immigrants italiens qui sont, entre toutes les nationalités, ceux qui s'y adaptent le mieux. De plus, ils sont vigoureux, travailleurs, résistants et économes.

« La vie du colon est, d'une manière générale, relativement confortable et son travail est bien rémunéré. Son habitation, qui présente des accomodements pour toute sa famille, est hygiénique, construite en briques, dans des endroits élevés et sains. Le « fazendeiro » procure au colon, autour de sa maison, du terrain en quantité suffisante pour ses cultures de légumes et ses vergers. De plus, il lui fournit les pâturages nécessaires pour l'élevage de chèvres, de vaches laitières et d'animaux de selle.

« Le colon ne commence à travailler dans la «fazenda» qu'après avoir fait avec le « fazendeiro » un contrat, conclu pour une année, dans lequel sont stipulées toutes les conditions de service et les diverses rémunérations. Ce contrat, passé entre « fazendeiro » et colon, est modifiable mais seulement après chaque cueillette qui, dans l'Etat de Saint Paul, constitue la fin de l'année agricole.

«A la « fazenda » Bôa Vista, à São Manoel, il est payé à ce travailleur 100 $000, pour le traitement de 1000 pieds de café ; en dehors de cette rémunération, il lui est loisible de planter des haricots et du maïs sur une partie du « cafezal » ; sans ce droit de plantation, il lui est payé 120 $000. Dans ce salaire, n'est pas comprise la cueillette. Celle-ci se paie séparément à raison de 0 $ 400 par « alqueire » de 50 litres de cerises récoltées. En outre, chaque ouvrier reçoit, 2 $ 000 par jour, chaque fois qu'il est requis pour un travail quelconque dans la « fazenda ». Toutes ces conditions sont clairement stipulées dans le contrat. »

Afin de donner une idée plus complète du salaire des colons, M. L. T. de Camargo nous a adressé un carnet de

Photo M. J. Michel.

Fig. 78. — Jeune « cafezal » de 5 ans, planté à 21 × 13 palmos — 21 entre les lignes — de façon à permettre aux colons les cultures intercalaires jusqu'à 5 ans. Deux lignes de maïs dont les tiges sèches ainsi que les troncs d'arbres non brûlés fourniront de l'humus au sol.
N.B. — Dans le coin gauche, un tronc géant de « Jiquiteba ».

travailleur, pris au hasard parmi ceux de sa « fazenda ». Ce carnet, dont nous reproduisons une partie pages 270 à 273, montre exactement ce qui revient au colon pour son travail. Les sommes qui y sont renseignées ne représentent toutefois que ce qui lui est payé en argent par le « fazen-

Fig. 79. — « Fazenda » Guatapará. Etat de Saint Paul.
Habitations occupées par les colons et leurs familles.

deiro ». En dehors de cette rémunération, il a d'autres sources de profits car il vend, en effet, des poules et des œufs, se nourrit des céréales et légumes qu'il cultive lui-même et élève des porcs qui lui procurent de la viande et du lard.

« C'est dans les « cafezaes », nous écrit encore M. L. T. de Camargo, que les colons développent le maximum d'énergie et d'activité. C'est là qu'ils passent la plus grande partie de leur temps, soit pour la « colheita » ou cueillette, qui se prolonge pendant plusieurs mois, soit pour les « carpar » ou binages qui ont pour but de conserver en bon état de propreté le terrain occupé par les caféiers et pour lesquels on fait usage de houes et d'autres appareils agricoles introduits dernièrement dans les cultures. »

La plupart des conditions d'engagement des colons stipulées dans les contrats sont les mêmes partout. Cependant, M. Jean Michel a trouvé, à la « fazenda » Montevideo à Araras, un système tout à fait particulier. En effet, lorsqu'un colon nouveau vient y offrir ses services, le propriétaire ou son délégué l'envoie chez ses compatriotes qui se chargent de lui donner tous les renseignements qu'il peut désirer et le mettent au courant de la situation qui leur est faite. De cette façon, le propriétaire s'évite des explications nombreuses et, plus tard, le colon ne pourra pas alléguer son ignorance de faits qu'il a lui-même recueillis chez ses compatriotes. Un règlement, c'est-à-dire un contrat auquel nous avons déjà fait allusion, et que nous ne croyons pas utile de reproduire ici, indique d'ailleurs clairement les relations existant entre colon et « fazendeiro ».

La situation des colons dans les « fazendas » de Saint Paul est généralement bonne et si les conditions du contrat paraissent parfois draconiennes, elles ne sont toutefois pas exigées à la lettre. D'ailleurs, avec les propriétaires consciencieux, le colon n'a qu'à se louer de son installation.

FAZENDA "BÔA VISTA"

Propriété de

LUPERCIO TEIXEIRA DE CAMARGO

SÃO MANOEL

CARNET

appartenant au Colon BRONZATO ELIAS

Nº 5.
Page 337.

Année 1907

Caféiers formés : 5.653
Caféiers nouveaux : 4.320 = 9.973

				DOIT		AVOIR	
				$	Réis	$	Réis
1904							
Décembre	1	Coût du présent carnet			800		
"	11	Avancé argent		50	000		
1905							
Janvier	15	Avancé argent		50	000		
"	26	1/2 arrobe de café		2	750		
"	27	Plantation maïs par Vento João, 1 1/2 jour à 2 $ 000 par jour		3	000		
"	"	Médicaments		5	000		
"	30	Procuration		6	000		
"	31	Médecin		3	000		
Février	28	2 3/4 jours de travail à 2 $ 000 par jour				5	500
"	"	Médecin		3	000		
Mars	12	Avancé argent		100	000		
"	17	Une charrette de maïs		2	000		
"	31	2 jours de travail à 2 $ 000 par jour				4	000
"	"	Médecin		3	000		
Avril	8	7 1 2 kgs de viande		4	500		
"	18	Une charrette de maïs		2	000		
"	19	Une charrette de maïs		2	000		
"	20	Trois charrettes de maïs		6	000		
"	30	Médecin		3	000		
"	"	Médicaments		7	000		
"	"	Reçu du Gouvernement				468	400
Mai	14	Avancé argent		100	000		
"	14	Avancé argent		468	400		
"	31	2 1/2 jours de travail à 2 $ 000 par jour				5	000
"	"	Médecin		3	000		
		À reporter		824	450	482	900

<table>
<tr><td></td><td></td><td></td><td colspan="2">DOIT</td><td colspan="2">AVOIR</td></tr>
<tr><td></td><td></td><td></td><td>$</td><td>Réis</td><td>$</td><td>Réis</td></tr>
<tr><td></td><td></td><td align="right">Report . . .</td><td>824</td><td>450</td><td>482</td><td>900</td></tr>
<tr><td>Mai</td><td>31</td><td>Biné 154 pieds de café à Francisco Rodrigues à 0 $ 015 par pied . . . .</td><td></td><td></td><td>2</td><td>310</td></tr>
<tr><td>„</td><td>„</td><td>Cueilli 8 alqueires de café à 0 $ 400 par alqueire</td><td></td><td></td><td>3</td><td>200</td></tr>
<tr><td>Juin</td><td>30</td><td>Cueilli 122 alqueires de café à 0 $ 400 par alqueire . . . .</td><td></td><td></td><td>48</td><td>800</td></tr>
<tr><td>Juillet</td><td>5</td><td>Médicaments . . . .</td><td>5</td><td>000</td><td></td><td></td></tr>
<tr><td>„</td><td>16</td><td>Avancé argent . . . .</td><td>100</td><td>000</td><td></td><td></td></tr>
<tr><td>„</td><td>31</td><td>Cueilli 270 alqueires de café à 0 $ 400 par alqueire . . . .</td><td></td><td></td><td>108</td><td>000</td></tr>
<tr><td>„</td><td>„</td><td>6 heures de travail . . . .</td><td></td><td></td><td>1</td><td>200</td></tr>
<tr><td>Août</td><td>31</td><td>Cueilli 181 alqueires de café à 0 $ 400 par alqueire . . . .</td><td></td><td></td><td>72</td><td>400</td></tr>
<tr><td>Septembre</td><td>10</td><td>Avancé argent . . . .</td><td>100</td><td>000</td><td></td><td></td></tr>
<tr><td>„</td><td>30</td><td>Cueilli 36 alqueires café à 0 $ 400 par alqueire</td><td></td><td></td><td>14</td><td>400</td></tr>
<tr><td>„</td><td>30</td><td>Cueilli 103 alqueires de café à 0 $ 500 par alqueire . . . .</td><td></td><td></td><td>51</td><td>500</td></tr>
<tr><td>Octobre</td><td>31</td><td>Ceuilli 203 alqueires de café à 0 $ 500 par alqueire . . . .</td><td></td><td></td><td>101</td><td>500</td></tr>
<tr><td>Novembre</td><td>12</td><td>Avancé argent . . . .</td><td>100</td><td>000</td><td></td><td></td></tr>
<tr><td>„</td><td>25</td><td>6 heures de travail à 2 $ 000 par jour . . .</td><td></td><td></td><td>1</td><td>200</td></tr>
<tr><td>„</td><td>„</td><td>Cueilli 153 alqueires de café à 0 $ 500 par alqueire . . . .</td><td></td><td></td><td>76</td><td>500</td></tr>
<tr><td>Décembre</td><td>28</td><td>Biné 900 pieds de café à 0 $ 015 par pied .</td><td></td><td></td><td>13</td><td>500</td></tr>
<tr><td>„</td><td>31</td><td>Biné 400 pieds de café à Turibio à 0 $ 015 par pied . . . .</td><td></td><td></td><td>6</td><td>000</td></tr>
<tr><td>„</td><td>„</td><td>1/2 arrobe de café miúdo . . . . . .</td><td>2</td><td>000</td><td></td><td></td></tr>
<tr><td>„</td><td>„</td><td>Traitement annuel de 3.823 pieds de café formés à 100 $ 000 par 1000 pieds . . .</td><td></td><td></td><td>382</td><td>300</td></tr>
<tr><td>„</td><td>„</td><td>Traitement annuel de 2.475 pieds nouveaux à 100 $ 000 par 1000 pieds . . . . .</td><td></td><td></td><td>247</td><td>500</td></tr>
<tr><td></td><td></td><td>Solde . . . .</td><td>481</td><td>760</td><td></td><td></td></tr>
<tr><td></td><td></td><td></td><td>1613</td><td>210</td><td>1613</td><td>210</td></tr>
<tr><td></td><td></td><td>Solde en sa faveur . . . .</td><td></td><td></td><td>481</td><td>760</td></tr>
<tr><td></td><td></td><td>Payé . . . .</td><td>481</td><td>760</td><td></td><td></td></tr>
<tr><td></td><td></td><td></td><td>481</td><td>760</td><td>481</td><td>760</td></tr>
<tr><td>**1906**</td><td></td><td></td><td></td><td></td><td></td><td></td></tr>
<tr><td>Janvier</td><td>31</td><td>4 jours de travail à 2 $ 000 par jour . . .</td><td></td><td></td><td>8</td><td>000</td></tr>
<tr><td>„</td><td>„</td><td>Biné 290 pieds de café à Bergamasco Pedro à 0 $ 015 par pied . . . .</td><td></td><td></td><td>4</td><td>350</td></tr>
<tr><td>„</td><td>31</td><td>Sarclé 2.365 brasses carrées (*) à 0 $ 006 par brasse . . . .</td><td></td><td></td><td>14</td><td>190</td></tr>
<tr><td>Mars</td><td>11</td><td>Avancé argent . . . .</td><td>140</td><td>000</td><td></td><td></td></tr>
<tr><td>„</td><td>14</td><td>Biné 500 pieds de café à Nicolete à 0 $ 015 par pied . . . .</td><td></td><td></td><td>7</td><td>500</td></tr>
<tr><td></td><td></td><td align="right">A reporter . . .</td><td>140</td><td>000</td><td>34</td><td>040</td></tr>
</table>

(*) Une brasse = 2ᵐ.20.

			DOIT		AVOIR	
			$	Réis	$	Réis
		Report . . .	140	000	34	040
Mars	31	5 jours de travail à 2$000 par jour . . .			10	000
Avril	30	Biné 408 pieds de café à Ravigatti à 0$015 par pied			6	120
Mai	11	1/2 alqueire de haricots			4	000
"	13	Avancé argent	140	000		
"	30	8 charrettes de maïs	16	000		
"	"	1/2 arrobe de café	2	500		
"	31	8 jours de travail à 2$000 par jour . . .			16	000
Juin	7	1/2 alqueire de haricots			6	500
"	30	Cueilli 168 alqueires de café à 0$400 par alqueire			67	200
"	"	5 1/2 jours de travail à 2$000 par jour . .			11	000
Juillet	15	Avancé argent	140	000		
"	31	1/2 arrobe de café minto	2	500		
"	"	Cueilli 422 alqueires de café à 0$400 par alqueire			168	800
Août	31	3/4 de jour de travail à 2$000 par jour . .			1	500
"	"	Cueilli 509 alqueires de café à 0$400 par alqueire			203	600
Septembre	16	Avancé argent	140	000		
"	30	Cueilli 430 alqueires de café à 0$400 par alqueire			172	000
Octobre	31	Cueilli 508 alqueires de café à 0$400 par alqueire			203	200
"	"	10 1/2 heures de travail à 2$000 par jour .			2	100
Novembre	11	Avancé argent	140	000		
"	30	3/4 de jour de travail à 2$000 par jour . .			1	500
"	"	Cueilli 312 alqueires de café à 0$400 par alqueire			124	800
Décembre	26	Biné 600 pieds de café à 0$015 par pied .			9	000
"	26	Biné 150 pieds de café à Feliciano à 0$015 par pied			2	250
"	31	Traitement pendant une année de 5.245 pieds de café formés à 80$000 par 1000 pieds .			419	600
"	"	Traitement idem de 2.780 pieds nouveaux à 80$000 par 1000 pieds			222	400
"	"	2 3/4 jours de travail à 2$000 par jour . .			5	500
"	"	Sarclé 1.920 brasses carrées à 0$005 par brasse (*)			9	600
"	"	3 heures de travail à 2$000 par jour . . .			0	600
		Solde	980	310		
			1:701	310	1:701	310
		Solde en sa faveur			980	310
		Payé	980	310		
			980	310	980	310

(*) Une brasse = 2^m.20.

1907			DOIT $	DOIT Réis	AVOIR $	AVOIR Réis
Janvier	31	4 jours de travail à 2$000 par jour . . .			8	000
Février	28	8 1/4 jours de travail à 2$000 par jour . . .			16	500
Mars	11	Biné 18 pieds de café à 0$020 par pied. .			0	360
"	14	Avancé argent	200	000		
Avril	15	Une charrette de maïs.	2	000		
		Caféiers binés :				
Mai	2	470 pieds à Reyn. Reamonti à 0$020 par pied			9	400
"	7	237 pieds à Serafim Galeano à 0$020 par pied			4	740
"	"	237 pieds à Pulgan Félic à 0$020 par pied			4	740
"	12	Avancé argent	200	000		
"	31	2 1/4 jours de travail à 2$000 par jour . .			4	500
"	"	10 charrettes de maïs	20	000		
Juin	17	4 1/2 kgs de viande.	2	480		
"	30	Cueilli 201 alqueires de café à 0$400 par alqueire			80	400
"	"	2 jours de travail à 2$000 par jour . . .			4	000
"	"	1/2 arrobe de café	5	000		
Juillet	14	Avancé argent	200	000		
"	31	Cueilli 281 alqueires de café à 0$400 par alqueire			112	400
Août	31	Cueilli 414 alqueires de café à 0$400 par alqueire			165	600
Septembre	15	Avancé argent	200	000		
Octobre	31	1 jour de travail à 2$000 par jour . . .			2	000
"	"	Cueilli 307 alqueires de café à 0$400 par alqueire			122	800
"	"	Cueilli 126 alqueires de café à 0$400 par alqueire			50	400
Novembre	10	Avancé argent	200	000		
"	"	1 jour de travail à 2$000 par jour . . .			2	000
Décembre	31	Traitement annuel de 9.973 pieds de café à 100$000 par 1000 pieds			997	300
		Solde	555	660		
			1:585	140	1:585	140
		Solde en sa faveur			555	660
		Payé.	555	660		
			555	660	555	660

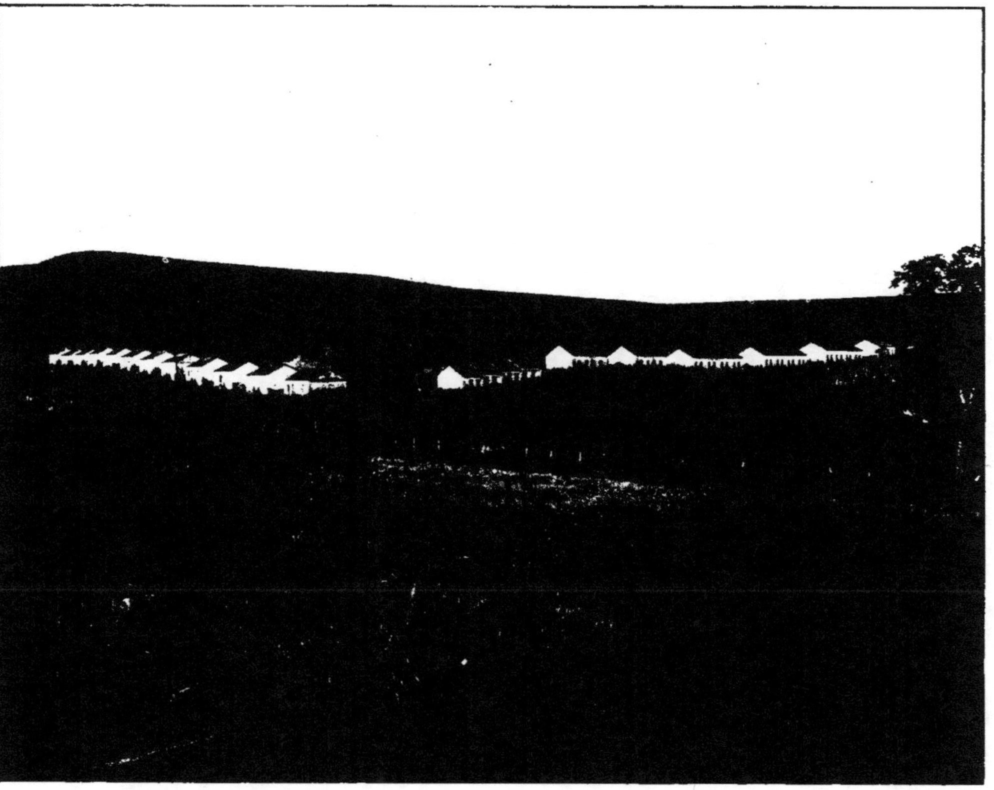

Fig. 80 — « Fazenda » Guatapará. Etat de Saint Paul.
Colonie.

Les colonies paulistes sont la plupart du temps de véritables villages italiens. Les maisons y sont d'un seul type double et de trois pièces chacune. Lorsque la famille est grande, celle-ci occupe les deux habitations contiguës.

Economes, les colons arrivent souvent à épargner quelques « contos » de réis et beaucoup d'entre eux s'achètent alors un « sitio » c'est-à-dire une petite propriété qu'ils exploitent. Parfois aussi, ils se procurent, aidés en cela par le Gouvernement, une certaine étendue de terrain qu'ils mettent en œuvre.

Comme tous les pays neufs, l'Etat de Saint Paul a besoin de nombreux bras pour féconder ses terres d'une incomparable fertilité; aussi, fait-il une active propagande afin d'engager les émigrants à se rendre en territoire pauliste. Sous ce rapport, il accorde, aux agriculteurs nouveaux-venus, comme les autres Etats brésiliens d'ailleurs (*), un certain nombre d'avantages. Il leur facilite entre autre l'acquisition de terres qu'ils pourront, après défrichement, livrer à l'exploitation et dont ils deviennent ainsi propriétaires.

Le système de colonisation adopté à Saint Paul est un des plus parfaits et les avantages qu'il présente sont extrê-

---

(*) L'immigration et la colonisation sont réglées au Brésil par une loi émanant du Gouvernement fédéral et c'est par décret n° 6455 que, le 19 avril 1907, M. Affonso Augusto Moreira Penna, Président des États-Unis du Brésil, a approuvé (usant ainsi de l'autorisation donnée dans l'alinéa b, du n° XIII, de l'article 35 de la loi n° 1617 du 30 décembre 1906) les bases réglementaires pour le service du peuplement du sol national, proposées par M. Miguel Calmon, Ministre de l'Industrie, des Voies et Travaux publics de l'Union. Cette loi, qu'il nous est impossible de reproduire entièrement, s'applique indistinctement à tous les Etats. Cependant, chacun d'eux est entièrement libre de faire de la propagande comme il l'entend et d'accorder aux immigrants d'autres avantages que ceux stipulés par l'Union.

Fig. 81. — « Fazenda » Santa Veridiana. Etat de Saint Paul.
Colonie.

mement nombreux. Il a été élaboré par M. le Dr. Carlos Botelho, ancien Secrétaire d'Agriculture de l'Etat de Saint Paul qui, parmi les organismes de propagande, préconisa, entre autre, la création du Commissariat général du Gouvernement de l'Etat de Saint Paul installé à Anvers. Ce Commissariat, dont l'institution a été ratifiée par les pouvoirs législatifs paulistes, sur la proposition de M. J. Tibiriça, alors Président de l'Etat de Saint Paul, a sa sphère d'action sur tout le Nord de l'Europe. Admirablement organisé, il est dirigé, avec toute la compétence voulue, par le distingué Commissaire général M. l'ingénieur F. Ferreira Ramos, professeur à l'Ecole polytechnique de Saint Paul, dont le nom est si intimement lié, ainsi qu'on le sait, à l'exécution de la grande opération de la valorisation.

Centre de renseignements de tout premier ordre, et organisé d'une façon très pratique, le Commissariat de Saint Paul se charge de faire connaître à quiconque en fait la demande les conditions de vie à Saint Paul, l'organisation des colonies du Gouvernement, les frais de voyage, les avantages accordés et garantis par le Gouvernement pauliste aux familles d'agriculteurs qui désirent s'y établir. Par divers moyens de publicité, il essaie également de faire connaître les richesses de Saint Paul, son agriculture, ses industries et son développement économique et social.

Au sujet des avantages accordés aux immigrants, nous croyons utile d'extraire les lignes suivantes d'un article intéressant publié dernièrement par l'*Indépendance belge* :

« Le premier, le plus urgent des problèmes posés dans les pays neufs et insuffisamment peuplés est d'attirer les travailleurs en foule et, surtout, de les fixer au sol. Or, ce résultat ne saurait être atteint qu'en facilitant à tous l'accès de la propriété. On est toujours de passage à l'étranger tant qu'on n'y possède ni champ ni maison. On s'attache,

Fig. 82. — « Fazenda » Schmidt. Ribeirão Preto. Etat de Saint Paul.
Vue générale.

au contraire, par un lien indissoluble à la terre sur laquelle on se trouve, lorsqu'on a réussi à en conquérir une parcelle. C'est pourquoi, dans leur désir ardent de peupler leur pays, les gouvernants de l'Etat de Saint Paul ont décidé que tout immigrant aurait la possibilité d'acquérir une propriété en travaillant.

« Créer des propriétaires, telle est l'idée maîtresse du système de colonisation adopté à Saint Paul. Pour appliquer cette idée, voici comment on procède : le Gouvernement fait diviser, par lots de 25 hectares, de vastes étendues de terrain, placées généralement le long d'une voie ferrée et à proximité de centres habités. La plupart du temps, ces terrains sont défrichés, déboisés et prêts à être mis en culture. On y bâtit des habitations provisoires ; on y rassemble des animaux et des instruments aratoires, et, cela fait, il ne reste plus qu'à distribuer les lots à des familles remplissant les conditions requises.

« La première de ces conditions est l'aptitude aux travaux agricoles ; non pas, bien entendu, la connaissance des procédés de culture spéciaux au Brésil — cela s'acquiert vite par l'expérience et l'exemple — mais plutôt l'amour de la terre et le ferme désir de la mettre en valeur.

« La seconde condition est de posséder un petit pécule (5oo francs environ) permettant de payer le cinquième de la valeur de la propriété concédée. En échange de ce versement, le colon reçoit un titre de propriété provisoire qui sera remplacé par un titre définitif après cinq ans, c'est-à-dire quand tous les versements exigés auront été effectués. J'ai demandé, écrit le correspondant de l'*Indépendance,* pourquoi le Gouvernement faisait payer la terre au lieu de la donner. C'est, lui a-t-il été répondu, parce que le paiement dénote chez l'émigrant la volonté ferme de s'installer sur son lot et d'y faire œuvre utile. Sans cette précaution, il y aurait, dans les colonies, trop de non-valeurs qui abandonneraient leur lot après quelques mois d'expérience. Ce serait du temps et de l'argent perdus.

« Il est d'ailleurs assez facile à Saint Paul d'économiser les petites ressources nécessaires. Il suffit de s'employer pendant quelques mois dans une plantation de café, dans une « fazenda ». Le versement exigé pour prendre possession d'un lot de 25 hectares dans une colonie officielle, est donc à la portée de tous.

« Tel est le système adopté. J'ai pu me rendre compte de son fonctionnement et de ses résultats dans les centres agricoles que j'ai visités. Tout cela marche très normalement et rien n'est plus intéressant à observer que ces villages en formation, qui auront dans quelques années conquis leur autonomie et qui forment le noyau des cités de l'avenir.»

Immigration dans l'Etat de Saint Paul.

ANNÉES	PROVENANCES			TOTAL
	EUROPE	RIO DE LA PLATA	DIVERS	
1902	34.530	2.541	3.315	40.386
1903	14.429	1.511	2.221	18.161
1904	21.016	1.856	4.879	27.751
1905	42.760	2.092	2.965	47.817
1906	41.525	3.596	3.308	48.429

Le nombre d'immigrants qui débarquent à Saint Paul est extraordinaire ; d'après le rapport pour l'année 1906, publié par le Secrétariat d'Agriculture, il a atteint, pour la période quinquennale de 1902 à 1906, les chiffres renseignés au tableau précédent.

Si les années 1903 et 1904 accusent une diminution sensible, les années 1905 et 1906 accusent au contraire une augmentation considérable.

L'Etat de Saint Paul reçoit surtout des émigrants de l'Europe latine. Mais, tandis que jusqu'alors, l'élément italien avait dominé (*), il n'occupe plus en 1905 que la seconde ligne. En effet, sur 37.925 immigrants débarqués à Santos en 1905, on en compte 21.743 de nationalité espagnole et 9.585 de nationalité italienne ; viennent ensuite les Portugais, avec un contingent de 3.055 personnes ; les Grecs 1.132, les Russes 706, les Autrichiens 303 ; on trouve enfin 56 Anglais, 10 Français et 5 Belges. Où va donc la masse de ceux de nos compatriotes qui émigrent ? Il est assez extraordinaire que si peu se dirigent vers les contrées où l'on trouve de larges facilités d'existence et où ils pourraient exercer une influence commerciale profitable à la Belgique, sur un marché dont la valeur augmente tous les jours.

Ce sont naturellement les agriculteurs qui entrent pour la plus large part dans le mouvement de l'immigration pauliste ; on compte, en effet, pour l'année 1905, exactement 34.081 agriculteurs sur 37.925 immigrants débarqués à Santos.

2°. — OUTILLAGE AGRICOLE DES " FAZENDAS " DE L'ETAT DE SAINT PAUL.

Devant l'extraordinaire développement qu'ont pris les plantations de café de l'Etat de Saint Paul, il semble que des instruments agricoles perfectionnés devraient y

---

(*) Après l'abolition de l'esclavage en 1888, le Brésil se trouvait dans une situation très difficile, par suite du manque de bras ; la nécessité de l'immigration se fit sentir et ce sont les Italiens qui sont venus les premiers en grand nombre à Saint Paul.

être employés sur une très grande échelle. Rares, en effet, sont les « fazendeiros » qui font usage de bineuses mécaniques pour l'enlèvement des mauvaises herbes dans leurs « cafezaes ». Cependant cela ne tient pas tant au degré d'avancement de l'agriculture qu'à l'organisation générale de la main-d'œuvre.

A ce sujet, certains «fazendeiros», à qui M. Jean Michel faisait remarquer que les machines étaient peu employées dans leurs «cafezaes», lui ont répondu que, vu le personnel très nombreux réclamé pour effectuer la cueillette, ils préféraient utiliser les colons pour les travaux de sarclage et de binage afin d'être certains de les avoir sous la main au moment de la récolte.

Il n'existe d'ailleurs pas, à l'heure actuelle, disent également les « fazendeiros », de machine véritablement pratique et peut-être, ajoutent-ils, celle-ci se fera-t-elle probablement longtemps attendre encore étant donné le genre spécial de ramifications fruitières du caféier qui s'enchevêtrent à la base de l'arbuste pour former la « saïa ». De plus, ils reprochent aux appareils à traction animale de pénétrer plus profondément le sol que ne le fait la houe légère en tôle d'acier laquelle coupe moins les radicelles qu'émet superficiellement le caféier pour l'absorption, disent-ils, de l'humidité et de certains composés du fer (dans la « terra roxa ») combinés à l'ammoniaque atmosphérique.

Si l'on tient compte de ces diverses remarques, on comprendra aisément que, dans les plantations de café de l'Etat de Saint Paul, on fasse surtout usage, pour les binages, de la houe légère en tôle d'acier de forme demi-circulaire, de 0,^{m}30 à 0,^{m}35 de largeur sur 0,^{m}15 à 0,^{m}18 de hauteur.

Pour le creusement des « cóvas » ou trous de plantation, on se sert d'une houe qui diffère un peu de la précédente. Plus lourde et plus étroite, elle présente la forme d'un rectangle de 0,^{m}25 de hauteur sur 0,^{m}15 de largeur.

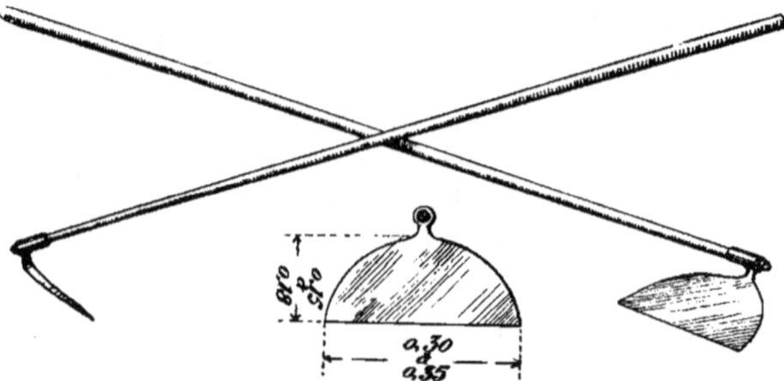

Fig. 83. — Houe légère en tôle d'acier pour le binage des « cafezaes ».

De plus, son angle de montage est presque droit, tandis qu'il est aigu dans la houe employée pour les binages.

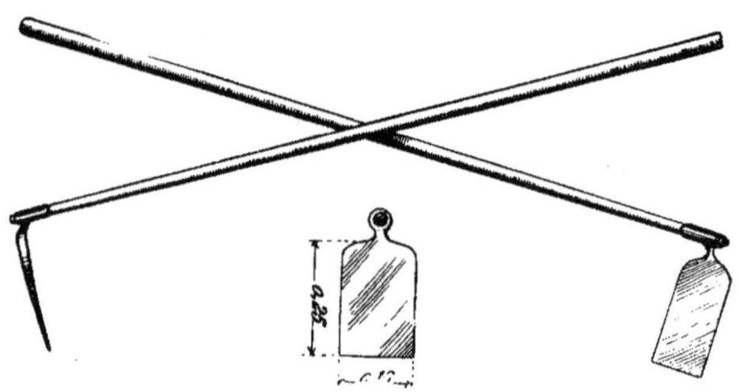

Fig. 84.—Houe pour le creusement des « cóvas » ou trous de plantation.

Ces deux houes constituent, et il n'est donc pas bien compliqué, tout l'outillage agricole du colon pauliste. Nous n'y faisons naturellement pas rentrer les instruments dont on se sert pour la « póda » ou taille des caféiers ainsi que le matériel (échelles, linge et tamis) employé lors de la cueillette.

Il n'est pas sans intérêt de faire remarquer que l'adoption des procédés mécaniques dans les « fazendas » de l'Etat de Saint Paul diminuerait considérablement les frais d'exploitation ainsi que le prouvent d'ailleurs les considérations suivantes.

Le travail du binage à l'aide de la « carpideira » ou bineuse mécanique est généralement fait à Saint Paul, lorsque ce procédé est en usage, par un homme et un enfant à qui l'on paie au minimum respectivement 3 $ 000 et 1 000 par jour. Pendant ce temps, ils peuvent traiter 600 à 1000 pieds de café. Ajoutant à ces 4 $ 000 de salaire journalier l'amortissement de la « carpideira » et l'entretien de l'animal utilisé pour sa traction, amortissement et entretien que l'on peut évaluer à 2 $ 000, et admettant 800 pieds comme moyenne des caféiers traités par jour, on déduit que le binage mécanique de 1000 pieds de café revient à 7 $ 500. Comme en général on donne cinq façons par année, cela fait 37 $ 500 pour le binage mécanique annuel de 1000 pieds alors que le travail à la houe se paie à raison de 90 $ 000 à 100 $ 000 par 1000 pieds.

D'après le rapport du Secrétariat d'Agriculture de 1906 (*) il existait, dans l'Etat de Saint Paul, en 1904/1905, 688.845.410 caféiers dont 459.220.266 peuvent être traités mécaniquement, c'est-à-dire travaillés à l'aide de machines. Or, de ce nombre 68.884.539 seulement sont binés à l'aide de machines. Les 390.335.727 restants étant travaillés à la houe, ils occasionnent une dépense de 35.130.215 $ 430 en admettant que l'on donne cinq façons et que l'on prenne comme prix du binage à la main 90 $ 000 par

---

(*) Loc. cit.

1000 pieds. Si on appliquait le binage mécanique à ces
390.335.727 caféiers, celui-ci ne coûterait que 14.637.589$762
d'où une économie annuelle, pour l'agriculture pauliste, de
20.492.625 $ 668.

Ainsi qu'on peut s'en rendre compte par ce qui précède,
si la culture caféière de l'Etat de Saint Paul pouvait compter sur un personnel suffisant pour effectuer la cueillette, les
« fazendeiros » feraient, grâce à l'emploi des procédés
mécaniques, une économie considérable.

3°. — PRIX DE REVIENT DU CAFÉ ET SITUATION ÉCONOMIQUE DES "FAZENDEIROS" DE L'ETAT DE SAINT PAUL.

La détermination du prix de revient du café est une
question assez complexe si l'on considère que les plantations de café se trouvent parfois dans des conditions très
différentes tant au point de vue des rendements et de la
main-d'œuvre que de leur éloignement des voies ferrées et
de leur distance au port d'embarquement. M. Jean Michel
a déterminé, à notre intention, pour deux grandes exploitations de l'Etat de Saint Paul qu'il a visitées, l'une de
600.000 et l'autre de 420.000 pieds, les prix de revient des
cafés rendus en gare. Dans ses calculs, il a tenu compte :
1°, des frais d'établissement du « cafezal » ; 2°, des frais de
culture durant la période d'attente ; 3°, de la valeur du
« cafezal » en prenant pour base des ventes faites dans la
région de ces deux « fazendas » prises comme exemples,
l'intérêt du capital étant 8 °/₀ ; 4°, des frais de culture
annuels ; 5°, des frais de cueillette, de transport des cerises
et de préparation du café ; 6°, des frais d'entretien et d'amortissement du matériel et des édifices ; 7°, de la mise en

sacs et du transport à la gare et 8⁰, de l'amortissement du capital d'exploitation mort et vif. Tous ces postes additionnés et répartis sur la production moyenne de trois années, 1905-1906-1907, lui ont donné comme prix de revient, pour la première « fazenda » fr. 30,72 par sac de 60 kgs. et pour la seconde « fazenda » fr. 32,18 par sac de 60 kgs (*). Dans ces deux exploitations, le travail du « cafezal » est surtout fait à la houe ; les caféiers sont bien soignés et replantés à temps ; les colons y sont bien installés, ayant à leur disposition d'excellentes habitations. L'emploi des machines agricoles pourrait naturellement, comme nous l'avons montré plus haut, faire diminuer ces prix.

Si l'on voulait déterminer le prix de revient du café au moment de son exportation à Santos, il faudrait, aux chiffres qui précèdent, encore ajouter : 1⁰, le fret du chemin de fer qui varie, suivant les compagnies, de 0 $ 150 à 0 $ 200 par tonne-kilométrique (**) ; 2⁰, la commission à payer au « com-

---

(*) Il est juste de faire remarquer que ces deux prix de revient sont un peu inférieurs à la réalité. Dans leur détermination, M. Jean Michel n'a en effet pu tenir compte que de trois récoltes, y compris la récolte record de 1906. Répartis sur un nombre plus grand de cueillettes, ces prix eussent certainement été plus élévés.

(**) Le tarif normal du São Paulo Railway, approuvé par le Gouvernement fédéral brésilien, pour le transport du café de Jundiahy à Santos est de 260 réis par tonne-kilométrique. Le tarif appliqué par la compagnie anglaise qui exploite ce chemin de fer n'est toutefois que de 185 réis. Par suite de la baisse du prix du café et en vue du transport de la forte récolte de 1906/1907, le tarif fut abaissé successivement à 160 réis à dater du 1er décembre 1906 et à 140 réis à partir du 1er mai 1907. La récolte 1907/1908 n'ayant pas atteint un chiffre très élevé, la compagnie anglaise a ramené, à dater du 1er novembre 1907, le tarif à 185 réis par tonne-kilométrique.

Le fret moyen pour le transport des cafés de Saint Paul jusque Santos est de 5 $ 000 par sac de 60 kgs. Pour les municipes les plus éloignés, c'est-à-dire situés au Nord de l'Etat, le fret atteint 6 $ 000 environ par sac.

missario » à Santos laquelle est de 3 % sur le montant brut du compte de vente ; 3º, les frais de manutention éventuelle et de retriage à Santos. (Dans les deux cas qui nous occupent, les deux « fazendas » ayant un matériel complet qui leur permet de livrer le café prêt pour l'exportation, il ne devrait pas être tenu compte de ces frais) ; 4º, les frais de transbordement à Santos, de vidage des sacs, de remise en sacs et autres frais que l'on désigne sous la dénomination générale de « carretos » ; 5º, le prix du nouveau sac, les frais de magasinage et d'embarquement ; 6º, les droits d'exportation qui sont de 9 % sur la valeur officielle du café et 7º, la surtaxe de 3 francs par sac créée par la valorisation (*).

Au sujet du prix de revient, M. le Dr Augusto F. Ramos dit que, dans l'Etat de Saint Paul, le coût moyen de la production d'un arrobe, c'est-à-dire 15 kgs., de café *bénéficié*, au moment de sa vente par le « commissario » à Santos peut se déterminer comme suit (voir tableau page 288), si l'on admet un rendement moyen de 67 arrobes, c'est-à-dire 1.005 kgs, de café bénéficié par 1000 pieds de café.

Dans la détermination du prix de revient du café, certains « fazendeiros » opèrent parfois d'une manière fantaisiste. Ils portent, par exemple, aux comptes de l'année en cours, les fortes réparations faites aux édifices, les frais de nouvelles plantations, le prix d'achat des machines ou de tout autre matériel. Les récoltes variant du simple au double, les prix de revient doivent, dans ces conditions, varier du quadruple au quintuple.

Au sujet du prix de revient du café et de la situation du planteur, M. L. T. de Camargo nous écrivait ce qui suit, le 14 décembre 1907 ; les renseignements qu'il nous

---

(*) Voir plus loin ce qui est relatif aux droits d'exportation et à la surtaxe.

communique étant du plus haut intérêt et désirant ne pas dénaturer sa pensée, nous extrayons de sa lettre ce qui touche à ces deux points.

PRIX DE REVIENT DU CAFÉ
vendu par le « Commissario » (*)

1	Traitement du « cafezal »	1 $ 200
2	Cueillette.	1 $ 000
3	Transport des fruits au « terreiro » . .	0 $ 100
4	Traitement du café sur le « terreiro » .	0 $ 250
5	« Beneficiamento »	0 $ 350
6	Transport à la gare de chemin de fer .	0 $ 150
7	Fret jusque Santos	1 $ 250
8	« Carretos » ou frais de charriage et autres à Santos, à payer au «commissario»	0 $ 150
9	Commission à payer au «commissario».	0 $ 200
10	Sacs (usés, perdus, etc.).	0 $ 050
11	Administration (total)	0 $ 600
12	Réparations, intérêts à payer et frais généraux	0 $ 600
13	Imprévus.	0 $ 200
	Total. . .	6 $ 100
	Soit par balle de 60 kgs.	24 $ 400
	Au change fixe de 15 deniers par milréis	38 Frs 12

« Par suite de la crise financière que nous traversons depuis quelques années, laquelle est la conséquence immédiate du bas prix de notre principal produit, la situation du planteur s'est, en général, assez bien modifiée ; la dépré-

(*) Augusto F. Ramos. — Valorisação do Café. São Paulo, 1902.

ciation du café, qui date de 1897, a rompu l'équilibre des recettes et des dépenses des « fazendas », équilibre qui se rétablit maintenant peu à peu grâce aux efforts des planteurs. Ceux-ci cherchent, en effet, à contrebalancer le bas prix du café, en restreignant, autant que faire se peut, les dépenses de première nécessité et en supprimant toutes celles qu'il est possible d'ajourner.

« L'appréhension très naturelle de l'avenir, par suite de la crise caféière actuelle, et le pessimisme avec lequel, jusqu'il y a peu de temps, les planteurs attendaient les évènements vont heureusement en diminuant ; tous ont, en effet, confiance dans la tentative patriotique du Gouvernement qui a travaillé, avec tenacité, pour la valorisation du café, et qui n'a pas épargné ses efforts pour arriver à un bon résultat.

« Je vous dirai, entre parenthèses, que, selon moi, la dépréciation du café est due à l'imprévoyance des gouvernements antérieurs qui, depuis 1888 jusque 1897, avaient une base sûre pour prévoir, avec précision, les conséquences que nous réservait la fièvre de plantations qui a eu également pour résultat de faire disparaître une grande partie de nos excellentes forêts vierges. Entre ces deux dates, les transatlantiques ont versé, dans nos ports, des milliers d'immigrants qui, à leur arrivée, étaient disputés avec le plus grand acharnement. Le Gouvernement d'alors n'a pas voulu, ou n'a pas pu, chercher des consommateurs pour la production extraordinaire de café de cette époque, production qui fut ainsi en déséquilibre avec la consommation.

« La loi qui a prohibé ou plutôt qui a réglementé les nouvelles plantations de café et qui a été décrétée il y a cinq ans et prorogée, aujourd'hui, pour le même délai, ne nous a pas encore apporté des avantages appréciables, bien que beaucoup d'entre nous aient reporté sur elle le meilleur

Bilan de la " fazenda " Bôa Vista, Sâo Manoel, Etat de Saint Paul.

Propriété de M. L. T. de Camargo.

ANNÉES	Nombre de pieds de café	Nombre de pieds formés	Nombre de pieds nouveaux	Production de café marchand en arrobes	Prix par arrobe de 15 kgs.	Recettes	Dépenses	Solde
1897	284.000	180.000	104.000	40.600	10 $ 400	422 : 240 $ 000	85 : 200 $ 000	337 : 040 $ 000
1898	284.000	180.000	104.000	11.600	8 $ 700	100 : 920 $ 000	85 : 200 $ 000	15 : 720 $ 000
1899	320.000	200.000	120.000	50.560	7 $ 450	376 : 672 $ 000	96 : 000 $ 000	280 : 672 $ 000
1900	320.000	304.000	16.000	38.000	8 $ 100	307 : 800 $ 000	96 : 000 $ 000	211 : 800 $ 000
1901	380.000	320.000	60.000	71.000	5 $ 150	365 . 650 $ 000	114 : 000 $ 000	251 : 650 $ 000
1902	380.000	320.000	60.000	34.500	4 $ 750	163 : 875 $ 000	114 : 000 $ 000	49 : 875 $ 000
1903	402.000	320.000	82.000	50.580	4 $ 900	247 : 842 $ 000	120 : 600 $ 000	127 : 242 $ 000
1904	402.000	320.000	82.000	45.600	5 $ 650	257 : 640 $ 000	120 : 600 $ 000	137 : 040 $ 000
1905	402.000	380.000	22.000	43.000	4 $ 500	193 : 500 $ 000	120 : 600 $ 000	72 : 900 $ 000
1906	402.000	380.000	22.000	72.000	4 $ 600	331 : 200 $ 000	120 : 600 $ 000	210 : 600 $ 000

de leurs espérances. La culture a déjà atteint d'ailleurs son point culminant et elle serait, au dire de personnes autorisées, en déclin évident.

« Malgré les circonstances défavorables actuelles, les *rares* planteurs, dont les « fazendas » fournissent une production moyenne annuelle supérieure à 100 arrobes, c'est-à-dire 1500 kgs, par 1000 pieds, font encore cependant de bons bénéfices ; et dans cette limite, même avec les prix actuels, ils obtiennent encore de bons résultats. A l'appui de ce que je viens d'avancer, je vous communique le bilan de ma propre « fazenda », (Voir tableau page 290). Il est cependant nécessaire de faire remarquer qu'elle est située dans un des meilleurs municipes de tout l'Etat de Saint Paul et que, de plus, elle se trouve en pleine force végétative, non seulement à cause de son âge favorable, mais aussi par suite des efforts constants que je fais pour sa bonne conservation. Pour ces diverses raisons, ce bilan n'est pas l'expression rigoureuse de la moyenne de la production de tout l'Etat de Saint Paul qui, en général, est beaucoup inférieure.

« Pour l'établissement de ce bilan, je n'ai considéré que les dix dernières années et j'ai pris comme base, pour le calcul des dépenses annuelles, la somme de 0$300 par pied de café, exigée par le bon entretien des caféiers dans une plantation traitée avec le plus grand soin. Dans cette somme, rentrent aussi toutes les autres dépenses de la « fazenda ». Pour le calcul du prix du café, j'ai considéré la moyenne annuelle du prix sur la place commerciale de Santos.

« Dans le municipe de São Manoel, où je suis « fazendeiro » depuis 1890, le sol est presque entièrement constitué par la « terra roxa » de première qualité; la végétation est d'une exubérance extraordinaire et la culture du café étant encore dans de bonnes conditions, on ne s'y occupe pas d'autres cultures.

Fig. 85. — Café et coton. « Fazenda » du Dr Carlos Botelho, ancien Secrétaire d'Agriculture de l'Etat de Saint Paul.

« Jusque dans ces dernières années, aucune autre culture ne produisant des résultats aussi rémunérateurs que celle du café, les planteurs de l'Etat de Saint Paul s'occupaient exclusivement de café, négligeant presque complètement les céréales et autres cultures. Il n'y a pas encore bien longtemps, nous importions de l'étranger la plus grande partie du maïs et du riz consommés dans le pays. Heureusement les choses prennent, à l'heure actuelle, une autre direction et déjà les planteurs comprennent l'utilité, et même la nécessité, de consacrer une partie de leurs efforts et de leur activité à la production, dans leurs propriétés, de toutes les céréales dont ils ont besoin.

« Cette ère nouvelle, dont la continuation est certainement la plus solide garantie pour notre régime économique futur, a été implantée par notre clairvoyant Secrétaire d'Agriculture M. le Dr Carlos Botelho, propagandiste acharné de la polyculture et de l'industrie pastorale. Depuis quatre années, il développe, dans son ministère, une activité féconde, faisant disparaître, à l'aide de ses conseils, les habitudes de la vieille routine.

« Dans le municipe de Sâo Manoel cependant, le café est encore la préoccupation unique des planteurs ; on y cultive du maïs, des haricots et quelques céréales sur une petite échelle, à peine pour la consommation ; de plus, il n'y a pas d'élevage de bétail, chaque « fazendeiro » possédant seulement quelques vaches laitières pour l'usage exclusif de sa maison.

« Ma « fazenda » est située entre 620 et 700 mètres d'altitude ; elle est distante de 6,5 kilomètres de la ville de Sâo Manoel et l'ai acquise en 1890. A cette époque, elle ne possédait que 36.000 pieds de café formés et 80.000 caféiers nouveaux, ne produisant donc pas encore ; elle ne possédait aucune commodité, était assez négligée et, en général, en assez mauvais état de conservation.

« De 1890 à 1897, j'ai fait la majeure partie des plantations et c'est à dater de 1897, que j'ai pu commencer les
cueillettes régulières. A partir de cette époque, j'ai également continué à planter pour arriver aujourd'hui à un total
de 402.000 arbres.

« Comme l'augmentation de la culture exige aussi
l'extension des diverses installations, je commençai et
exécutai, à mesure qu'elles étaient indispensables, toutes
les améliorations nécessaires. C'est ainsi que j'ai fait construire les « terreiros » qui occupent actuellement une
surface de 22.308 mètres carrés, complètement pavée et
cimentée ; de plus, j'ai fait construire ma propre habitation,
celles des colons, des bâtiments pour les machines de préparation, les « tulhas », étables, écuries, etc., tandis que je
faisais installer d'abord des machines telles que « despolpador », « seccador » Arens et « monitor » pour *bénéficier*
le café, et ensuite une scierie, un décortiqueur pour le
maïs, une machine pour couper la canne, un chemin de
fer Decauville, etc.. Je fis faire également le « lavador », le
service de distribution d'eau et d'égoût ainsi que des vergers, etc., etc..

« Ma « fazenda » occupe environ quatre-vingts familles
de colons, comprenant les travailleurs pour tous les services. Elle possède également dans ses écuries cinquante-
six animaux (mules et chevaux) pour la selle et le trait ainsi
qu'environ quarante têtes de bêtes à cornes y compris les
bœufs de trait et les vaches laitières. Tout le fumier produit
par ces animaux est transporté, comme engrais, dans la
plantation de café, après avoir été convenablement préparé
dans des installations appropriées. »

Comme on peut s'en rendre compte par ce qui précède,
M. de Camargo, « fazendeiro » intelligent, ne néglige rien
pour maintenir sa superbe « fazenda » à la hauteur du pro-

grès. Notre ami M. Jean Michel, qui a eu l'occasion de visiter, le 23 juin dernier, la « fazenda » Bôa Vista, nous confirme dans cette opinion. « M. de Camargo, nous écrit-il, est un « fazendeiro » progressiste et animé des meilleures intentions à l'égard des colons qu'il se propose d'intéresser à son exploitation ».

Relativement à la situation économique des « fazendeiros », M. Jean Michel nous communique ce qui suit. Il se présente assez fréquemment, nous dit-il, que le « fazendeiro » vende sa récolte au « commissario » avant la cueillette. Il se trouve ainsi, par suite de ses besoins d'argent, dans les mains de cet intermédiaire qui devient ainsi son banquier auquel il doit payer de forts intérêts qui vont jusque 12 % l'an.

Ajoutons, à ce que nous communique M. Jean Michel, que la création de banques de crédit agricole remédierait beaucoup à cette situation désavantageuse pour le « fazendeiro ». Il est vrai qu'un certain nombre de ces institutions fonctionnent déjà à l'heure actuelle à Saint Paul. Nous lisons, en effet, dans le rapport de la Société pauliste d'Agriculture, présenté à l'assemblée générale du 31 mars 1908, que dix « Bancos de Custeio Rural », véritables sociétés coopératives, se sont constituées, dans le courant de 1907, dans les principales villes de l'Etat de Saint Paul et que huit autres seront organisées à bref délai.

Parmi les banques de crédit agricole de l'Etat de Saint Paul, il convient d'accorder une mention toute particulière à la « *Companhia dos Fazendeiros de São Paulo* » qui, organisée depuis environ trois ans, a vu ses efforts couronnés de succès. Les résultats qu'elle a fournis étant extraordinaires, elle peut être prise comme exemple pour montrer les services immenses que peut rendre une société coopérative agricole bien organisée.

Cet établissement de crédit, autorisé par la loi n° 923 du 8 août 1904, est actuellement reconnu officiellement par le Gouvernement de l'Etat de Saint Paul. Il répondait à une réelle nécessité dans un pays où la production du café est extraordinaire, exagérée même, et où l'agriculture se transforme petit à petit pour s'occuper, en dehors du café, de la culture des céréales et autres produits agricoles qui étaient jusqu'ici importés.

La « Companhia dos Fazendeiros de São Paulo » revêt la forme d'une société anonyme bien qu'elle ne soit en réalité qu'une véritable coopérative de planteurs. Fondée par les « fazendeiros » eux-mêmes, cette compagnie a reçu l'appui des capitalistes brésiliens et étrangers ; son siège social est la ville de Saint Paul et son capital s'élève à deux millions de livres sterling, c'est-à-dire trente-deux mille « contos de réis » (32.000 : 000 $ 000) au change fixe de 15 deniers.

Cette banque de crédit agricole jouit de certains avantages sérieux qui lui sont accordés par le Gouvernement pauliste ; celui-ci garantit, en effet, aux capitaux engagés, un intérêt annuel de 6 °/₀ pendant une période de vingt années ; de plus, cette institution, qui jouit d'un certain nombre d'autres faveurs stipulées dans la loi de création, est exempte de tout impôt.

La « Companhia dos Fazendeiros de São Paulo » a des agences dans les principales villes de l'intérieur ; c'est un véritable intermédiaire de crédit : elle doit, en effet, aider l'agriculture en faisant, sur emprunts hypothécaires, des avances pour l'entretien des propriétés agricoles ainsi qu'en escomptant les warrants des magasins généraux et les ordres sur correspondants. Elle traite également d'autres opérations de banque. Ses services de commission et de consignation à Saint Paul et à Santos sont très bien organisés ; quant à ceux pour l'étranger, ils sont établis de telle façon que l'écoulement des produits se fasse le plus rapidement possible (*).

Pour terminer ce qui se rapporte à la situation économique des « fazendeiros », disons que, parfois, les « fazendas » sont grevées d'hypothèques étant, dans la plupart des cas, supérieures à la valeur actuelle du fonds. Comme, à l'heure actuelle, il est difficile au soi-disant propriétaire de payer les intérêts élevés qui lui sont réclamés, les banques de Saint Paul, détentrices des hypothèques, exécutent. Mais, comme elles ne trouvent pas toujours d'acheteurs, surtout pour une valeur égale aux hypothèques, beaucoup de banques ou d'établissements financiers ont de la sorte des « fazendas » à leur charge.

A côté des « fazendas » se trouvant dans une situation difficile, il y a des exploitations qui, cultivées avec soin et presque intensivement, donnent encore de beaux bénéfices, malgré les prix actuels. Tel administrateur, co-propriétaire d'une importante « fazenda », a dit à M. Jean Michel que l'année 1906, la grande année, lui avait permis de distribuer un dividende de 45 % ; il n'en indiquait pas toutefois le capital !

(*) Renseignements extraits d'un article publié par le Messager de Sâo Paulo du 26 juillet 1907.

Fig. 86. — Chemin de fer de la « Mogyana ».
Ce chemin de fer, qui se joint au chemin de fer « Paulista » à Campinas, dessert les municipes du Nord de
de l'Etat de Saint Paul (voir carte).

CINQUIÈME PARTIE.

COMMERCE DU CAFÉ
DANS L'ÉTAT DE SAINT PAUL.

Dans cette partie, que nous avons intitulée *Commerce du Café dans l'Etat de Saint Paul*, nous nous proposons d'examiner successivement : les centres de production du café de cet Etat, le transport du produit de la « fazenda » au port d'embarquement, les manipulations dont le café est l'objet à Santos, les qualités de café produites à Saint Paul, la classification commerciale de Santos et enfin la production et l'exportation du café de l'Etat de Saint Paul.

1°. — CENTRES DE PRODUCTION DU CAFÉ
DANS L'ÉTAT DE SAINT PAUL.

Les plantations de café de l'Etat de Saint Paul sont, avons-nous vu dans le chapitre relatif au climat, réparties sur toute l'étendue de l'immense plateau intérieur pauliste. Elles s'y trouvent à des altitudes variant, le plus souvent, entre 600 et 850 mètres et y occupent les crêtes et les flancs des collines ; elles n'y descendent toutefois généralement que jusqu'à mi-côte de telle sorte qu'elles offrent, dans leur ensemble, un aspect tout à fait particulier.

Ces plantations, dont le nombre et l'étendue sont extraordinaires, ont pris, dans certaines régions de l'Etat de Saint Paul, une plus grande extension que dans d'autres, et il s'est ainsi formé des centres de production d'une très grande importance. Parmi ceux-ci, il convient de signaler tout particulièrement les zones de Ribeirâo Preto, Campinas, Sâo Simâo, Sâo Carlos do Pinhal, Jahú, Jaboticabal, Araraquara, Sâo Manoel do Paraizo, Botucatú, Amparo, etc.. Mais tandis que certaines de ces zones, comme celle de Ribeirâo Preto, par exemple, sont caractérisées par des « fazendas » extrèmement importantes, d'autres possèdent au contraire des plantations de moins grande étendue. Jahú, entre autres, peut être rangé parmi ces dernières ; c'est, en effet, une région de culture divisée ; les « fazendas » n'y ont pas l'importance de celles de Ribeirâo Preto, les plus fortes ne possèdent, en effet, que de 200.000 à 250.000 pieds ; elles sont cependant très nombreuses ; toutes travaillent par la méthode sèche et les installations en sont petites.

Afin de bien faire voir, avec leur importance respective, les divers et nombreux centres de production de café de l'Etat de Saint Paul, nous empruntons, au rapport de 1906, du Secrétariat d'Agriculture de Saint Paul, publié en 1907, les renseignements des tableaux suivants se rapportant à la statistique agricole et zootechnique faite en 1904/1905 par les soins de ce ministère. Cette statistique, comme on peut s'en rendre compte, est un travail de longue haleine, d'une minutie parfaite et de très grande valeur. Pour la mener à bien, le service de la statistique de l'Etat de Saint Paul a divisé tout l'Etat en cinq districts dont on verra les limites dans une des cartes annexées au présent volume. *Le premier district* comprend la zone desservie par le chemin de fer « Central », la ligne anglaise ou « Sâo Paulo Railway » et les embranchements de Bragantina, Itatibense, etc. ; *le second district*, la zone desservie par le chemin de fer de la « Mogyana », et ses embranchements, et par toute la voie à grand écartement (*) du chemin de fer « Paulista » et ses embranchements ; *le troisième district*, la zone desservie par la voie étroite du chemin de fer « Paulista », avec ses embranchements, et par les chemins de fer de Dourado, Araraquara et une partie du chemin de fer « Ituana » ; *le quatrième district*, la zone desservie par le chemin de fer de la « Sorocabana » et le chemin de fer « Ituana » avec tous ses embranchements ; enfin *le cinquième district* comprend toute la zone du littoral, y compris le municipe de Santos.

Les deux cartes intercalées dans notre ouvrage permettront, la première, de se rendre compte de l'étendue des cinq districts agricoles dont nous venons de parler et des diverses cultures de l'Etat de l'Etat de Saint Paul, la seconde, de juger de la répartition exacte des divers centres de culture du café de ce grand pays producteur.

2°. — TRANSPORT DU CAFÉ DE LA « FAZENDA » AU PORT D'EMBARQUEMENT.

De la « fazenda », le café est transporté, à la gare de chemin de fer la plus proche, en sacs de 60 kilogrammes net, non compris donc le poids du sac lequel varie, dans d'assez larges limites, suivant le tissu employé. Ce transport est généralement fait à l'aide de charrettes tirées par des bœufs ; toutefois, dans certaines localités, par suite du manque de chemins carrossables, on l'effectue à dos de mulets ; ceux-ci portant des charges de deux sacs. Certaines « fazendas », rares cependant, utilisent, pour ce transport du café, de petits chemins de fer particuliers qui servent également pour le service intérieur de la plantation.

(*) C'est-à-dire de Rio Claro à Campinas et Jundiahy où l'écartement est de 1m,60. Au-delà de Rio Claro il n'est que de 1 mètre. (Voir carte).

PRODUCTION DU CAFÉ
DANS L'ÉTAT DE SAINT PAUL.
Année 1904-1905.

N° d'ordre	Municipes	Surface cultivée en alqueires paulistas de 2 Ha. 44a.	Nombre de Caféiers	Production de Café en arrobes de 15 kgs.
	Premier district.			
	Zone du chemin de fer « Central », du São Paulo Railway et des embranchements de Bragantina, Itatibense, etc.			
1	Araçariguama	39,75	80.100	3.220
2	Arêas	1.504,00	3.010.000	72.284
3	Atibaia	3.600,50	7.201.000	255.400
4	Bananal	1.442,75	3.282.000	53.750
5	Bragança	5.600,00	10.569.800	712.303
6	Bocaina	259,00	517.000	10.720
7	Buquira	549,50	1.608.500	43.145
8	Cabreuva	933,00	1.866.000	92.200
9	Caçapava	1.658,00	4.845.300	143.798
10	Capital	13,00	19.053	953
11	Conceição dos Guarulhos	6,00	—	600
12	Cotia	1,00	2.000	80
13	Cruseiro	1.420,50	2.914.000	78.733
14	Cunha	30,25	60.600	2.180
15	Guararema	23,50	45.000	1.650
16	Guaratinguetá	3.390,00	4.816.800	149.900
17	Itapecerica	0,50	733	—
18	Itatiba	4.146,25	6.771.500	339.279
19	Jacarehy	1.134,75	2.268.400	62.275
20	Jambeiro	901,00	2.671.435	80.140
21	Jatahy	621,00	9.740.378	25.271
22	Jundiahy	3.686,50	1.275.500	400.686
23	Juquery	51,00	71.400	6.640
24	Lagoinha	78,50	292.000	6.090
25	Lorena	1.135,00	1.496.000	42.130
26	Mogy das Cruzes	59,00	132.550	4.959
27	Natividade	42,50	100.600	11.430
28	Nasareth	318,00	636.000	18.680
29	Parahybuna	361,00	1.079.000	35.240
30	Parnahyba	25,00	50.000	1.500
31	Patrocinio de Santa Izabel	366,25	732.500	43.550
32	Pindamonhangaba	2.966,00	7.387.500	135.000
33	Pinheiros	983,50	1.599.000	36.080
34	Queluz	717,50	1.389.000	50.785
35	Redempção	1.336,50	2.553.200	83.092
36	Santa Branca	332,00	634.000	20.410
37	Santa Izabel	281,75	718.200	29.705
38	Santo Amaro	—	—	—

N° d'ordre	Municipes	Surface cultivée en alqueires paulistas de 2 Ha. 44 a.	Nombre de Caféiers	Production de Café en arrobes de 15 kgs.
39	Santo Antonio da Cachoeira .	894,50	1.626.500	90.140
40	São Bento do Sapucahy . .	114,00	247.200	13.280
41	São Bernardo	--	--	-
42	São José do Barreiro . . .	610,00	1.325.800	41.735
43	Sallesopolis	37,00	86.200	3.106
44	São José dos Campos . . .	2.728,00	5.424.700	162.791
45	São Luis do Parahytinga . .	431,00	1.652.400	34.298
46	Silveiras	1.380,50	2.761.000	57.517
47	Taubaté	4.066,25	9.517.120	224.619
48	Tremembé	598,75	1.179.870	25.669
49	Villa Vieira do Piquete . .	724,00	1.338.000	20.670
	Total . .	51.598,75	107.595.339	3.726.078

Second district.

Zone du chemin de fer de la « Mogyana » et ses embranchements et du chemin de fer « Paulista » (grand écartement) et ses embranchements.

N° d'ordre	Municipes	Surface cultivée en alqueires paulistas de 2 Ha. 44 a.	Nombre de Caféiers	Production de Café en arrobes de 15 kgs.
1	Amparo	1.021,25	18.763.800	902.331
2	Araras	3.691,25	7.263.302	407.999
3	Batataes	5.483,00	9.769.080	453.580
4	Caconde	2.270,00	3.962.500	232.760
5	Cajurú	889,75	2.872.292	170.611
6	Campinas	14.410,00	28.518.100	1.227.460
7	Casa Branca	4.613,00	8.373.399	328.420
8	Cravinhos	6.587,00	11.289.000	603.440
9	Curralinho	9.282,75	2.183.650	102.653
10	Descalvado	6.964,75	12.683.171	527.368
11	Espirito Santo do Pinhal . .	4.197,00	8.298.300	428.420
12	Franca	13.834,00	7.380.988	510.030
13	Itapira	3.648,00	6.520.700	349.210
14	Ituverava	665,50	1.237.000	120.120
15	Jardinopolis	2.792,00	5.429.700	303.030
16	Leme	1.265,50	2.675.116	49.565
17	Limeira	4.669,75	8.759.320	401.505
18	Mocóca	4.295,00	9.479.155	699.100
19	Mogy-Guassú	1.584,00	2.303.500	95.380
20	Mogy-Mirim	3.641,50	6.114.500	326.082
21	Nuporanga	2.905,00	5.440.000	372.550
22	Patrocinio do Sapucahy . .	780,00	1.611.000	116.950
23	Pedreiras	1.072,75	1.992.700	81.130
24	Pirassununga	2.732,00	5.130.334	228.390
25	Porto Ferreira	998,00	1.948.000	130.750
26	Ribeirão Preto	15.210,00	29.094.365	2.040.036

N.º d'ordre	Municipes	Surface cultivée en alqueires paulistas de 2 Ha. 44 a.	Nombre de Caféiers	Production de Café en arrobes de 15 kgs.
27	Santo Antonio d'Alegria . .	290,00	714.375	32.595
28	Santa Barbara	54,00	118.300	3.990
29	Santa Cruz da Conceição . .	961,00	1.973.000	52.813
30	Santa Cruz das Palmeiras .	3.211,00	6.487.081	360.850
31	Santa Rita do Paraizo . . .	1.806,50	3.530.500	293.070
32	Santa Rita do Passa Quatro .	5.425,00	11.038.800	802.060
33	São João da Bôa Vista . . .	4.498,00	10.011.200	307.500
34	São José do Rio Pardo . .	4.437,00	10.586.600	432.331
35	São Simão	16.087,00	26.782.000	1.466.675
36	Serra Negra	3.690,00	7.338.425	311.775
37	Sertãozinho	6.556,00	12.066.200	822.196
38	Soccorro	1.884,00	3.931.700	72.649
39	Tambahú	1.878,00	3.975.000	154.095
	Total. . .	170.280,25	307.646.153	16.321.469

Troisième district.

Zone du chemin de fer « Paulista » (petit écartement) et ses embranchements, des chemins de fer de Dourado, Araraquara et une partie du chemin de fer « Ituana ».

N.º d'ordre	Municipes	Surface cultivée en alqueires paulistas de 2 Ha. 44 a.	Nombre de Caféiers	Production de Café en arrobes de 15 kgs.
1	Annapolis	2.412,50	4.657.500	191.800
2	Araraquara	9.357,00	18.212.000	895.000
3	Barery	2.628,75	5.310.200	301.020
4	Barretos	565,50	1.088.600	70.550
5	Bebedouro	2.363,50	4.725.736	261.440
6	Bôa Esperança	2.053,00	3.966.700	213.290
7	Bôa Vista das Pedras . . .	1.676,75	3.357.450	46.762
8	Brotas	3.186,00	6.346.500	332.170
9	Capivary	2.069,00	4.152.000	165.400
10	Dourados	1.465,50	2.903.100	173.925
11	Dois Corregos	2.960,00	6.018.500	322.358
12	Ibitinga	1.455,75	2.336.340	184.055
13	Indaiatuba	1.183,00	2.365.300	111.980
14	Jaboticabal	8.978,50	17.422.800	1.011.850
15	Jahú	11.691,75	22.749.494	1.476.568
16	Mattão	4.243,75	8.192.500	534.350
17	Mineiros	1.511,50	3.005.500	162.530
18	Monte Alto	2.601,50	5.232.000	417.520
19	Monte Mór	477,50	957.000	34.525
20	Piracicaba	3.135,25	6.245.430	301.958

N° d'ordre	Municipes	Surface cultivée en alqueires paulistas de 2 Ha. 44 a.	Nombre de Caféiers	Production de Café en arrobes de 15 kgs.
21	Pitangueiras	1.904,50	3.841.200	241.200
22	Ribeirão Bonito	2.731,00	4.829.000	355.600
23	Ribeirãosinho	5.255,00	10.466.509	567.570
24	Rio Claro	6.720,00	13.391.010	686.321
25	Rio das Pedras	1.541,75	3.049.300	133.360
26	São Pedro	2.516,50	5.033.000	238.890
27	São João da Bocaina	3.155,00	6.183.000	408.650
28	São Carlos do Pinhal	12.521,00	25.049.217	1.097.975
29	São José do Rio Preto	172,50	255.700	25.208
	Total	102.173,25	201.342.586	10.963.925

Quatrième district.

Zone du chemin de fer « Sorocabana » et du chemin de fer « Ituana » avec tous ses embranchements.

N° d'ordre	Municipes	Surface cultivée en alqueires paulistas de 2 Ha. 44 a.	Nombre de Caféiers	Production de Café en arrobes de 15 kgs.
1	Avaré	1.816,00	3.610.500	250.825
2	Baurú	1.342,25	2.651.700	93.821
3	Bom Successo	50,50	100.060	9.545
4	Botucatú	6.170,00	12.328.517	896.345
5	Campos Novos de Paranap.ᵐᵃ	220,00	428.500	46.230
6	Capão Bonito do Paranapanema	2,00	4.000	100
7	Campo Largo do Sorocaba	46,00	92.000	4.430
8	Espirito Santo da Bôa Vista	475,25	950.500	86.795
9	Espirito Santo do Turvo	190,50	374.700	34.095
10	Fartura	672,75	1.333.260	155.973
11	Faxina	66,75	132.540	11.852
12	Guarehy	79,00	158.000	14.400
13	Itapetininga	317,25	625.500	47.640
14	Itaporanga	227,50	418.250	38.287,5
15	Itararé	94,25	182.000	3.260
16	Itatinga	948,50	1.895.000	183.690
17	Lavrinhas da Faxina	99,50	197.500	30.200
18	Lençóes	1.768,75	3.471.450	328.720
19	Pederneiras	1.265,00	2.286.708	144.670
20	Piedade	8,00	20.325	1.327
21	Pereiras	84,25	193.500	9.405
22	Pilar	7,75	14.500	710
23	Pirajú	2.140,00	3.447.300	344.395

N° d'ordre	Municipes	Surface cultivée en alqueires paulistas de 2 Ha. 44 a.	Nombre de Caféiers	Production de Café en arrobes de 15 kgs.
24	Porto Feliz	230,00	457.500	31.770
25	Remedios do Tieté	157,50	315.000	13.230
26	Ribeirão Branco	—	—	—
27	Rio Bonito	1.003,75	2.005.252	79.050
28	Santo Antonio da Bôa Vista	122,75	222.000	11.475
29	Santa Barbara do Rio Pardo	65,00	129.000	6.200
30	Santa Cruz do Rio Pardo	977,50	1.950.500	210.770
31	São Manoel do Paraizo	7.920,50	14.840.870	1.263.402
32	São Miguel Archanjo	—	—	—
33	São Paulo dos Agudos	1.267,00	2.508.500	114.580
34	São Pedro do Turvo	21,25	41.750	3.880
35	São Roque	51,25	140.200	4.226
36	Salto de Itú	59,50	136.300	5.990
37	Sarapuhy	41,75	85.500	5.428
38	Sorocaba	77,25	217.590	19.705
39	Tatuhy	338,50	736.300	59.440
40	Tieté	3.060,75	5.750.500	351.080
41	Una	—	—	—
42	Ytú	2.936,00	5.987.510	345.374
	Total	**36.421,62**	**70.440.522**	**5.262.315,5**

Cinquième district.

Zone du littoral y compris le municipe de Santos.

N° d'ordre	Municipes	Surface cultivée en alqueires paulistas de 2 Ha. 44 a.	Nombre de Caféiers	Production de Café en arrobes de 15 kgs.
1	Apiahy	20,75	21.380	978
2	Cananéa	159,00	187.160	14.495
3	Caraguatatuba	4,00	8.000	400
4	Conceição de Itanhaem	—	—	—
5	Iguape	480,50	764.220	25.677
6	Santos	4,00	4.528	92
7	São Sebastião	14,50	26.100	1.297
8	São Vicente	—	—	—
9	Ubatuba	19,00	112.600	3.624
10	Villa Bella	346,00	80.422	2.303
11	Xiririca	30,00	577.800	31.315
12	Iporanga	21,00	38.600	1.860
	Total	**1.098,75**	**1.820.810**	**82.041**

Statistique agricole de l'Etat de Saint Paul. — Année 1904 1905.

	Premier District	Second District	Troisième District	Quatrième District	Cinquième District	TOTAL
I. — Surface cultivée en alqueires paulistas de 2 Ha. 44 a.						
1. Café	51.598,25	170.280,25	102.173,25	36.421,62	1.098,75	361.572,12
2. Canne à sucre	6 827,50	5.811,75	4.732,50	2.051,37	708,20	20.131,32
3. Coton	154,25	59,25	219,00	3.029,25	—	3.461,75
4. Riz	4.454,50	6.878,00	7.908,00	4.380,50	3.820,00	27.444,00
5. Maïs	36.245,50	10.720,50	43.484,75	45.004,50	7.928,60	143.383,85
6. Haricots	22.755,50	18.119,50	14.897,50	8.034,87	985,00	64.792,37
7. Tabac	971,25	70,75	237,00	686,50	29,10	1.994,60
8. Vignes	372,25	826,25	35,25	—	—	1.233,75
9. Luzerne	—	—	—	—	—	—
10. Manioc	1.067,75	—	47,25	—	1.773,225	2.888.225
11. Pomme de terre	1.660,50	—	77,75	—	—	1.738,25
12. Autres cultures	3.457,25	683,00	335,25	1.093,25	1.362,50	6.931,25
II. — Production agricole.						
1. Nombre de caféiers	107.595.339	307.646.153	201.342.586	70.440.522	1.820.810	688.845.410
2. Café (arrobes)	3.726.078	16.321.469	10.963.925	5.262 315,5	82.044	36.355.828,5
3. Coton (arrobes)	39.627	17.062	23.323	488.542	—	568.554
4. Riz (litres)	10.263.280	17.125.626	48.109.605	14.354.212	11.572.095	101.424.818
5. Maïs (litres)	168.860.526	222.762.230	222.745.330	243.233.430	33.985.820	891.587.336
6. Haricots (litres)	29.598.798	58.479.456	29.920.218	13.505.370	1.906.782	133.401.324
7. Tabac (arrobes)	65.432	4.260	12.282	51.312	1.987	135.183
8. Raisins (arrobes)	43.654	35.726	—	31.490	—	110 870
9. Vins (litres)	165.590	664.440	42.650	707.049	1.680	1.581.409
10. Luzerne (kilogrammes)	—	—	—	—	—	—
11. Farine maïs (litres)	4.063.365	—	132.900	—	62.227.206	66.423 471,0
12. Sucre (arrobes)	236.928	107.638	814.282	231.140,5	135.541	1.525.529,5
13. Eau-de-vie (litres)	15.389.501	81.807.670	16.696.870	6.334.447	2.761.111	122.989.599
14. Pomme de terre, etc. (litres)	32.417.150	—	—	—	4.358.375	36.775.525
III. — Main-d'œuvre agricole.						
1. Nationaux	65.205	52.157	32.105	36.885	10.143	196.495
2. Etrangers	14.418	108.109	74.504	21.879	71	218.981
Total	79.623	160.266	106.609	58.764	10.214	415.476

Fig. 87. — Magasins du chemin de fer de la « Mogyana » à Campinas.

N. B. La ligne de la « Mogyana » se joint à la « Paulista » à Campinas où se fait le transbordement des produits.

Arrivé à la gare d'expédition, le café est pesé pour être ensuite chargé sur wagon dans un délai qui excède parfois huit jours. Il est alors dirigé sur Santos où il n'arrive pas toujours directement car, par suite de leur écartement généralement différent, les chemins de fer de l'Etat de Saint Paul nécessitent des transbordements toujours onéreux. C'est ainsi, par exemple, que les cafés, expédiés par la ligne de la *Mogyana*, doivent être transbordés à Campinas, tandis que ceux expédiés par la *Sorocabana* le sont à Saint Paul.

Les centres de production de café de l'Etat de Saint Paul sont desservis par de nombreux chemins de fer dont les principaux sont : 1. — Le chemin de fer de la *Mogyana* allant de Sertàosinho à Campinas. Son écartement est de 1 mètre et il dessert les municipes du nord de l'Etat, tels que ceux de Ribeirào Preto, Sào Simào, etc.. 2. — Le chemin de fer *Paulista* qui va de Ribeiràosinho à Jundiahy en passant par Rio Claro et Campinas. Il dessert les municipes d'Araraquara, Sào Carlos, Rio Claro, Limeira, Campinas, etc.. Au-delà de Rio Claro, son écartement n'est que de 1 mètre, tandis que de Rio Claro à Jundiahy, il est de $1^m,60$, écartement qui est aussi celui de la ligne anglaise. 3. — Le chemin de fer de la *Sorocabana* desservant les municipes du sud et passant par Botucatú pour se joindre au chemin de fer anglais à Saint Paul. Son écartement est de 1 m. comme celui de la « Mogyana ». 4. — Le *Sào Paulo Railway* ou ligne anglaise, allant de Jundiahy à Santos en passant par Saint Paul, capitale de l'Etat. C'est par cette ligne à $1^m,60$ d'écartement que sont expédiés vers Santos la plupart des cafés produits à Saint Paul.

Ces divers chemins de fer, auxquels viennent s'en ajouter un certain nombre d'autres de moindre importance, ont tous des embranchements plus ou moins importants. Leur trafic se trouve résumé dans les tableaux suivants.

I. — Mouvement financier et statistique du trafic des chemins de fer de l'Etat de Saint Paul. Année 1906.

LIGNES	RECETTES						
	Passagers	Colis et bagages	Animaux	Marchandises	Télégraphe	Divers	TOTAL
1. São Paulo Railway.							
a. Santos à Jundiahy	1.922:296$130	543:940$320	18:928$870	24.916:930$640	101:578$260	397:394$560	**27 901:068$780**
b. Campo Limpo à Bragança	80:172$020	20:864$320	3:738$460	376:985$200	3:003$630	8:275$010	**493:038$640**
2. Paulista.							
Lignes de 1m,60, 1m,00 et 0m,60 d'écartement	2.311:984$710	541:088$480	58:248$380	23.746:736$630	230:952$980	221:063$140	**27.110:074$320**
3. Mogyana	2.182:070$280	448:101$540	141:467$450	15.269:474$140	132:324$790	275:618$063	**18.449:056$263**
4. Sorocabana	1.505.586$172	359:010$290	313:005$710	10.334:774$010	84:429$190	139:909$698	**12.736:715$070**
5. Araraquara.	147:068$700	17:144$110	2:044$530	578:684$060	9:386$370	5:611$750	**759:939$520**
6. Itatibense	24:062$670	6:010$530	450$950	117:067$240	1:945$190	1:051$030	**150:587$610**
7. Ramal Ferreo Campineiro	55:922$210	9:145$920	518$360	153:862$450	2:059$830	9:166$170	**230:674$940**
8. Dourado	41:720$290	6:044$760	503$490	200:920$430	3:900$340	17:674$740	**270:764$050**
9. Dumont	27:344$500	3:203$000	89$900	83:787$400	272$500	154:607$290	**266:304$590**
10. Funilense	29:484$490	4:713$990	274$720	69.000$890	592$050	16:719$670	**120:785$810**
11. Santo Amaro	36:182$600	801$000	—	28:564$960	187$000	7:857$380	**73:592$940**
12. Bananal	7:158$600	–	70$200	18:601$600	31$600	1:777$100	**27:639$100**
13. Tramway de Cantareira	95:365$900	18:310$300	—	70:946$200	—	6:927$200	**191:549$600**
14. Tramway de São Vicente	—	—	—	—	—	—	**202:561$230**
15. Rezende et Bocaina	5:732$300	2:762$900	110$800	28:534$100	394$580	497$400	**38:032$080**

II. — Mouvement financier et statistique du trafic des chemins de fer de l'Etat de Saint Paul. Année 1906.

LIGNES	DÉPENSES						SOLDE
	Administra-tion et comptabilité	Trafic (Personnel etc.)	Matériel	Voies et travaux	Divers	TOTAL	
1. São Paulo Railway.							
a. Santos à Jundiahy	600:772$620	3.461:110$150	6:221.110$120	2.870:766$970	418:844$630	**13.572:604$490**	**14.328:464$290**
b. Campo Limpo à Bragança	21:171$080	44:622$480	117:644$030	106:963$990	—	**290:401$580**	**202:637$060**
2. Paulista.							
Lignes de 1ᵐ,60, 1ᵐ,00 et 0ᵐ,60 d'écartement	289:262$984	2.065:290$652	3.349:719$341	2.042:958$005	912:508$044	**8.659:739$026**	**18.450:335$294**
3. Mogyana	576:478$279	1.861:653$218	3.282:035$258	1.935:003$580	739:757$170	**8.394:927$505**	**10.054:128$758**
4. Sorocabana	443:481$320	1.335:155$830	3.137:526$182	2.012:930$790	90:113$264	**7.019:207$386**	**5.717:507$684**
5. Araraquara	41:960$393	88:426$756	41:919$116	86:225$677	69:700$547	**328:232$490**	**431:707$030**
6. Itatibense	11:597$610	22:439$710	24:451$345	26:257$915	2:661$550	**86:808$130**	**63:779$480**
7. Ramal Ferreo Campineiro	27:071$000	35:576$570	53:288$260	39:701$650	9:470$040	**165:107$520**	**65:567$420**
8. Dourado	9:600$700	37:084$690	61:651$250	26:519$450	—	**134:856$090**	**135:907$960**
9. Dumont	4:237$500	28:419$200	43:536$600	43:135$120	8:415$490	**127:443$910**	**138:860$680**
10. Funilense	19:405$000	18:696$410	22:082$657	12:230$830	29:632$453	**102:041$350**	**18:744$460**
11. Santo Amaro	4:424$000	22:937$100	16:370$030	9:267$450	5:610$800	**55:609$380**	**17:983$560**
12. Bananal	8:400$000	8:968$150	8:174$600	20:041$010	15:188$250	**60:772$010**	**33:132$910**
13. Tramway de Cantareira	17:626$966	28:702$616	48:972$210	22:351$743	47:386$799	**165:040$334**	**26:509$266**
14. Tramway de São Vicente	—	—	—	—	—	**164:336$690**	**38:224$540**
15. Rezende et Bocaina	12:713$000	12:278$031	16:322$372	25:736$158	572$811	**67:622$372**	**29:590$292**

III. — Statistique du trafic des chemins de [fer]

LIGNES	DÉVELOPPEMENT Voie principale Kilomètres	Embranchements Kilomètres	Passagers Nombre	Colis et bagages Tonnes	MOU[VEMENT] Café	Coton
1. São Paulo Railway.						
a. Santos à Jundiahy	139 double	153	1.298.099	17.210	686.318	2.864
b. Campo Limpo à Bragança . . .	52	4	36.695	656	17.861	10
2. Paulista.						
Lignes de 1ᵐ,60, 1ᵐ,00 et 0ᵐ,60 d'écartement	1.058	169	968.343	10.989	590.797	—
3. Mogyana	1.069	111	1.419.609	20.933,108	325.185,595	126,212
4. Sorocabana	987	79	708.107	7.034	112.553	5.188
5. Araraquara.	83	5	70.107	630	39.219	4
6. Itatibense.	21	14	25.722	574,423	6.947.359	0,084
7. Ramal Ferreo Campineiro . . .	42	2	53.073	415,321	8.783,751	—
8. Dourado	59	3	30.443	325,629	15.241,766	4.853
9. Dumont	24	5	29.038	188,028	15.783,591	—
10. Funilence.	44	2	24.303	155	389	—
11. Santo Amaro	16	6	52 536	33.814	33,618	—
12. Bananal	28	—	3.009	—	309	—
13. Tramway de Cantareira. . . .	25	4	298.733	58	—	—
14. Tramway de São Vicente . . .	9	2	—	—	—	—
15. Rezende et Bocaina	39	11	4.826	92	991	—

fer de l'Etat de Saint Paul. Année 1906.

VEMENT DU TRAFIC

PRODUITS (Tonnes)							Animaux Têtes	Télégrammes Nombre
Sucre	Céréales	Tabac	Sel	Eau-de-Vie	Divers	TOTAL		
—	..	—	34.794	..	1.168.022	**1.891.998**	17.045	149.199
..	—	—	1.242	—	18.777	**37.890**	4.576	4.955
—	—	—	—	—	392.845	**983.642**	26.985	257.243
—	46.996.554	974.690	31.992.862	5.458.547	214.267.567	**625.002.027**	91.820	802.518
18.628	48.794	..	7.836	..	222.111	**415.110**	82.525	100.456
—	5.764	35	942	172	14.902	**61.038**	2.857	14.299
—	1.020,753	17.695	236.856	253.359	3.474.878	**11.950.984**	958	3.024
—	2.187.443	18.322	159.514	289.115	3.241.399	**14.679.514**	321	3.002
—	1.770,393	13.834	196.869	152.839	3.969.544	**21.350.098**	268	6.101
—	1.661.158	2.422	81.435	38.376	908.995	**18.475,977**	118	381
—	—	—	—	—	13.742	**14.131**	128	1.173
..	93.444	—	52.224	—	1.024.989	**1.204.275**	—	180
—	—	0.392	—	36	4.011	**1.356,392**	113	—
—	—	—	—	—	95.842	**95.842**	12	—
—	—	—	—	—	—	**—**	—	—
—	356	2	73	85	1.280	**2.787**	137	386

Fig. 88. — « Sào Paulo Railway ». ou ligne anglaise allant de Jundiahy à Santos.
Viaduc de la nouvelle ligne.

Fig. 89. — « São Paulo Railway ». Station de Piassaguera.

Fig. 90. — « Sâo Paulo Railway ». Viaduc.

3°. — **MANIPULATIONS DU CAFÉ A SANTOS.**

Le café, préparé par la méthode sèche ou par la méthode humide, est, sa préparation terminée, ainsi que nous venons de le dire, mis directement en sacs de 60 kilogrammes net, pour être expédié de la « fazenda » vers Santos, port d'embarquement de la presque totalité des cafés produits dans l'Etat de Saint Paul. C'est de Santos qu'il sera dirigé vers les divers marchés du monde, après y avoir subi quelques manipulations qui ont surtout pour but de le rendre propre à l'exportation.

Le « fazendeiro » n'exporte pas lui-même son café ; il le remet généralement en consignation au « *commissario* », intermédiaire établi sur la place de Santos, lequel vend le produit de ses commettants à des maisons d'exportation ou bien l'exporte lui-même, lorsqu'il est en même temps exportateur.

Le « *commissario* », qui doit son nom à la commission de 3 % qu'il prélève sur les comptes de vente, reçoit les cafés de différents producteurs, par conséquent des produits, de qualité et d'aspect fort différents, qu'il serait impossible d'exporter directement dans les conditions où ils se présentent ordinairement à leur arrivée à Santos. Les cafés fournis par les divers « fazendeiros » doivent donc, à moins qu'il ne s'agisse de produits provenant de « fazendas » bien outillées (*), nécessairement être manipulés à Santos dans le but de les classer par qualités ou, si l'on veut, par types, afin d'en faire des lots aussi homogènes que possible qui sont destinés à l'exportation.

(*) D'une manière générale les cafés produits dans les « fazendas » de premier ordre ainsi que les cafés lavés, parmi lesquels se rencontrent les plus beaux cafés de Saint Paul, sont exempts de toute manipulation. Ils sont simplement changés de sacs.

Fig. 91. — « São Paulo Railway ». Traction par câble entre Santos et Saint Paul.
Vue sur la « Serra do Mar ».

Les manipulations, dont le café est l'objet de la part du « commissario », ne sont pas très compliquées et consistent simplement en quelques opérations principales que nous nous contenterons de résumer.

Le café amené à Santos par chemin de fer est transporté directement vers les magasins du « commissario »; parfois aussi, il est déposé dans les magasins de la *Compagnie des Docks de Santos* d'où il doit être retiré, dans les quarante-huit heures de son arrivée, sous peine de payer des frais de magasinage très élevés qui sont de 200 réis par sac et par jour supplémentaire.

Le transport aux magasins du « commissario » est fait actuellement par les soins de compagnies de transport qui réclament à Santos 200 réis par sac et à Rio 300 réis.

Dès son arrivée aux magasins du « commissario », le café est déchargé par des ouvriers qui portent les sacs sur le dos tandis qu'un employé, placé près de la porte d'entrée, échantillonne chacun des sacs au passage. A cet effet, il se sert de la sonde ordinaire en acier appelée à Santos « furador ». Cet échantillonnage a pour but de déterminer facilement la qualité du café entré et de pouvoir ainsi se rendre immédiatement compte de la formation ultérieure des lots qui seront offerts aux exportateurs. Chacun des échantillons prélevés est déposé séparément sur une table placée à côté de l'opérateur. La partie de sacs étant introduite dans le magasin, il se trouve donc sur la table en question, et disposés en petits monticules, autant d'échantillons qu'il y a de sacs entrés. On procède de la sorte pour tous les envois de café faits pour les divers « fazendeiros ».

Inutile d'insister sur l'importance de cet échantillonnage : en effet, dans l'envoi de 250 sacs de café fait par un « fazendeiro », on trouve parfois dix et même jusque vingt qualités différentes ; l'exportation de semblable mélange

Fig. 92. — Magasins de café à Santos. « Viragem » ou mise en sacs neufs et pesage des balles de café.

serait impossible, le commerce exigeant des qualités régulières et connues. On comprend donc l'avantage de cette opération qui a pour but de régulariser les qualités, de permettre, par conséquent, de présenter à l'exportation des lots homogènes, ce qui augmente considérablement la valeur du produit et facilite sa distribution aux différents marchés, qui ont chacun des exigences particulières.

La partie de sacs livrée par un « fazendeiro » étant introduite dans le magasin, où elle se trouve déjà répartie suivant la qualité, l'échantillonneur procède à la formation, en deux séries, des échantillons qui permettront de déterminer plus tard, suivant le prix de vente, le prix à payer par le « commissario » au « fazendeiro », prix qui dépendra naturellement des qualités fournies. Ces échantillons seront conservés jusqu'au moment de la liquidation de la vente.

Les cafés des divers « fazendeiros » étant emmagasinés, il s'agit d'en faire des lots homogènes. On procède, à cet effet, au vidage des sacs renfermant une même qualité de café, sans s'occuper des « fazendas » dont ils proviennent (*); le café mis en tas est alors remué énergiquement à l'aide de longues pelles en bois dans le but de le débarrasser de la poussière et de le mélanger intimement. Le mélange terminé, on prélève sur le tas, en suivant pour cela les règles admises, l'échantillon global qui servira à confectionner de plus petits échantillons que l'on présentera aux exportateurs lors de la vente.

Le café est ensuite mis en sacs neufs (**) qui sont tarés de manière à ce que chaque balle renferme exactement 60 kilogrammes. L'ensachage et le pesage terminés, les

____

(*) Pour la détermination de la qualité, le « commissario » se base sur les *types commerciaux* en usage sur la place de Santos et dont nous parlons pages 328 et 330.
(**) Opération appelée « viragem ».

Fig. 93. — Magasins de café à Santos. Mise en piles des balles de café.

sacs sont cousus et les balles de café empilées dans les magasins du « commissario » en en attendant la vente. Les sacs, dans lesquels le café est arrivé de la « fazenda », sont retournés au « fazendeiro » à qui ils appartiennent (*).

La vente des lots, du « commissario » aux exportateurs, se fait par l'entremise de courtiers. Ceux-ci vont d'exportateur à exportateur afin de débattre le prix de vente et laissent l'échantillon du lot au plus offrant (**).

Le café vendu est, après confrontation des échantillons, camionné vers les magasins de la Compagnie des Docks de Santos pour être ensuite embarqué par de solides dockers qui portent couramment deux et parfois même trois balles. Le « commissario » remet alors au « fazendeiro » son compte de vente qu'il dresse en tenant compte du prix de vente du café, des divers frais et de sa commission.

Une remarque importante s'impose au sujet de la détermination du prix de vente à facturer au « fazendeiro ». Le « commissario » mélange, en effet, dans le but de pouvoir en faire des lots homogènes suffisamment importants pour le commerce, les cafés des divers planteurs dont il est l'agent. La vente terminée, il s'agit de calculer, partant du prix global, ce qui revient aux divers « fazendeiros » en tenant compte naturellement des qualités vendues et de la quantité pour laquelle chaque commettant est intervenu. Cette répartition, entre les planteurs, du prix de vente des divers lots, dans la proportion (quantité et qualité) pour laquelle ils sont intervenus lors de la formation de ces lots, s'appelle le « rateio », opération qui

---

(*) Parfois ces sacs appartiennent au « commissario »; celui-ci perçoit alors comme frais de location 5oo à 6oo réis par sac.

(**) Le courtier reçoit 1oo réis de courtage par sac : 5o du vendeur et 5o de l'acheteur.

Fig. 94. — Magasins de café à Santos. Triage du café.

préoccupe à tel point les « fazendeiros » que généralement ceux-ci ne peuvent entendre prononcer ce mot sans montrer la crainte qu'il leur inspire.

En lui-même le « rateio » est cependant une opération de la plus grande simplicité, si l'on considère qu'un échantillon est prélevé de chacun des sacs de café à leur arrivée dans les magasins du « commissario » et que ces échantillons sont de véritables témoins des qualités fournies. Mais le « fazendeiro » est méfiant ; il manque de confiance généralement vis à vis du « commissario » car il ignore, le plus souvent, tout ce qui se rapporte aux types commerciaux et aux désignations commerciales ; il ne comprend pas non plus toujours la nécessité de la formation des lots et, malgré tout, le « rateio » restera toujours pour lui un sujet de crainte et de méfiance, car s'il est des « commissarios » honnêtes, il en est malheureusement qui sont moins scrupuleux, à tel point que certains ont été qualifiés d'habiles manipulateurs de « rateio ». Cette profession est certes lucrative, le « commissario » gagnant au moins 800 réis par sac de café (*), mais nous ne croyons pas que le « fazendeiro » pauliste puisse de sitôt se priver de cet agent intermédiaire qui a pris sa place dans le commerce des cafés où il rend, au point de vue de l'exportation de la marchandise, les plus grands services.

Au sujet des affaires en consignation et des frais à porter en compte par le « commissario » au « fazendeiro », l'Association commerciale de Santos a publié, le 20 septembre 1907, au « Diario official do Estado de Sào Paulo », une série d'usages relatifs au commerce du café à Santos, lesquels ont été mis en vigueur trois mois après leur publi-

---

(*) Un ex-commissario a avoué que selon son degré de conscience cet agent intermédiaire gagne de 5 à 6 % sur la valeur du café qu'il vend.

cation. Ces usages, qui ont force de loi sur la place de Santos, peuvent se résumer comme suit :

1º. — Les ventes de café et autres produits d'exportation se feront à 3o jours et leur règlement s'effectuera à la fin de ce délai ou avant suivant la date à laquelle les marchandises auront été livrées.

2º. — En cas de paiement anticipé, il sera déduit, du montant de la facture, un escompte de 6 % l'an.

3º. — La facture, dont l'échéance coïncide avec un jour férié légal, sera considérée comme échue le jour non férié qui précède. Dans ce cas, il ne sera accordé aucun escompte, sauf pour les sommes payées par anticipation.

4º. — Il sera perçu par le « commissario » une commission de 3 % sur le montant brut du compte de vente.

5º. — Le café sera vendu par le « commissario » en sacs neufs, en grosse toile de première qualité ; ces sacs seront fournis par le « commissario » et facturés par lui aux exportateurs à raison de 1 $ 700 par sac.

6º. — Les « commissarios » remettront les cafés en sacs par *types* non pas suivant leur provenance mais seulement d'après la qualité.

7º. — En cas de réclamation de la part des commettants, c'est-à-dire des « fazendeiros », ce sont les échantillons qui ont été prélevés lors de la réception du café à son arrivée à Santos qui feront foi. Ces échantillons devront donc être conservés jusqu'à l'échéance du compte de vente.

8º. — Les « commissarios » sont responsables de la solvabilité des acheteurs avec lesquels ils auront traité.

9º. — Dans les opérations à terme, la date de la facture du vendeur fera foi, lorsque la qualité du produit aura été trouvée conforme ; il n'en serait pas de même si une réclamation de l'acheteur, quant à la qualité et au poids, était justifiée.

10°. — Le nom de l'acheteur ne devra pas être mentionné dans le compte de vente.

11°. — Sous la dénomination de « CARRETOS », ou frais de transports que le « commissario » porte en compte au « fazendeiro », ne seront pas seulement compris les frais de charriage, mais également ceux relatifs au vidage des sacs, à la remise en sac, au repesage, aux transbordements et au courtage. Ces frais varient, suivant le temps employé et le plus ou moins grand éloignement des magasins des « commissarios », de 7 à 10 réis par kilogramme de café.

12°. — Les avances faites aux « fazendeiros » commettants par les « commissarios » seront soldées, non pas en espèces, mais par des remises de café en consignation.

13°. — Le timbre des reçus, qu'il soit fixe ou proportionnel, sera payé par la partie qui reçoit.

4°. — QUALITÉS DE CAFÉ PRODUITES DANS L'ÉTAT DE SAINT PAUL. CLASSIFICATION COMMERCIALE DE SANTOS.

Les divers cafés produits dans l'Etat de Saint Paul, et fournis par le « beneficiamento » ou préparation commerciale, appartiennent à deux types bien distincts qui sont : les cafés à *grain plat* ou *chato* et les cafés à *grain arrondi*, c'est-à-dire les *caracoli* encore appelés *redundo* ou *moka*. Ces deux types sont, d'après le volume de leurs fèves, divisés en plusieurs classes : les chato comprenant le *chato grande* ou grand chato, le *chato miúdo* ou chato moyen et le *chato miúdinho* ou *chatinho*, c'est-à-dire le petit chato, tandis que les moka comprennent le *moka grande* ou gros moka, le *moka miúdo* ou moka moyen et le *mokinha* ou petit moka.

Le café *chato*, lequel domine dans toutes les récoltes, provient des cerises qui se sont développées normalement et complètement. Celles-ci contiennent toujours deux grains de café de même forme et de même grandeur, disposés l'un devant l'autre en se faisant face par leur côté plat, lequel étant très bien marqué a donné le nom à ce type de café. Le café *moka* est produit lui, par les cerises se trouvant aux extrémités des branches des caféiers. Ces cerises ne contiennent qu'un seul grain de forme arrondie qui, pendant sa période de développement, a empiété sur l'espace réservé à la graine ayant avorté et par conséquent absente. Le *moka*, connu sur beaucoup de marchés sous le nom de *caracole*, est le produit rachitique ou anormal des mêmes branches qui fournissent les cafés dits plats ou chato (*).

Telles sont, au point de vue de la forme et du volume des grains, les sortes principales de café produites dans l'Etat de Saint Paul. Eu égard à la qualité, les cafés de Saint Paul sont classés en plusieurs catégories auxquelles correspondent des **types commerciaux** qui, sur la place de Santos, sont relativement nombreux. Ces types principaux sont : le **fino** ou fin, le **superior** ou supérieur, le **bom** ou bon, le **regular** ou régulier, l'**ordinario** ou ordinaire et l'**escolha,** ce dernier comprenant les cafés cassés ou brisures ainsi que les déchets (**).

(*) La production des cafés *moka* se trouve sous la dépendance directe des conditions climatériques et particulièrement de la gelée et de la grêle. Ils proviennent, en effet, des extrémités des branches qui sont précisément les parties du caféier les premières atteintes par la gelée. Les années où celle-ci se fait sentir la production des *moka* sera donc moins considérable.

(**) Nous donnons page 330 la classification commerciale dite de Santos qui, plus complète que la précédente, est utilisée pour la vente à l'exportation.

La majeure partie de la production de l'Etat de Saint
Paul est constituée par les types *superior*, *bom*, *regular*
et *ordinario*. Le premier de ces quatre types, c'est-à-dire
le *superior,* représente le type moyen général des cafés
paulistes les plus parfaits obtenus par les méthodes usuelles
de récolte et de « beneficiamento ». Comme ce type est le
type courant — il se trouve, en effet, en grande quantité dans
les diverses récoltes — on le prend comme base, sur les
marchés, pour établir le prix de tous les autres types supérieurs ou inférieurs.

Les cafés du type dit *fin*, toujours mieux cotés que
le supérieur, sont produits dans quelques « fazendas » où,
depuis la récolte jusqu'à la fin de sa préparation, le café
est l'objet des plus grands soins de telle sorte que, par
son uniformité de coloration, de forme et de grandeur
ainsi que par son bon arome, on puisse le distinguer immédiatement du café ayant subi un traitement moins parfait.
Le prix des cafés *fin* varie naturellement, sur le marché de
Santos, suivant les exigences de la demande et les quantités disponibles, mais, en général, ces cafés sont vendus 10
à 25°/₀ plus cher que le *supérieur.*

Les types de café inférieurs au *superior*, c'est-à-dire
le *bom*, le *regular*, l'*ordinario* et l'*escolha*, s'en distinguent
par la plus ou moins grande quantité de grains noirs,
inégaux et cassés et par la présence de corps étrangers
tels que pierres, paille, petits morceaux de bois, etc. qui
y sont mélangés. Parmi ces types inférieurs, on range aussi
les restes de récolte, les ramassis de séchoirs, les déchets
du traitement des cafés, le produit gâté par les pluies
ou provenant des « fazendas » dont les installations in-
suffisantes ne permettent pas de mieux traiter leur café.
Ces quatre types inférieurs au *superior* ne représentent,
dans l'ensemble de la récolte annuelle, qu'une quantité

relativement faible, ne dépassant généralement pas 20 °/o, sauf les années, rares cependant, où des conditions climatériques extrêmement défavorables retardent la maturité des fruits ou la rendent inégale, ou encore dans les cas où des pluies exceptionnelles détériorent le café en train de sécher sur les « terreiros ». Le bon est généralement coté 10 °/o, le régulier 15 °/o et l'ordinaire 25 °/o de moins que le supérieur.

Les maisons de Santos, qui s'occupent de l'exportation des cafés, n'emploient pas exactement la classification que nous venons d'indiquer. Elles font usage d'une **classification commerciale,** dite de Santos, plus complète que celle qui précède et dans laquelle les diverses qualités, au nombre de huit, sont désignées de la manière suivante : 1, **Fine** ; 2, **Extra-Prime** ; 3, **Prime** ; 4, **Superior** ; 5, **Good** ; 6, **Regular** ; 7, **Ordinary** et 8, **Low** ou **Very Ordinary**. Ces diverses qualités diffèrent l'une de l'autre par la grandeur et l'uniformité des grains, leur coloration, leur arome et le nombre plus ou moins grand de défauts tels que grains cassés, verts, brûlés et en parche, ainsi qu'éventuellement par la plus ou moins forte proportion de pierres, de morceaux de bois, etc. qui pourraient s'y trouver mélangés. On ne compte toutefois les défauts que pour les types de bonne qualité ; pour les types inférieurs, dont il serait impossible de compter les défauts, tant ils sont nombreux, on se contente de faire le classement à la vue. A chacune de ces huit qualités, correspond un échantillon ou **type** que possèdent exportateurs et agents et sur lequel se font les offres de coût et fret. Les agents des maisons de Santos se trouvant sur les principales places européennes ou américaines reçoivent, après chaque récolte, une quantité relativement grande de café correspondant aux divers types de la saison, de manière à pouvoir en faire la distribution aux agents intermédiaires ainsi qu'aux acheteurs habituels.

La classification commerciale, utilisée par les exportateurs de Santos, ne s'applique pas aux cafés de Rio. Les cafés de cette provenance étant, en effet, en majeure partie vendus aux Etats-Unis, on leur applique la classification, dite *américaine*, en usage sur la place de New-York, le marché de café le plus important du monde entier. Cette classification, qui s'applique aussi bien au *chato* qu'au *moka*, comprend neuf types distincts désignés par les chiffres de 1 à 9 ; le numéro 1 correspondant à la qualité la plus fine, la meilleure à tous les poins de vue et le numéro 9 à la qualité la moins bonne.

Depuis quelque temps, on a une tendance à appliquer, aux cafés de Santos, la classification de New-York. A ce sujet, l'Association commerciale de Santos avait, en assemblée générale du 17 décembre 1906, désigné une commission chargée de réorganiser les types de café de cette place de commerce. Cette commission, après avoir terminé ses travaux, a, dans son rapport du 19 février 1907 (*), proposé d'adopter officiellement à Santos les types de 1 à 9 de la bourse de New-York qui reposent, dit-elle, sur la base la plus rationnelle ; ces types, ajoute-t-elle, commencent d'ailleurs à être connus à Santos et sur les places européennes. Il est juste de faire remarquer toutefois que les exportateurs de Santos conservent toujours, pour leurs offres aux divers marchés, leur ancienne classification et que la classification américaine n'est en usage qu'à Santos même où elle a pris d'ailleurs une certaine importance,

---

(*) Ce rapport était signé : pp. E. Johnston & Cᵒ, Limited. A. Richards — pp. Naumann, Gepp & Cᵒ, Limited. João F. Wright, directeur — pp. Theodor Wille et Cᵒ, George Georgius -- pp. Hard. Rand & Cᵒ, Alois Arnstein — pela Companhia Caixa de Classificacâo e Liquidacâo de Café, João Cardoso de Mello -- pp. Prado, Chaves & Cᵒ, Alberto Kemnitz — pela Companhia Registradora de Santos. A. G. Monteiro de Castro.

Règles générales de la classification des cafés de la Bourse de New-York.

TYPES	Nombre de défauts (grains noirs) par boîtes de 450 grammes de café	Tolérance en plus
1	0	Environ 6 grains imparfaits (verts, cassés, etc..)
2	6	» 25 » » » » »
3	13	» 40 » » » » »
4	29 à 30	» 50 » » » » »
5	57 à 58	» 70 » » » » »
6	115 à 118	
7	200	Pour ces qualités inférieures c'est l'aspect du café qui
8	450	règle la classification.
9	850	

Equivalence approximative des grains imparfaits

3 « conchas » vides	= 1 défaut (grain noir)	2/3 « pedra pequena » petite pierre = 1 défaut (grain noir)	
5 « verdes » verts	= 1 » »	1 « pau grande » bois grand = 2,3 » »	
5 « quebrados » cassés	= 1 » »	1 « pau regular » bois moyen = 1 » »	
2 « ardidos » brûlés	= 1 » »	2 3 « pau pequeno » bois petit = 1 » »	
5 « chôchos ou mal granados » avortés ou mal grainés	= 1 » »	1 « casca grande » grande enveloppe = 1 » »	
		2/3 « casca pequena » petite envel. = 1 » »	
1 « pedra grande » grosse pierre	= 2/3 »	1 « côco » cerise = 1 » »	
1 « pedra regular » pierre moyenne	= 1 » »	2 « marinheiros » grains en parche = 1 » »	

car actuellement, et ce depuis le mois de janvier 1907, c'est le type 7 américain qui y est officiellement coté.

5°. — EXPORTATION DU CAFÉ DE L'ÉTAT DE SAINT PAUL.

1. — Droits de sortie.

Le café, étant soumis à des droits d'exportation assez élevés, constitue, pour l'Etat de Saint Paul, une source extraordinaire de revenus. Jusqu'au 11 novembre 1891, le Gouvernement pauliste percevait, à titre de droits d'exportation, une taxe de 4,5 % calculée sur la valeur officielle des cafés exportés ; du 12 novembre 1891 à la fin de 1904, cette taxe a été portée à 11 % et, depuis le commencement de 1905, elle a été ramenée à 9 % (*). En dehors de ces droits d'exportation, il a été créé, par une loi du 29 décembre 1905 et ce afin de payer les intérêts des emprunts effectués en vue de l'exécution de la valorisation, une surtaxe de 3 francs par balle de café de 60 kilogrammes. Cette surtaxe, a, par une autre loi de juillet 1908, été portée à cinq francs ; la perception en a commencé le 24 septembre dernier (**).

Il est à remarquer, au sujet des droits de sortie, que le café de Saint Paul s'expédie soit en sacs de jute, soit aussi en sacs confectionnés à l'aide d'aramine, fibre natio-

---

(*) En dehors des droits d'exportation les municipalités perçoivent 30 à 40 réis par arrobe de 15 kilogrammes. Les droits d'exportation sont de 8 1/2 % dans les Etats de Rio, de Minas-Geraes et d'Espirito-Santo.

(**) En dehors de cette surtaxe de 5 francs la loi prévoit un impôt additionnel de 20 % *ad valorem* sur le café exporté excédant neuf millions de balles pour la saison du 1er juillet 1908 au 30 juin 1909, neuf millions et demi pour la saison correspondante 1909/1910 et dix millions pour les années suivantes.

nale fabriquée par la *Compagnie Aramina* à laquelle il est
payé une ristourne de 2 °/₀ sur les droits d'exportation des
cafés emballés en sacs d' « aramina ». Cette bonification
retourne naturellement en partie à ceux qui font usage de
ce genre d'emballage.

Exportation du café de l'Etat de Saint Paul
1880 1881 à 1906.

Années	Quantités en kilogrammes	Valeur officielle en milréis	Droits perçus à l'exportation	Prix moyen du café exporté en milréis par 10 kgs.
1880-1881	97.223.835	38.637 : 059 $ 004	1.797 : 022 $ 736	3 $ 974
1881-1882	115.124.716	30.890 : 847 $ 836	1.561 : 417 $ 781	3 $ 965
1882-1883	137.468.220	42.753 : 030 $ 562	1.687 : 413 $ 239	3 $ 110
1883-1884	138.172.965	36.180 : 786 $ 086	2.197 : 970 $ 507	3 $ 065
1884-1885	140.687.272	55.004 : 725 $ 463	2.150 : 932 $ 840	3 $ 900
1885-1886	112.407.780	42.216 : 721 $ 577	1.612 : 976 $ 428	3 $ 755
1886-1887	168.190.690	89.464 : 267 $ 675	3.374 : 290 $ 707	5 $ 300
1887-1888	84.774.612	49.303 : 546 $ 900	1.880 : 141 $ 876	5 $ 810
1888-1889	169.175.334	82.831 : 118 $ 852	3.253 : 906 $ 224	4 $ 890
1889-1890	137.898.061	80.875 : 441 $ 356	3.126 : 908 $ 765	5 $ 860
1890-1891	195.447.568	141.985 : 270 $ 770	5.618 : 794 $ 542	7 $ 260
1891-1892 1ʳ-VII à 31-XII-91	119.166.000	107.433 : 121 $ 400	6.769 : 828 $ 106	9 $ 010
1ʳ-I à 30-VI-92	245.456.719	251.815 : 025 $ 228	26.553 : 473 $ 824	10 $ 250
1893	169.216.720	214.057 : 479 $ 968	23.312 : 547 $ 028	12 $ 640
1894	174.414.912	232.346 : 430 $ 888	25.560 : 839 $ 246	13 $ 320
1895	262.375.176	294.295 : 419 $ 366	32.396 : 699 $ 960	11 $ 210
1896	240.395.503	272.506 : 960 $ 749	29.596 : 782 $ 153	11 $ 330
1897	343.521.826	304.578 : 830 $ 542	33.492 : 267 $ 383	8 $ 860
1898	346.077.230	252.827 : 639 $ 550	26.026 : 275 $ 273	7 $ 300
1899	363.465.115	264.076 : 940 $ 548	29.050 : 730 $ 688	7 $ 260
1900	306.700.935	266.780 : 394 $ 879	29.282 : 311 $ 338	7 $ 270
1901	602.005.632	290.482 : 447 $ 261	31.989 : 404 $ 656	4 $ 825
1902	508.290.160	226.588 : 204 $ 884	24.918 : 582 $ 792	4 $ 449
1903	473.667.486	201.324 : 425 $ 035	22.145 : 686 $ 754	4 $ 250
1904	380.080.210	224.835 : 631 $ 286	24.816 : 823 $ 829	5 $ 910
1905	450.731.848	213.780 : 473 $ 211	19.296 : 639 $ 577	4 $ 740
1906	616.683.973	291.055 : 726 $ 862	26.195 : 022 $ 820	4 $ 710

L'exportation du café de l'Etat de Saint Paul, que nous résumons dans le tableau de la page 334, a suivi, depuis 1880 81 jusque 1906, une marche très rapide : sa valeur a été extraordinaire et les droits de sortie, dont elle a été frappée, extrêmement élevés.

Exportation du Café de l'Etat de Saint Paul pendant l'exercice de 1906.

Stations fiscales par lesquelles a passé le café exporté	Quantités en kilogrammes	Valeur officielle en milréis	Droits perçus à l'exportation
Santos	591.645.847	279.237 : 813 $ 147	25.131 : 403 $ 531
Capital	10.631.612	4.963 : 676 $ 710	446 : 713 $ 415
Arêas	954.614	154 : 640 $ 580	40 : 918 $ 279
Baoanal	470.262	222 : 758 $ 340	20 : 052 $ 870
Bocaina	1.284.337	615 : 057 $ 380	55 : 355 $ 242
Caçapava	514.531	242 : 562 $ 380	21 : 830 $ 615
Cruzeiro	663.256	317 : 926 $ 400	28 : 613 $ 378
Guaratinguetá	3.956.348	1.870 : 112 $ 235	168 : 310 $ 100
Itataré	5.803	2 : 759 $ 280	248 $ 336
Jacarehy	182	87 $ 300	7 $ 862
Lorena	723.473	337 : 725 $ 600	30 : 395 $ 312
Pindamonhangaba	1.705.619	870 : 488 $ 950	78 : 349 $ 920
Pinheiros	1.207.964	568 : 930 $ 040	51 : 203 $ 680
Queluz	674.204	318 : 525 $ 060	28 : 680 $ 218
S. José do Barreiro	264.799	122 : 895 $ 500	11 : 060 $ 598
S. José dos Campos	18.825	8 : 750 $ 700	787 $ 649
Silveiras	295.770	139 : 012 $ 720	12 : 511 $ 145
Taubaté	1.269.684	593 : 503 $ 540	53 : 415 $ 670
Cananéa	42.553	2 : 000 $ 000	180 $ 000
Iguape	353.990	166 : 356 $ 000	14 : 972 $ 040
Ubatuba	300	144 $ 000	12 $ 960
	616.683.973	291.055 : 726 $ 862	26.195 : 022 $ 820
En déduisant la bonification payée à la Compagnie Aramina 2 % sur le café exporté en sacs d'aramina			336 : 571 $ 143
On a le total de			25.858 : 451 $ 677
Soit au change fixe de 15 deniers par milréis			40.403 . 830 fr.750

Fig. 95. — Embarquement du café à Santos.

L'année fiscale 1906 accuse, ainsi que le montre ce tableau, la plus forte exportation qui se soit vue ; nous la détaillons, par stations fiscales, dans un second tableau, page 335, que nous avons emprunté, comme le premier d'ailleurs, au magnifique rapport sur la situation financière de l'Etat de Saint Paul, publié le 21 mars 1907 et signé par M. le Dr Albuquerque Lins, alors ministre des finances et actuellement président de l'Etat de Saint Paul.

Les droits de sortie prélevés sur l'extraordinaire exportation de café de 1906 ont produit 25.858 : 451 $ 677 soit 5.518 : 451 $ 677 de plus que ne le prévoyait le budget ; ils sont par conséquent intervenus pour 40 °/₀ dans les recettes de l'Etat de Saint Paul.

2. — Commerce d'exportation.

L'exportation du café de l'Etat de Saint Paul se fait, ainsi que nous l'avons dit déjà, par le port de *Santos* et le commerce d'exportation de cette place se trouve entre les mains d'un certain nombre de maisons d'exportation plus ou moins importantes. Les statistiques, des pages 345 à 349, dressées par la section des expéditions et archives de l'Association commerciale de Santos, le 1er août 1907 (*), permettront de se rendre compte des quantités de café traitées par elles, ainsi que des ports et des pays de destination, pour la période 1895-1896 à 1906-1907.

Les cafés offerts par les maisons d'exportation de Santos ne correspondant pas toujours exactement à l'un ou à l'autre des types de la classification commerciale dont

---

(*) Ces statistiques sont signées : Persio de Souza Queiroz, vice-Président ; A. Veiga, chef des expéditions et archives et Antonio de Freitas Guimarães Sobrinho, premier secrétaire.

Fig. 96. — Embarquement du café à Santos.

nous avons parlé précédemment (*), il est nécessaire, afin de bien spécifier les caractères des cafés et éviter ainsi toute contestation lors de la livraison, d'ajouter au nom de la qualité, c'est-à-dire du type, une *description* sommaire se rapportant à la grosseur de la fève, à sa couleur, au goùt du café et à la façon dont il se torréfie.

Relativement à la grosseur, c'est-à-dire au volume des grains, la description la plus commune est *beany*, expression qui signifie égal au type, ni supérieur ni inférieur comme fève; vient ensuite la description *good bean* ou bonne fève ce qui signifie un peu plus beau que le type; *large bean* ou grande fève, plus grande donc que le *good bean*. La description *large bean* ne s'applique toutefois qu'aux quatre premières qualités : *fine, extra-prime, prime* et *superior*, car un *good large bean*, par exemple, devrait être classé comme *superior* ordinaire, à condition toutefois qu'il ne présente pas trop de défauts, telles que pierres, par exemple ; on peut même enlever les pierres qu'il renferme de manière à faire de ce café du *superior*. Il est à remarquer que ces descriptions ne peuvent s'appliquer qu'aux cafés d'une même récolte, un *large bean* d'une année pouvant très bien correspondre à un *good bean* d'une autre année.

En égard à la *teinte* des cafés, c'est-à-dire à leur coloration, on emploie les termes *pale* ou pale, *green* ou vert, *greenish* ou verdàtre, *yellow* ou jaune, *yellowish* ou jaunàtre, *light colour* ou de coloration claire et *dark colour* ou de couleur foncée ; la description *green* s'appliquant surtout aux cafés du début de la récolte qui sont très recherchés en Belgique, en Italie et en Espagne.

Les cafés Santos sont en général des cafés *doux* tandis que les Rio sont d'un goût fort ou amer et qualifiés pour

---

(*) Voir classification commerciale, dite de Santos, page 33o.

cela de *durs*. Certains Santos se rapprochent cependant, sous ce rapport, des Rio, leur rainure est alors rouge et ils s'appellent Santos Riotés. Eu égard au goût, on utilise les descriptions *soft* ou doux, *strictly soft* ou tout à fait doux. Si dans la description, on n'indique pas la désignation *soft*, c'est qu'il est permis de livrer dur.

Au sujet de la façon dont les cafés se comportent à la torréfaction, on emploie les descriptions *roaster*, c'est-à-dire torréfiant bien, *good roaster* qui torréfie un peu mieux que le roaster et *fair roaster* qui torréfie très bien. Ces qualités sont surtout recherchées en Allemagne et en Hollande.

Signalons pour finir les expressions *new crop* ou nouvelle récolte et *old crop* ou vieille récolte.

Les diverses descriptions que nous venons de signaler sont combinées de manière à indiquer clairement les caractères des cafés qui font l'objet des offres et l'on rencontre fréquemment dans le commerce, par exemple, les descriptions suivantes : Regular beany soft, Good soft green, Superior good bean soft greenish new crop, Prime good bean soft yellow old crop, Extra-Prime large been strictly soft green new crop, Fine soft yellow old crop, etc..

Les transactions commerciales ne se font pas toujours sur une seule qualité et les livraisons s'effectuent suivant diverses combinaisons que nous résumons dans le tableau de la page 341. Lorsque les livraisons se font suivant ces combinaisons, chaque qualité est fournie séparément, dans des emballages différents ; on donne cependant généralement un plus grand nombre de sacs de la qualité la meilleure ; ainsi dans le cas de *fine average by two*, par exemple, le vendeur fournit généralement un peu plus de *superior* que de *good*; sur 250 sacs, il mettra, par exemple, 130 sacs de *superior* et 120 sacs de *good*.

Combinaisons employées pour les livraisons.

AVERAGE	Proportion des qualités		
1. — Good average . . .	2/6 superior	3/6 good	1 6 regular
2. — Fine average. . . .	1/6 superior	3 6 good	2/6 regular
3. — Fine average by two .	1/2 superior	1/2 good	—
4. — Fair average	1 2 superior	1 2 regular	—
5. — Low fair average . .	2 6 good	3 6 regular	1/6 ordinary
6. — Fair average by three	1/3 superior	1 3 good	1 3 regular
7. — Pour bonnes qualités .	1 2 prime	1 2 superior	—

Afin de donner une idée plus complète des différences existant entre quelques unes des qualités ou types utilisés par les exportateurs de Santos, nous indiquons, dans le tableau de la page 342, les défauts que l'on tolère ordinairement pour les types *extra-prime*, *prime*, *superior* et *good*. Ces renseignements, qui se rapportent à des cafés *good bean soft green* de la récolte 1908/1909, nous sont communiqués par la maison d'exportation Diogenes Ferreira & C° de Santos laquelle possède un bureau de réception à Anvers.

Pour terminer ce chapitre relatif à l'exportation du café de l'Etat de Saint Paul, disons que les conditions de vente sont les suivantes : « les offres de Santos pour l'Europe se font en shillings et pence par Cwt ou hundred-weight de 50 3/4 kilogrammes C & f (c'est-à-dire *coût et fret*) pour les ports européens, paiement par traite à 90 jours de vue sur banquier de Londres ». L'assurance est à soigner par les acheteurs ; les vendeurs s'engagent toutefois à donner l'avis d'embarquement par télégramme afin que ces derniers puissent faire assurer la marchandise en temps utile.

Défauts présentés par quelques types de café.

QUALITÉ ou TYPE	Sortes et nombre de défauts par boîte de 150 grammes								
	Grains brisés et verts	Grains imparfaits	Grains chatos	Côcos ou cerises	Grains noirs	Grains brûlés	Grains en parche	Pierres	Bois
1°. Café chato									
a. Extra-Prime	60	20	»	»	2	1	1	1	»
b. Prime	120	30	»	»	6	1	1	1	»
c. Superior	150	35	»	»	7	2	2	1	»
2°. Café moka									
a. Prime	62		42	3	2	»	»	1	1
b. Superior	42	12	172	5	3	»	»	2	1
c. Good	63		300	9	3	3	»	3	1

Résumons enfin, dans le tableau de la page ci-contre, les désignations commerciales les plus couramment usitées pour les cafés recherchés sur les marchés européens. Ces renseignements nous sont également communiqués par MM. Diogenes Ferreira & C⁰, exportateurs à Santos.

Descriptions les plus courantes.

1. — Very ordinary Very ordinary soft	Prime soft green Prime beany Prime beany soft green Prime good bean Prime good bean soft green Prime large bean Prime large bean soft Prime large bean green Prime large bean soft green
2. — Ordinary Ordinary soft	
3. — Regular Regular soft	
4. — Good Good roast Good soft Good strictly soft Good green Good soft green Good beany	**7. — Extra-Prime** Extra-Prime soft Extra-Prime green Extra-Prime soft green Extra-Prime beany Extra-Prime large bean Extra-Prime large bean soft green
5. — Superior Superior light colour Superior soft Superior soft light colour Superior strictly soft Superior green Superior soft green Superior beany Superior beany soft Superior beany strictly soft Superior beany green Superior beany soft green Superior good bean Superior good bean soft Superior good bean green Superior good bean soft green Superior large bean Superior large bean soft Superior large bean green Superior large bean soft green	**8. — Fine** Fine soft Fine green Fine light colour Fine soft light colour
	1. — Caracole Superior Caracole Superior soft Caracole Superior green Caracole Superior soft green
	2. — Caracole Prime Caracole Prime soft Caracole Prime green Caracole Prime soft green
	1. — Superior Bourbon Superior Bourbon green soft Superior Bourbon greenish soft Superior Bourbon pale soft
6. — Prime Prime soft Prime strictly soft Prime green	**2. — Prime Bourbon** Prime Bourbon green soft Prime Bourbon greenish soft Prime Bourbon pale soft

Fig. 97. — Port de Santos.

EXPORTATION DU CAFÉ

DE

L'ÉTAT DE SAINT PAUL

PAR LE

PORT DE SANTOS.

QUANTITÉS EXPORTÉES

PAR

EXPORTATEURS ET DESTINATIONS.

1895 1896 à 1906 1907.

DOUZE RÉCOLTES

1er JUILLET AU 30 JUIN.

Balles de 60 kilogrammes.

I. — EXPORTATEURS

	NOMS DES EXPORTATEURS	1895-96	1896-97	1897-98	1898-99	1899-00	1900-01
1	Theodor Wille & C⁰	266.031	403.938	571.136	692.643	765.899	[illegible]
2	Naumann, Gepp & C⁰., Ltd.	763.074	1.256.573	1.135.596	908.155	985.634	[illegible]
3	E. Johnston & C⁰., Ltd.	155.135	535.022	899.951	456.362	401.196	[illegible]
4	Arbuckle & C⁰	163.726	204.452	148.880	323.663	362.155	[illegible]
5	Hard. Rand & C⁰	127.513	156.388	250.047	251.518	207.428	[illegible]
6	Carl Hellwig & C⁰	»	»	»	»	»	[illegible]
7	Prado, Chaves & C⁰	»	»	16.473	14.098	600	[illegible]
8	Goetz, Hayn & C⁰	355.360	584.712	783.735	756.053	697.960	[illegible]
9	Zerrenner, Bülow & C⁰	149.597	173.338	263.200	147.210	303.257	[illegible]
10	J. W. Doane & C⁰	79.844	152.279	212.770	240.450	279.534	[illegible]
11	A. Trommel & C⁰	52.479	119.327	151.512	174.251	167.032	[illegible]
12	Krische & C⁰	»	93.316	157.596	124.605	123.309	[illegible]
13	Nossack & C⁰	87.432	117.875	136.276	112.196	128.589	[illegible]
14	Holworthy Ellis & C⁰	70.024	128.458	202.264	94.787	72.214	[illegible]
15	Karl Valais & C⁰	202.679	267.514	345.408	289.909	249.127	[illegible]
16	Rose & Knowles	18.812	64.194	133.551	183.538	248.663	[illegible]
17	Baldwin & C⁰	»	»	»	»	»	[illegible]
18	W. F. Mc Laughlin & C⁰	58.713	82.308	58.279	48.942	48.728	[illegible]
19	Schmidt & Trost	»	»	»	»	37.099	[illegible]
20	Matherson & C⁰	»	»	»	»	»	[illegible]
21	Auguste Leuba & C⁰	60.201	60.026	78.916	213.748	280.567	[illegible]
22	W. Bötel & C⁰	»	»	»	»	»	[illegible]
23	Henry Wöltje & C⁰	41.106	56.101	81.640	81.735	95.576	[illegible]
24	Barboza & C⁰	»	»	»	»	»	[illegible]
25	Hayn & Rosenheim	»	»	»	»	»	[illegible]
26	Société Financière (ex Natan & C⁰)	»	»	»	»	»	[illegible]
27	George W. Ennor	»	»	»	»	11.161	[illegible]
28	Steinwender, Stoffregen & C⁰	161.452	93.285	203.318	»	»	[illegible]
29	Prado, Lima & C⁰	»	»	»	»	»	[illegible]
30	Aretz & C⁰	»	»	»	217.300	192.355	[illegible]
31	The Hill Bross Company	»	»	»	»	»	[illegible]
32	Godofredo da Fonseca & C⁰	»	»	»	»	»	[illegible]
33	Salles, Toledo & C⁰	»	»	»	»	»	[illegible]
34	Müller & C⁰	»	»	»	»	»	[illegible]
35	A. Schirmer & C⁰	»	»	»	»	»	[illegible]
36	Julien Haugwitz	36.183	68.142	65.358	63.006	»	[illegible]
37	Van Leckwyck & C⁰	»	24.025	63.528	23.604	4.125	[illegible]
38	Alves Lima & C⁰	»	»	»	»	»	[illegible]
39	Lewis Brothers & C⁰	»	»	»	100.180	35.953	[illegible]
40	Robillard & C⁰	»	88.098	43.130	»	»	[illegible]
41	Diogenes Ferreira & C⁰	»	»	»	»	»	[illegible]
42	Flli. Puglisi Carbone & C⁰	»	»	»	»	»	[illegible]
43	Levering & C⁰	36.084	57.315	»	»	»	[illegible]
44	H. Hafers	25.784	35.540	26.730	»	»	[illegible]
45	Lawrence & C⁰	»	»	»	»	»	[illegible]
46	Ford & C⁰	33.151	49.553	»	»	»	[illegible]
47	Lion & C⁰	»	»	»	»	»	[illegible]
48	J. Franco Lacerda & C⁰	72.967	»	»	»	»	[illegible]
49	J. Mathew & C⁰	51.625	»	»	»	»	[illegible]
50	Ludwing Schweitzer	22.614	»	»	»	23.996	[illegible]
51	Gaffrée, Guinle & Ribeiro	»	45.000	»	»	»	[illegible]
52	Malta, Cerquinho & C⁰	»	»	»	»	»	[illegible]
53	Irmâos, Maffei & Texeira	»	»	»	»	»	[illegible]
54	George Frey & C⁰	»	»	»	»	»	[illegible]
55	C. Fischer	»	»	»	»	»	[illegible]
56	Gustavo G. Berger	»	»	»	»	»	[illegible]
57	F. Matarazo & C⁰	»	»	»	»	»	[illegible]
58	A. A. de Oliveira	»	»	»	»	»	[illegible]
59	Frank Norton & C⁰	18.963	»	»	»	»	[illegible]
60	J. Wehrli	»	»	»	»	»	[illegible]
61	J. D. Martins	»	»	»	»	»	[illegible]
62	John Bradwhaw & C⁰	10.285	»	»	»	»	[illegible]
63	W. H. Lawrence & C⁰	»	»	»	»	»	[illegible]
64	Caetano Nicodemos	»	»	»	»	»	[illegible]
65	Silva Ferreira & C⁰	»	»	»	»	»	[illegible]
66	Cunha Bueno & C⁰	»	»	»	»	»	[illegible]
67	J. Dreyfus & Flachfeld	»	»	»	»	»	[illegible]
68	Berthel Cohn & C⁰	»	»	»	»	»	[illegible]
69	Silva Araujo & C⁰	»	»	»	»	»	[illegible]
70	Martins & Oliveira	»	»	»	»	»	[illegible]
71	Divers	14.368	46.283	24.227	17.510	20.20[?]	[illegible]
	TOTAUX	3.135.196	4.963.062	6.053.521	5.535.361	5.742.36[?]	[illegible]

1900-01	1901-02	1902-03	1903-04	1904-05	1905-06	1906-07	Totaux
1.282.443	1.714.364	1.491.867	1.000.790	1.158.364	1.384.959	5.285.828	16.018.262
1.475.976	1.632.315	1.142.976	867.489	982.124	1.028.789	1.198.573	13.377.274
692.533	782.700	742.156	586.425	464.049	500.949	819.643	7.036.021
671.653	422.871	481.062	247.220	834.873	660.917	653.928	5.175.400
325.954	369.826	464.544	362.348	387.027	454.711	642.504	3.999.808
597.961	1.030.864	732.754	762.476	581.490	755	»	3.706.300
5.868	197.485	353.930	473.147	631.006	672.858	1.005.399	3.370.864
»	»	»	»	»	»	»	3.177.820
245.468	305.006	444.549	248.823	116.557	213.533	279.529	2.889.087
473.231	406.568	227.145	114.177	216.765	»	»	2.402.760
200.301	592.189	360.471	282.539	41.286	»	»	2.141.387
160.964	226.092	200.147	106.116	205.939	267.671	428.432	2.094.187
153.046	176.796	142.071	93.701	95.877	190.154	250.662	1.684.675
38.846	33.959	30.996	47.687	147.382	251.601	532.277	1.650.495
87.896	»	»	»	»	»	»	1.442.533
509.878	32.415	63.542	»	»	»	»	1.254.593
»	»	»	»	264.488	402.679	566.530	1.233.697
117.696	109.277	134.910	111.819	95.990	93.161	110.620	1.070.443
222.717	304.282	146.692	71.320	43.464	53.278	57.358	936.210
»	329.002	405.750	180.012	»	»	»	914.764
188.675	504	»	»	»	»	»	882.637
»	14.250	181.342	112.648	209.613	252.120	74.101	844.074
144.974	142.650	107.664	»	51.448	38.189	»	841.081
»	7.090	9.607	36.364	76.059	245.607	465.244	839.971
119.461	262.079	178.638	125.169	54.751	»	»	740.098
»	»	»	»	»	»	639.152	639.152
53.140	111.383	57.400	95.064	60.347	100.286	102.010	590.791
»	»	»	»	»	»	»	458.055
»	»	»	)	16.743	199.764	201.378	417.885
»	»	»	»	»	»	»	409.655
18.777	225.229	47.342	34.432	53.445	6.813	»	386.038
»	»	»	»	»	2.000	273.452	275.452
»	37.395	45.378	104.401	18.036	15.152	54.748	275.110
»	»	95.769	135.450	37.027	»	»	268.246
»	135.863	67.085	58.328	»	»	»	261.276
»	»	»	»	»	»	»	232.689
1.375	»	»	49.289	»	»	»	165.946
»	»	»	20.878	77.773	31.093	24.586	154.330
»	»	»	»	»	»	»	136.133
»	»	»	»	»	»	»	131.228
»	»	»	»	33.001	52.888	44.276	130.165
»	»	3.092	15.215	88.308	11.826	1.043	119.484
»	»	»	»	»	»	»	93.399
»	»	»	»	»	»	»	88.054
1.982	29.556	41.325	15.182	»	»	»	88.045
»	»	»	»	»	»	»	82.704
»	»	»	»	16.198	61.711	»	77.909
»	»	»	»	»	»	»	72.967
»	»	»	»	»	»	»	51.625
»	»	»	»	»	»	»	46.607
»	»	»	»	»	»	»	45.000
»	»	»	»	»	1.553	39.814	41.367
»	»	»	»	»	5.500	33.705	39.205
»	»	»	»	9.296	11.391	17.628	38.315
»	»	»	31.773	»	»	»	31.773
»	»	»	»	24.430	19	»	24.449
»	»	»	3.639	4.127	5.949	9.215	22.930
»	»	6.190	3.710	5.504	4.738	»	20.142
»	»	»	»	»	»	»	18.963
»	»	»	»	16.548	»	»	16.548
»	1.295	127	150	804	4.573	5.710	12.659
»	»	»	»	»	»	»	10.285
»	»	»	1.750	3.362	»	»	5.112
»	»	»	»	4.563	»	»	4.563
»	»	»	4.176	»	»	»	4.176
»	»	»	»	»	1.702	1.812	3.514
»	»	»	»	2.483	»	»	2.433
»	»	»	»	»	1.000	»	1.000
520	»	»	»	»	»	»	520
500	»	»	»	»	»	»	500
29.706	98.616	135.960	133.519	42.990	51.273	55.956	670.613
7.821.541	**9.731.921**	**8.542.481**	**6.537.226**	**7.174.557**	**7.280.162**	**13.874.113**	**86.391.503**

II. — DESTINATIONS

Ports de destination	1895-96 [*]	1896-97	1897-98	1898-99	1899-00
A. — Exportation vers pays étrangers.					
1. EUROPE : PORTS PRINCIPAUX					
Hambourg	647.645	1.050.206	1.494.606	1.065.711	1.327.815
Le Havre.	317.070	735.227	942.087	721.071	847.875
Rotterdam	396.607	617.865	734.524	651.595	710.219
Trieste et Fiume	235.371	381.413	446.048	419.900	482.999
Anvers	245.912	323.094	526.907	328·503	298.401
Angleterre	17.197	22.765	68.805	74.746	36.958
Marseille.	50.358	58.436	73.214	68.910	81.666
Brême	20.669	48.670	73.030	30.068	40.519
Bordeaux	4.400	3.825	40.211	1.411	10.125
2. ÉTATS-UNIS : PORTS PRINCIPAUX					
New-York	988.774	1.463.280	1.304.472	1.933.909	1.574.539
New Orléans	40.715	67.922	34.055	28.574	32.690
Baltimore	20.706	24.428	17.500	23.287	»
Galveston	»	12.500	»	1.244	10.486
Charleston	»	»	»	»	»
TOTAUX. . .	**3.035.804**	**4.809.331**	**5.725.459**	**5.348.929**	**5.454.275**
3. EUROPE, ASIE, AFRIQUE, AMÉ-RIQUE : PORTS MOINS IMPOR-TANTS	74.005	116.516	290.058	167.653	281.704
B. — Cabotage	25.387	37.215	38.004	48.779	6.374
TOTAUX. . .	**3.135.196**	**4.963.062**	**6.053.521**	**5.535.361**	**5.742.361**

*) Années dont les chiffres d'exportation ne correspondent pas au total intermédiaire.

1900-01 (*)	1904-02	1902-03	1903-04	1904-05	1905-06 (*)	1906-07	TOTAUX
583.691	2.019.033	1.960.651	1.615.151	1.434.835	1.609.669	3.142.192	18.951.203
667.665	1.933.466	1.232.535	731.826	219.325	431.815	2.615.129	11.404.790
961.999	1.205.233	868.291	520.583	404.116	791.796	1.061.888	8.924.716
557.541	585.100	521.464	400.170	503.462	633.265	761.533	5.978.266
342.658	420.993	372.958	255.792	201.835	328.564	1.348.604	4.994.221
52.945	223.655	354.324	202.158	125.023	133.431	380.035	1.691.742
94.343	80.935	83.188	78.169	38.340	90.403	70.138	868.480
63.169	71.180	89.403	58.889	38.490	73.052	154.750	761.890
3.632	8.151	7.194	6.163	5.230	9.226	7.230	76.798
915.788	2.521.680	2.228.380	1.968.770	3.151.499	1.973.099	2.786.525	24.810.708
181.857	299.122	358.873	390.996	657.791	727.908	1.054.971	3.875.474
7.500	»	»	»	9.000	9.000	»	99.121
1.181	»	»	»	»	»	»	12.906
»	»	»	»	»	»	12.003	33.503
443.969	9.368.248	8.077.261	6.228.667	6.788.946	6.807.928	13.394.998	82.483.818
372.444	361.787	452.349	287.002	373.853	466.288	422.139	3.665.803
5.428	4.886	12.871	21.557	11.758	5.946	56.976	241.882
321.541	9.731.921	8.542.481	6.537.226	7.174.557	7.280.162	13.874.113	86.391.503

Exportation de Café du Brésil [*].

Année 1906.

Quantités de café expédiées, suivant manifestes, extérieur et cabotage réunis.

Par exportateurs et ports d'expédition.

Balles de 60 kilogrammes.

EXPORTATEURS	PORTS DU BRÉSIL					TOTAL
	RIO	SANTOS	VICTORIA	BAHIA	AUTRES PORTS	
A. J. P. Clarkson & Cº	16.665	—	—	—	—	16.860
Alberto de Oliveira		1.162	—	—	—	1.162
Alves Lima & Cº	—	22.321	—	—	—	22.321
Americo Martins	—	353				353
Arbuckle & Cº	279.791	608.603	—	—	—	888 394
Baldwin & Cº	—	617.874	—	—	—	617.874
Barboza & Cº		465.673	—	—	—	465.673
Bento de Souza & Cº	—	1.370	—	—	—	1.370
Castro Silva & Cº	44.765	—	—	—	—	44.765
C. Dabelow	172.752		—	—	—	172.752
Carlo Pareto & Cº	163.012	—		—	—	163.042
G. W. Gross	140	—	—	—	—	140
C. P. Vianna	—	1.063	—	—	—	1.063
Cunha, Bueno & Cº	—	5.087		—	—	5.087
Diogenes Ferreira & Cº	—	54.001	—	—	—	54.001
E. Johnston & Cº	—	669.850	—	—	—	669 850
Ed. Ashworth & Cº	13.244	—	—	—	—	13.244
Eugen Urban	259.044	—	—	—	—	256.044
F. Matarazzo & Cº	—	9.264	—	—	—	9.264
F. Sattamini	1.013	—	—	—	—	1.013
Fili. Puglisi Carbone & Cº	—	10.570	—	—	—	10.570
Faria & Cº	2.500	—	—	—	—	2.500
Ferreira Junior & Saraiva	—	2.151	—	—	—	2.151
F. Martinelli & Cº	—	1.346	—	—	—	1.346
Franz & Wilberg	271	—	—	—	—	271
Freitas Oliveira & Cº	467	—	—	—	—	467
Georges Frey & Cº	—	27.416	—	—	—	27.416
Gustav Trinks & Cº	160.952	—	—	—	—	160.952
Godofr. da Fonseca & Cº	—	168.507	—	—	—	168.500
Guimarães & Irmãos	710	—	—	—	—	717
G. W. Ennor & Cº	—	73.255	—	—	—	73.255
Hard Rand & Cº	441.826	561.186	202.050	—	—	1.205 062
Holworthy, Ellis & Cº	—	304.255	—	—	—	304.255
Irmãos Maffei	—	38.066	—	—	—	38 066
Jorge Dias & Irmãos	12.988	—	—	—	—	12.988

[*] Ce tableau, ainsi que ceux qui suivent, est emprunté à la statistique des Etats-Unis du Brésil de 190[...]

EXPORTATEURS	PORTS DU BRÉSIL					TOTAL
	RIO	SANTOS	VICTORIA	BAHIA	AUTRES PORTS	
John Moore & Cº	6.147	—	—	—	—	6.147
J. D. Martins	605	7.477	—	—	—	8.082
J. Dreyfus & Flachfeld	—	5.514	—	—	—	5.514
Krische & Cº	—	358.196	—	—	—	358.196
Malta Cerquinho & Cº	—	38.207	—	—	—	32.207
Manoel Placido Teixeira	37.005	—	—	—	—	37.005
M. Maia	300	—	—	—	—	300
Levy, Alvaro & Cº	—	2.567	—	—	—	2.567
Lion & Cº	—	1.679	—	—	—	1.679
Naumann Gepp & Cº Ltd.	—	1.273.407	—	—	—	1.273.407
Nathan & Cº	—	429.802	—	—	—	429.802
Norton Megaw & Cº Ltd.	105.137	—	—	—	—	105.137
Nossack & Cº	—	244.890	—	—	—	244.890
Nunes de Sà & Cº	4.259	—	—	—	—	4.259
Ornstein & Cº	573.969	—	—	—	—	573.969
P. S. Nicolson & Cº	25.700	—	—	—	—	25.700
Prado Chaves & Cº	8.625	557.387	—	—	—	566 012
Prado Lima & Cº	—	192.836	—	—	—	192.836
Pierre Pradez & Cº	4.250	—	—	—	—	4.250
Pinto & Cº	253.250	—	—	—	—	253.250
Procopio de Oliveira	960	—	—	—	—	960
Richard Riemer & Cº	4.346	—	—	—	—	4.346
Roberto do Couto & Cº	38.464	—	—	—	—	38.464
R. Gomes & Cº	—	4.217	—	—	—	4.217
Salles Toledo & Cº	—	38.300	—	—	—	38.300
Sequeira & Cº	59.706	—	—	—	—	59.706
Schmidt & Trost	—	45.350	—	—	—	45.350
Siemann Cabral & Cº	928	—	—	—	—	928
Souza Filho & Cº	600	—	—	—	—	600
Theodor Wille & Cº	644.166	2.866.356	29.550	—	—	3.540.072
W. F. M. Langhlin & Cº	64.327	106.850	—	—	—	171.177
W. Bötel & Cº	—	139.463	—	—	—	139 163
Zenha, Ramos & Cº	76.820	—	—	—	—	76.820
Zerrener, Bülow & Cº	—	194.665	—	—	—	194 665
Zinzen & Cº	—	—	124.726	—	—	124.726
Divers	9.562	22.338	50	221.452	28.158	281.560
Total pour 1906	3.489.296	10.172.874	356.376	221.452	28.158	14.268.156
» » 1905	3.065.611	7.465.129	381.027	183.374	29.320	11.124.461
» » 1904	3.110.578	6.585.160	423.364	151.401	21.501	10.292.004
» » 1903	4.379.857	7.995.215	390.930	307.290	22.819	13.196.111
» » 1902	4.186.690	8.715.301	373.503	163.979	22.210	13.461.683
» » 1901	4.767.807	9.618.569	361.426	246.293	16.319	15.010.414
» » 1900	2.894.283	5.852.076	222.447	186.658	—	9.155.464

Exportation de Café du Brésil.

Année 1906.

Quantités de café expédiées, suivant manifestes, extérieur et cabotage réunis.

Par armateurs et ports d'expédition.

Balles de 60 kilogrammes.

ARMATEURS	PORTS DE BRÉSIL					TOTAL
	RIO	SANTOS	VICTORIA	BAHIA	AUTRES PORTS	
Adria.	38.809	337.226	1.500	9.567	—	387.102
A. Folch & C.	2.015	69.585	—	—	..	71.600
Austrian Lloyd	70.814	438.147	2.250	7.665	7	518.880
Chargeurs Réunis	133.514	700.902	—	26.622	—	861.035
Companhia Commercio e Navegação	66.849	—	—	—	—	66.849
Companhia Nacional de Navegação Costeira	83.710	—	—	—	—	83.710
Companhia Nacional Paraense	6.025	—	—	—	—	6.025
Companhia Nacional Pernambucana	600	—	—	—	—	600
Companhia de Navegacion Transatlantica	1.035	4.472	—	—	—	5.507
Companhia Cruzeiro do Sul	815	13.707	—	—	5.774	20.296
Empreza Grào-Parà	4.631	40	—	—	—	4.671
Empreza Nacional Sul Rio Grande	2.194	—	—	—	—	2.194
Empreza Navegação Freitas	31.620	—	—	—	—	31.620
Hamburg Amerika Linie	147.829	1.342.674	—	1.410	142	1.492.055
Hamburg Sud-Amerikanische Dampfschifffahrts Gesellschaft	163.461	1.812.397	6.496	33.705	286	2.016.345
La Ligure Braziliana.	19.324	23.342	—	—	—	42.666
Lamport & Holt Line.	956.819	1.096.718	129.650	14.094	—	2.197.281
Linea del Sud America «Zino»	2.375	5.871	—	—	—	8.246
Lloyd Brazileiro	129.926	875	10.000	—	9.595	150.396

ARMATEURS	PORTS DU BRÉSIL					TOTAL
	RIO	SANTOS	VICTORIA	BAHIA	AUTRES PORTS	
Lloyd Italiano	10.598	27.771	—	—	—	38.369
La Veloce	73.763	34.914	.	—	—	108.677
Messageries Maritimes .	76.314	24.086	—	7.380	—	107.780
Navigazione Generale Italiana	26.265	27.252	—	—	—	53.517
Norddeutscher Lloyd .	73.567	884.971	—	39.457	1.414	999.409
Pacific Steam Navigation Company.	13.488	1.461	—	100	638	15.687
Prince Line.	214.034	577.634	43.750	4.302	—	839.720
Robert M. Sloman & C. (Union)	73.860	383.936	—	—	—	457.796
Royal Mail Steam Packet Cº.	169.937	750.750	—	47.446	677	968.810
Società di Navigazione « Italia »	—	78.484	—	—	—	78.484
Société Générale des Transports Maritimes à Vapeur.	215.590	150.229	—	19.714	—	385.533
Divers : Allemands . .	25.549	—	—	—	4	25.353
» Américains . .	51.000	6.000	—	—	—	57.000
» Argentins . . .	—	—	—	—	2	2
» Autrichiens . .	21.730	22.500	—	—	—	44.230
» Danois	12.020	4.880	—	—	—	16.900
» Anglais. . . .	530.492	1.218.102	162.730	—	9.066	1.920.390
» Nationaux. . .	230	6.617	—	—	543	7.390
» Norvégiens . .	22.400	84.298	—	9.990	—	116.688
» Péruviens . . .	—	—	—	—	10	10
» Russes. . . .	7.900	43.033	—	—	—	50.933
» Suédois . . .	8.200	—	—	—	—	8.200
Total pour 1906 .	3.489.296	10.172.874	356.376	221.452	28.158	14.268.156
» » 1905 .	3.065.611	7.465.129	381.027	183.374	29.320	11.124.461
» » 1904 .	3.110.578	6.585.160	423.364	151.401	21.501	10.292.004
» » 1903 .	4.379.857	7.995.215	490.930	307.290	22.819	13.196.111
» » 1902 .	4.186.690	8.715.301	373.503	163.979	22.210	13.461.683
» » 1901 .	4.767.807	9.618.569	361.426	246.293	16.319	15.010.414
» » 1900 .	2.894.283	5.852.076	222.447	186.658	—	9.155.464

Exportation de Café du Brésil.

Année 1906.

Quantités de café expédiées, suivant manifestes, extérieur et cabotage réunis.

Par ports de provenance et de destination.

Balles de 60 kilogrammes.

PORTS DE DESTINATION	PORTS DU BRÉSIL					TOTAL
	RIO DE JANEIRO	SANTOS	VICTORIA	BAHIA	AUTRES PORTS	
Abo	1.300	—	—	—	—	1.300
Aïvali	2.250	2.500	—	—	—	4.750
Alexandrie	1.000	19.625	—	—	—	20.625
Alexandrie, option	—	32.750	—	—	—	32.050
Alger	7.871	875	—	—	—	8.746
Algoa-Bay	10.930	—	—	—	—	10.930
Alicante	—	125	—	—	—	125
Amsterdam	125	—	—	—	—	125
Ancone	450	375	—	—	—	825
Antofagasta	300	—	—	—	—	300
Anvers	22.491	368.160	1.250	25.489	1.259	418.649
Anvers, option	50.009	—	—	—	—	50.009
Arendal	125	—	—	—	—	125
Arzew	250	—	—	—	—	250
Assomption	—	38	—	—	—	38
Augsburg (?)	—	—	—	—	1	1
Aviles	250	750	—	—	—	1.000
Baltimore	51.000	6.000	—	—	—	57.000
Barcelone	120	34.840	—	—	—	34.960
Bastia	—	2	—	—	—	2
Batoum	750	—	—	—	—	750
Bergen	4.260	—	—	—	—	4.260
Beyrouth	17	248	—	—	—	265
Bilbao	250	225	—	—	—	475
Björneborg	200	—	—	—	—	200
Bolivie	—	—	—	—	10	10
Bone	2.000	—	—	—	—	2.000
Bordeaux	13.818	5.095	—	7.380	—	26.293
Bordeaux, option	—	2.625	—	—	—	2.625
Bougie	375	—	—	—	—	375
Boulogne	—	1.250	—	—	—	1.250
Braila	625	—	—	—	—	625
Brême	—	55.535	—	8.412	1	63.948
Brême, option	1.001	—	—	—	—	1.001
Buenos-Ayres	87.830	64.207	—	152	972	153.161

PORTS DE DESTINATION	PORTS DU BRÉSIL					TOTAL
	RIO DE JANEIRO	SANTOS	VICTORIA	BAHIA	AUTRES PORTS	
Cap de Bonne Espérance	48.175	—	—	—	—	48.175
» » » option	2.050	—	—	—	—	2.050
Cadix	—	6.175	—	—	—	6.175
Carthagène.	—	32	—	—	—	32
Catane	—	3	—	—	—	3
Cesmek	1.000	—	—	—	—	1.000
Charleston	5.550	12.003	—	—	—	17.553
Cherbourg	—	1	—	—	—	1
Christiania	7.675	—	—	257	—	7.932
Christiansand	375	—	—	—	—	375
Constantinople	48.785	5.570	—	—	—	54.535
Constantinople, option .	250	—	—	—	—	250
Copenhague	33.647	21.418	—	—	—	55.065
Coquimbo	300	—	—	—	—	300
Corfou	300	—	—	—	1	301
Corral	1.050	—	—	—	—	1.050
Corogne (La)	—	125	—	—	—	125
Dardanelles	750	—	—	—	—	750
Dedeagatch	4.125	250	—	—	—	4.375
Delagoa-Bay	3.525	—	—	—	—	3.525
Drammen	501	—	—	—	—	501
Drontheim	1.375	—	—	502	—	1.877
Durban	9.650	—	—	—	—	9.650
East London	17.043	—	—	—	—	17.043
Falmouth	—	49.113	—	—	—	49.113
Fiume	—	15.704	—	—	—	15.704
Fredrikhavn	100	—	—	—	—	100
Gabes	620	—	—	—	—	620
Galatz	7.623	375	—	—	—	7.998
Gallipoli.	—	16	—	—	—	16
Gêfle	6.507	—	—	—	—	6.507
Gênes	25.103	99.902	—	9.625	—	134.620
Gênes, option	3.500	52.120	—	—	—	55.620
Gibraltar	550	2.575	—	9.990	80	13.195
Gijon	475	988	—	—	—	1.463
Gothembourg	5.003	—	—	—	—	5.003
Halifax	—	10	—	—	—	10
Hambourg	24.258	2.654.428	5.246	43.725	556	2.728.213
Hambourg, option . .	154.545	—	—	—	—	154.545
Havre	186.011	471.235	—	64.863	21	722.130
Havre, option	9.000	1.187.643	—	—	—	1.196.643
Helsingborg	1.000	—	—	—	—	1.000
Helsingborg, option . .	1.750	—	—	—	—	1.750
Helsingfors.	5.779	—	—	—	—	5.779
Hernosand	1.125	—	—	—	—	1.125
Holmstadt	250	—	—	—	—	250
Huelva	—	2.925	—	—	—	2.925
Hudisksvall	875	—	—	—	—	875
Ineboli	875	—	—	—	—	875
Iquique	200	—	—	—	—	200
Iquitos	—	—	—	—	873	873
Jersey	1	—	—	—	—	1

PORTS DE DESTINATION	PORTS DU BRÉSIL					TOTAL
	RIO DE JANEIRO	SANTOS	VICTORIA	BAHIA	AUTRES PORTS	
Karlskrona	1.000	—	—	—	—	1.000
Korassunda	125	—	—	—	—	125
Kobe	425	—	—	—	—	425
Koenigsberg	10	—	—	—	—	10
Kustendje	500	250	—	—	—	750
Landskrona	375	—	—	—	—	375
Las Palmas	650	1.100	—	—	—	1.750
Laurwig	250	—	—	—	—	250
Leixões	1.371	52	—	3	105	1.531
Lisbonne	555	255	—	7	3	820
Livourne	—	597	—	3.076	—	3.673
Liverpool	377	—	—	—	10.050	10.427
Londres	2.128	109.782	—	502	—	112.412
Londres, option	750	1.250	—	—	—	2.000
Malaga	—	14.052	—	500	—	14.552
Malte	6.180	—	—	—	—	6.180
Malmö	1.500	—	—	—	—	1.500
Marseille	17.998	12.255	—	4.481	—	34.734
Marseille, option	82.875	69.344	—	—	—	152.219
Messine	500	375	—	—	—	875
Messine, option	725	1.252	—	—	—	1.977
Metelin	1.010	625	—	—	—	1.635
Montevideo	14.323	4.932	—	—	13.722	32.977
Montyluoto	750	—	—	—	—	750
Mossel Bay	7.150	—	—	—	—	7.150
Mostaganem	5.126	—	—	—	—	5.126
Naples	341	5.180	—	842	—	6.363
Nantes	—	3.450	—	—	—	3.450
Norrköping	2.004	—	—	—	—	2.004
New Orleans	671.324	874.561	138.600	—	—	1.684.485
New-York	1.146.633	2.458.067	207.530	18.896	502	3.531.628
Odessa	13.164	—	—	—	—	13.164
Oran	25.988	—	—	—	—	25.988
Oruskoldwiks	125	—	—	—	—	125
Palerme	2.378	—	—	—	—	2.378
Paris	4	11	—	—	—	15
Passages	—	42	—	—	—	42
Philippeville	5.995	—	—	—	—	5.995
Port Elizabeth	37.420	600	—	—	—	38.020
Porto	—	—	—	—	1	1
Port Saïd	—	250	—	—	—	250
Preveza	—	—	—	—	1	1
Punta Arenas	1.959	—	—	—	—	1.959
Pirée (Le)	250	375	—	—	—	625
Raumo	376	—	—	—	—	376
Rodosto	250	—	—	—	—	256
Rhodes	626	—	—	—	—	626
Rosario	350	7.399	—	—	—	7.749
Rotterdam	4.751	911.724	—	2.198	—	918.673
Rotterdam, option	750	—	—	—	—	750
Salonique	24.879	—	—	—	—	24.879
Samos	500	—	—	—	—	500

PORTS DE DESTINATION	PORTS DU BRÉSIL					TOTAL
	RIO DE JANEIRO	SANTOS	VICTORIA	BAHIA	AUTRES PORTS	
Samsoun	5.002	—	—	—	—	5.002
Santander	—	3.700	—	—	—	3.700
Schios (Chios). . . .	250	250	—	—	—	500
Séville	—	5.700	—	—	—	5.700
Skien	800	—	—	—	—	800
Smyrne	32.130	8.250	—	—	—	40.380
Smyrne, option . . .	500	1.125	—	—	—	1.625
Southampton	500	28.793	—	1.520	—	30.813
Southampton, option .	1.100	—	—	—	—	1.100
Spezzia (La)	—	37	—	—	—	37
S. Sebastian	—	838	—	—	—	838
Stockholm	9.404	—	—	—	—	9.404
Stugsund	500	—	—	—	—	500
Sundosvall	2.500	—	—	—	—	2.500
Syra	875	—	—	—	—	875
Talcahuano	1.751	—	—	—	—	1.751
Tanger	500	100	—	—	—	600
Ténériffe	600	1.600	—	—	—	2.200
Tocopilla	20	—	—	—	—	20
Trébizonde.	6.376	250	—	—	—	6.626
Trieste	130.944	737.309	3.750	15.432	—	887.435
Tripoli	500	10	—	—	—	510
Tunis	1.878	—	—	—	—	1.878
Valence	—	3.975	—	—	—	3.975
Valparaiso	7.531	360	—	100	—	7.991
Venise	2.000	17.655	—	3.500	—	23.155
Viborg	16.798	—	—	—	—	16.798
Vigo	30	508	—	—	—	538
Volo	125	—	—	—	—	125
Varna	2.625	—	—	—	—	2.625
Wasa	100	—	—	—	—	100
Westerwick	250	—	—	—	—	250
Worcester	—	1	—	—	—	1
Ystad.	375	—	—	—	—	375
Total pour extérieur.	**3.193.557**	**10.166.257**	**356.376**	**221.452**	**28.158**	**13.965.800**
Total pour cabotage	**295.739**	**6.617**	**—**	**—**	**—**	**302.356**
Total général 1906 .	**3.489.296**	**10.172.874**	**356.376**	**221.452**	**28.158**	**14.268.156**
» » 1905 .	3.065.611	7.465.129	381.027	183.374	29.320	11.124.461
» » 1904 .	3.110.578	6.585.160	423.364	151.401	21.501	10.292.004
» » 1903 .	4.379.857	7.995.215	490.930	307.290	22.819	13.196.111
» » 1902 .	4.186.690	8.715.301	373.503	163.979	22.210	13.461.683
» » 1901 .	4.767.807	9.618.569	361.426	246.293	16.319	15.010.414
» » 1900 .	2.894.283	5.852.076	222.447	186.658	—	9.155.464

Exportation de café du Brésil. Année 1906.

Quantités expédiées par pays de destination et par ports de provenance.

I. — PAYS DE DESTINATION	BALLES DE 60 kgs.	VALEUR FOB(*) Mil réis papier
1. — EUROPE.		
Allemagne	2.947.718	88.854:293$
Autriche-Hongrie	903.139	26.980:434$
Belgique	468.658	13.920:787$
Bulgarie	2.625	77:492$
Canal à ordre	33.333	1.001:671$
Danemark	55.446	1.647:828$
France	2.139.362	64.213:974$
Gibraltar	13.195	392:314$
Grande Bretagne	172.534	5.141:489$
Grèce	2.426	70:762$
Espagne	76.625	2.315:766$
Hollande	919.548	27.521:222$
Italie	228.927	6.805:668$
Malte	6.180	183:397$
Norwège	16.488	482:953$
Portugal	2.352	71:800$
Roumanie	8.623	260:365$
Russie	39.491	1.164:989$
Suède	34.920	1.036:390$
Turquie d'Europe	83.040	2.437:678$
Total	**8.154.630**	**244.581:272$**
2. — ASIE.		
Turquie d'Asie	65.909	1.956:350$
Total	**65.909**	**1.956:350$**
3. — AFRIQUE.		
Algérie	48.480	1.434:382$
Cap de Bonne Espérance	134.068	4.003:756$
Egypte	53.625	1.597:786$
Iles Canaries	3.950	117:120$
Maroc	600	17:680$
Mozambique	2.475	72:736$
Tripoli	510	14:469$
Tunisie	2.498	72:783$
Total	**246.206**	**7.330:712$**

(*) Franco bord.

Exportation de café du Brésil. Année 1906.

Quantités expédiées par pays de destination et par ports de provenance.

(Suite).

I. — PAYS DE DESTINATION	BALLES DE 60 kgs.	VALEUR FOB(*) Mil réis papier
4. AMÉRIQUE.		
Argentine	160.910	4.842:811$
Bolivie	10	600$
Chili	13.571	415:108$
Etats-Unis	5.290.676	158.249:643$
Paraguay	38	1:153$
Pérou	873	42:617$
Uruguay	32.977	979:476$
Total	**5.499.055**	**164.531:408$**
Total	**13.965.800**	**418.399:742$**
Équivalence en mil réis or	—	**245.474:525$**

II. — PORTS DE PROVENANCE	BALLES DE 66 kgs.	VALEUR FOB(*) Mil réis papier
1. Santos	10.166.257	306.355:949$
2. Rio de Janeiro	3.193.557	94.167:248$
3. Victoria	356.376	10.603:163$
4. Bahia	221.452	6.398:078$
5. Florianopolis	14.368	429:199$
6. Pernambuco	11.781	367:109$
7. Pará	875	42:727$
8. Cabedello	405	12:850$
9. S. Francisco	342	10:171$
10. Itajaby	274	8:107$
11. Rio Grande do Sul	56	2:484$
12. Ceará	31	1:426$
13. Manáos	13	747$
14. Antonina	7	217$
15. S. Luiz do Maranhâo	3	154$
16. Porto Alegre	2	83$
17. Páranaguá	1	30$
Total	**13.965.800**	**418.399:742$**
Équivalence en mil réis or	—	**245.474:525$**

(*) Franco bord.

Exportation de café du Brésil.

Année 1906.

(Non compris le cabotage).

Total : 13.965.800 balles de 60 kgs.

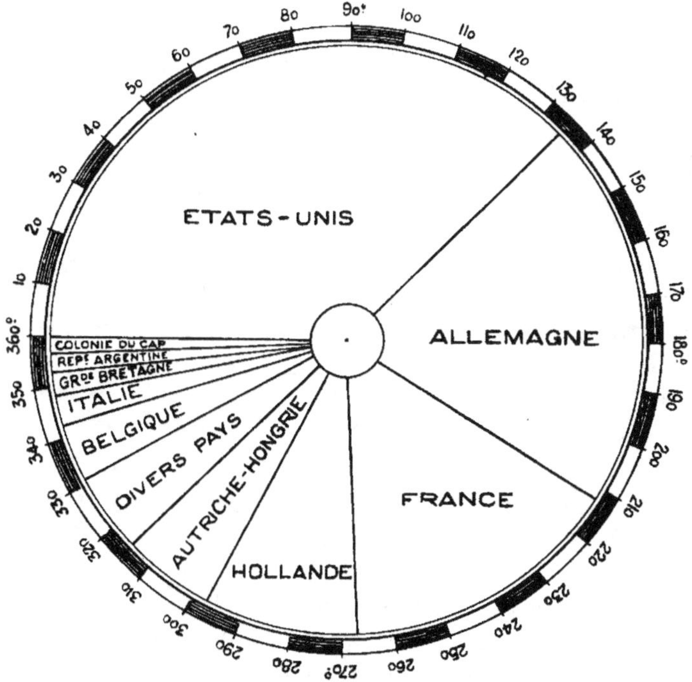

Fig. 98. — Diagramme se rapportant aux deux tableaux précédents.

N. B. Un degré représente 38.793 balles de 60 kilogrammes.

SIXIÈME PARTIE

LA VALORISATION DU CAFÉ.

L'accroissement de la production du café au Brésil, et spécialement dans l'Etat de Saint Paul, dont nous avons, à diverses reprises, signalé la marche véritablement vertigineuse, n'a pas laissé de créer parmi les « fazendeiros » une situation pénible. La consommation n'a pas pu, en effet, absorber en une fois la surproduction momentanée et le marché s'est vu, par conséquent, encombré d'une quantité considérable de cafés pour lesquels on ne pouvait pas trouver immédiatement acheteur. Les prix ont donc baissé et ils sont descendus si bas que, pour un grand nombre de planteurs, placés dans les conditions les moins favorables, la culture ne pouvait plus être rémunératrice.

1°. — SURPRODUCTION ET BAISSE DES PRIX DU CAFÉ.

De 1885 à 1896, le prix du café fut relativement élevé ; il atteignit couramment, en effet, 70 francs par 50 kgs. et parfois 120 et 132 francs. Ces conditions favorables firent la prospérité de l'agriculture pauliste. Malheureusement, la récolte 1897-1898, plus abondante que les précédentes, porta subitement le stock mondial de café à cinq et demi ou six millions de balles. Une baisse sensible des cours s'en suivit ; elle continua jusque 1900, époque à laquelle se manifesta une hausse légère et insuffisante. Pendant cette période de baisse, la culture caféière fut peu éprouvée, car, ainsi que le remarque M. Pierre Denis (*), les années 1897 à 1899 sont celles où la dépression du change fut la plus profonde ; et il se trouva que le prix du café qui avait fortement baissé, si on l'exprimait en or, s'était au contraire maintenu très ferme en papier brésilien. Cette circonstance fit que les « fazendeiros » ne se ressentirent des effets de la baisse qu'après plusieurs années, et c'est précisément à ce moment, que survint la forte récolte 1901/1902, laquelle atteignit un chiffre si extraordinaire que les stocks montèrent immédiatement à 11 1/2 millions de balles.

La situation empira et les prix tombèrent immédiatement à 30 francs. En 1903, la baisse s'accentua encore. En 1904, il y eut une légère reprise qui se marqua davantage en 1905, de sorte que les cafés se vendirent de nouveau entre 40 et 50 francs. Les stocks cependant n'étaient presque pas entamés et, à la fin de l'année 1905, à la veille de l'extraordinaire cueillette de l'année 1906, désignée dans le commerce récolte 1906/1907, ils atteignaient encore 11 millions de balles environ ; ils représentaient, par conséquent, les sept-dixièmes de la consommation mondiale.

Telle était la situation, lorsqu'en septembre 1905, les caféiers fournirent une floraison extraordinaire, comme il n'en avait jamais été observée à Saint Paul. Les conditions climatériques avaient été et continuaient à être extrêmement favorables, la gelée ne s'était pas fait sentir, la température et les pluies avaient été propices. Tout faisait prévoir une cueillette d'une extraordinaire importance et l'on se deman-

(*) Pierre Denis, agrégé à l'Université de Paris. — La crise du café au Brésil et la Valorisation. Etude publiée dans la Revue politique et parlementaire du 10 juin 1908.

dait quelles mesures il faudrait prendre pour enrayer une crise qui, s'aggravant de jour en jour, allait atteindre son apogée.

2°. — MESURES PRISES PAR L'ETAT DE SAINT PAUL POUR COMBATTRE LA CRISE.

Déjà à la suite de l'énorme récolte pauliste de 1901/1902, laquelle avait atteint le chiffre considérable de 10.166.000 balles, le Gouvernement de l'Etat de Saint Paul avait décidé de prendre des mesures pour enrayer l'essor des plantations et, à la demande même des planteurs, il avait fait une loi frappant les nouvelles plantations d'un impôt prohibitif. Cette loi, que nous avons appelée loi de régularisation de production, avait été votée dans le courant de 1902 pour une durée de cinq années. Prorogée en 1907 pour une égale période, elle impose, comme nous le savons déjà, les plantations nouvelles de deux « contos » de réis par « alqueire paulista » de 2 Ha. 44 a.

Cette mesure législative ne pouvait malheureusement pas avoir d'effets immédiats. Les caféiers ne produisant qu'au bout de cinq années environ, la loi n'a pas pu empêcher les plantations existantes, qui se trouvaient alors dans toute leur force de production, de fournir, par suite d'un concours de circonstances favorables, la fantastique cueillette de 1906, qui allait accentuer les ravages de la crise.

Le recours à des mesures plus énergiques s'imposait donc, de manière à éviter un véritable désastre. Le Gouvernement de Saint Paul pouvait-il hésiter et se désintéresser de la crise ? Pouvait-il abandonner les planteurs à eux-mêmes, laisser la forte récolte arriver sur le marché et attendre, comme le dit M. Pierre Denis (*), au milieu des

______

(*) Loc. cit.

souffrances et de la misère générale, que la sélection naturelle eùt fait son œuvre et que la crise eùt tué les moins
résistants en ne laissant survivre que les plus forts ? Nous
ne le pensons pas ; le Gouvernement devait agir, car la
récolte de 1906, une fois versée sur le marché, aurait fait
tomber les cours à un taux si bas que c'eût été la ruine, à
bref délai, pour la plupart des planteurs ; de plus, les finances du Brésil n'auraient pas été sans en ressentir d'une
manière très sensible le contre-coup, le café entrant pour
plus de la moitié dans les exportations de ce pays.

Le Gouvernement de l'Etat de Saint Paul s'est donc
décidé à intervenir. Comment l'a-t-il fait, sur quoi s'est-il
basé pour oser s'engager dans une affaire aussi importante
que délicate? Tels sont les deux points que nous nous proposons d'examiner en détail. Mais auparavant voyons comment est née à Saint Paul l'idée de valorisation.

Déjà en 1901, lorsqu'éclata la crise, des personnes
autorisées, spécialistes en la matière et ayant conscience
du problème difficile que le Brésil aurait à résoudre dans
un avenir plus ou moins éloigné, avaient étudié les moyens
de combattre la crise caféière créée par la surproduction
et la baisse des prix qui en était la conséquence immédiate.
Parmi ces personnalités, il faut signaler, en dehors des
dirigeants de l'époque, M. le Dr Augusto Ramos, un des
hommes dont la compétence est la plus appréciée en
matière d'agriculture pauliste ; M. l'ingénieur F. Ferreira
Ramos, le distingué commissaire général du Gouvernement de l'Etat de Saint Paul pour le Nord de l'Europe, à
cette époque professeur à l'Ecole polytechnique de Saint
Paul, et M. Alexandre Siciliano, directeur de la « Companhia Mechanica e Importadora » de Saint Paul, tous
trois membres de la « SOCIEDADE PAULISTA DE AGRICUL-
TURA ». Ils publièrent, chacun de leur còté, des études du

plus grand intérêt (*) ; et parmi les mesures proposées par
eux, il faut signaler la propagande, destinée à faire connaitre le véritable café du Brésil et à en faire augmenter la
consommation, ainsi que les moyens de combattre la surproduction. A ce sujet, M. le Dr Augusto Ramos examina et
discuta longuement trois moyens : détruire le café produit,
abandonner partiellement les plantations ou ne plus planter (**).

L'étude des mesures destinées à enrayer la crise
caféière créèrent naturellement à Saint Paul une atmos-
phère particulière. L'idée de *valorisation* germa petit à petit
dans les esprits surexcités, elle prit corps et déjà le 24 août
1903, M. Alexandre Siciliano présentait un projet de valorisation des plus intéressants que l'on peut résumer comme
il suit. Le Gouvernement brésilien ferait un accord avec
un syndicat de capitalistes qui s'engagerait à racheter,
pendant un certain nombre d'années et à un prix suffisamment élevé, tout le café produit au Brésil. Ce prix serait
fixé préalablement et devrait augmenter d'année en année
suivant un tableau fixé d'avance. Le syndicat se chargerait
de la vente du produit et le Gouvernement lui paierait, par
balle de 60 kgs. de café exporté, francs 2,50 la première
année, francs 3 la seconde année et francs 3,50 la troisième
année et les années suivantes. L'Etat se rembourserait en
faisant payer aux « fazendeiros » une surtaxe d'exportation.

Tel était le projet de M. A. Siciliano que le Gouvernement brésilien eût certainement adopté, dans ses grandes

------

(*) Francisco Ferreira Ramos. « O Café : contribuição para o
estudo da crise » (mai 1902). — Augusto F. Ramos. « Valorisação do
Café » (mai 1902). — A. Siciliano. «Valorisação do Café : estudo sobre
o projecto » 1905.

. (**) La loi relative à la réglementation des nouvelles plantations
n'a été que la mise en pratique d'une des mesures proposées par
M. le Dr Augusto Ramos.

lignes, si la forte cueillette de 1906, c'est-à-dire la récolte *record* 1906/1907, n'était venue compliquer les choses. Un puissant syndicat financier tel que le proposait M. A. Siciliano ne pouvait pas, en effet, se constituer du jour au lendemain, de grands capitaux étant nécessaires pour accomplir une opération aussi grandiose. On comprendra donc que, en face d'une crise qui pouvait être néfaste pour le Brésil et pressé par les circonstances, le Gouvernement de l'Etat de Saint Paul ait été forcé d'intervenir effectivement et de se charger d'exécuter lui-même le grand projet de la valorisation.

C'est donc à la fin de l'année 1905, en prévision de la forte cueillette que les caféiers étaient occupés à préparer, que le Gouvernement de l'Etat de Saint Paul s'est décidé à agir et à assumer les responsabilités de son intervention. Mais cette intervention, dont le but était de relever les prix, n'allait-elle pas d'une part être mise en échec par la production des régions caféières étrangères et d'autre part n'allait-elle pas les avantager ? La réponse à ces questions était, depuis quelque temps déjà, connue par le Gouvernement de Saint Paul. En effet, afin de s'assurer de l'état de production de ses plus forts concurrents, c'est-à-dire des pays de l'Amérique espagnole, le Gouvernement pauliste y avait envoyé en mission d'études, pendant la cueillette 1904/1905, M. le Dr Augusto Ramos. Celui-ci commença son voyage par le Mexique et le termina par Porto-Rico, en passant successivement par le Guatémala, le San Salvador, le Nicaragua, le Costa-Rica, la Colombie et le Vénézuela. Son rapport (*), très complet conclut que l'Etat de Saint Paul

(*) Le rapport du voyage de M. le Dr Augusto Ramos a été publié dans le rapport du Secrétariat d'Agriculture de Saint Paul de 1906. Il constitue la plus belle étude connue sur la production du café dans l'Amérique espagnole.

conservera toujours, quel que soit le prix du café, un avantage certain sur ses concurrents les plus favorisés et qu'il
les éliminera peu à peu comme il avait déjà commencé d'ailleurs à le faire. M. le Dr A. Ramos trouva, dans les régions
visitées, les planteurs aussi rudement frappés par la baisse
des prix que ceux de Saint Paul ; il constata que la maturation y était moins régulière et les cueillettes plus gênées par
les pluies ; que partout la main-d'œuvre était plus rare et de
qualité plus médiocre qu'à Saint Paul ; enfin que l'organisation des plantations n'atteignait nulle part le degré de
perfection des « fazendas » paulistes.

Nous regrettons que le cadre de notre ouvrage ne nous
permette pas d'analyser complètement le remarquable rapport de M. le Dr Augusto Ramos. Qu'il nous suffise de dire
qu'il persuada le Gouvernement de Saint Paul de la possibilité de la valorisation dont il a été ainsi, peut-on dire, le
véritable théoricien.

A la fin de 1905, l'État de Saint Paul ayant donc
décidé d'effectuer l'opération de la valorisation, il fallut
aviser aux moyens de la mettre en exécution.

3°. — EXÉCUTION DE L'OPÉRATION DE LA VALORISATION DU CAFÉ.

A cette fin, et pour que les cours se relèvent d'une manière sensible, on devait retirer momentanément de la circulation, et pour une période assez longue, de nombreuses
balles de café. Un capital d'une extraordinaire importance, que l'on évaluait à 15 millions de livres sterling —
375.000.000 francs —, était nécessaire. Comment se le
procurer ? L'Etat de Saint Paul fit, en tout premier lieu,
appel à Lord Rotschild, le banquier ordinaire du Gouver-

nement brésilien, qui, on ne sait pour quelles raisons, refusa d'accepter les propositions qu'il avait reçues. Par contre, une banque allemande se déclara prête à couvrir l'emprunt, à condition que l'Etat de Saint Paul obtint, pour l'opération, la garantie de l'Union, c'est-à-dire du Gouvernement fédéral. Cette banque tenait à avoir, comme caution de ses avances, à la fois le crédit de l'Etat de Saint Paul et celui du Brésil lui-même. Ces faits se passaient vers la fin de 1905.

« Suivit, écrit M. Pierre Denis, une période de négociations avec les autorités fédérales pour obtenir leur aval. Il est naturellement impossible d'en connaître le détail car ces négociations furent tenues secrètes. Le Président de la République était à ce moment M. Rodriguez Alves ; mais M. Penna avait déjà été désigné pour lui succéder, et il est permis de croire que M. Rodriguez Alves s'en remit à lui au sujet d'une décision dont les effets n'intéressaient que la future présidence. Quoi qu'il en soit, rien ne permet de dire que le projet de valorisation ait, dès ce moment, rencontré d'obstacles dans la personne ni de M. Rodriguez Alves ni de M. Penna.

« Une loi fédérale du 30 décembre 1905 autorisa le Président de la République à entrer en accord avec les Etats caféiers pour régulariser le commerce du café. On put se croire, à Saint Paul, assuré du succès. On ne douta pas que l'Union n'accordât aux emprunts nécessaires la garantie qu'exigaient les banquiers et l'on songea à passer aux actes. M. J. Tibiriçá, alors Président de l'Etat de Saint Paul, convoqua donc à Taubaté les présidents des deux autres Etats brésiliens grands producteurs de café, c'est-à-dire Minas-Geraes et Rio de Janeiro ; et de leur entrevue, qui eut lieu le **26 février 1906**, résulta l'acte célèbre qui déterminait les conditions dans lesquelles allait être tentée la valorisation. »

Le **Convenio de Taubaté** comprenait, dans sa forme première, les divers articles suivants :

Article 1. Les Etats contractants s'engagent à maintenir sur les marchés nationaux, durant le délai qu'ils jugeront nécessaire, le prix minimum de 50 à 60 francs en or ou en monnaie courante du pays, au change du jour, par sac de 60 kilogrammes de café, type 7 américain, pendant la première année : ce prix minimum pourra être élevé ensuite jusqu'au maximum de 70 frs. conformément aux exigences du marché. Pour les qualités supérieures, suivant la même classification américaine, les prix indiqués seront augmentés dans la même proportion, pendant la même période.

Article 2. Par les moyens qu'ils jugeront convenables, les Gouvernements contractants s'efforceront d'empêcher l'exportation des cafés inférieurs au type 7 ; ils feront tous leurs efforts pour que ces cafés soient consommés dans l'intérieur du pays.

Article 3. Les Etats contractants s'engagent à organiser et à maintenir un service régulier et permanent de propagande du café afin d'augmenter sa consommation, soit en la développant sur les marchés actuels, soit encore en ouvrant au café de nouveaux débouchés dans les pays qui en consomment peu ou point, soit aussi en luttant le plus possible contre les innombrables fraudes et falsifications de ce produit.

Article 4. Quand ils le jugeront opportun, les Gouvernements contractants fixeront les types de cafés nationaux, et faciliteront la création d'une Bourse ou Chambre syndicale, pour régulariser le commerce. Pour ces types nouveaux, les prix seront fixés d'après les bases ci-dessus énoncées.

Article 5. Les Gouvernements contractants feront tous leurs efforts pour que les planteurs améliorent le plus possible la qualité des cafés livrés à la consommation.

Article 6. Les Gouvernements contractants s'engagent à créer une surtaxe de 3 francs, sujette à augmentation ou à diminution, pour chaque sac de café qui sera exporté par l'un ou l'autre de ces Etats. Ils s'engagent aussi à frapper, d'impôts suffisamment élevés, l'augmentation des superficies plantées en café sur leur territoire respectif, pendant un délai de deux années qui pourra être prorogé par accord mutuel.

Article 7. Le produit de cette surtaxe sera perçu par l'Union et affecté au paiement des intérêts et à l'amortissement des capitaux nécessaires à l'exécution de la convention ; le solde disponible sera appliqué au remboursement des dépenses faites pour les divers services de cette convention. Les Etats contractants, tant que sera en vigueur cet accord, ne pourront grever le café d'autres impôts que ceux existant actuellement et ceux présentement créés par le dit accord.

Article 8. Pour l'exécution de cet accord, l'Etat de Saint Paul est autorisé à réaliser, dans le pays ou à l'étranger, les opérations de crédit qui seront nécessaires jusqu'à concurrence de 15 millions de livres sterling, sous la garantie de la surtaxe de 3 francs par sac et sous la responsabilité solidaire des trois Etats contractants. Cette somme sera employée comme *lest* pour la Caisse d'Emission et de Conversion qui sera créée par le Congrès national dans le but de fixer le cours du change.

§ 1°. Le produit de l'émission sur ce *lest* sera appliqué, aux termes du Convenio, à la égularisation du commerce du café et à la valorisation de ce produit, sans préjudice pour la Caisse de Conversion.

§ 2°. Avant de conclure ces opérations de crédit, l'Etat de Saint Paul en soumettra les conditions et clauses à la connaissance et à l'approbation de l'Union et des Etats contractants.

§ 3°. S'il devient nécessaire que l'Union endosse ces opérations de crédit, on observera les dispositions de l'article 2, n° 10 de la loi n° 1452 du 30 décembre 1905.

Article 9. L'organisation et la direction de tous les services de l'accord seront confiées à une commission de trois membres nommés par les Etats contractants, à raison d'un par chacun d'eux, et son Président, qui aura le droit de vote. sera nommé par l'Etat de Saint Paul. Les délibérations de cette commission seront prises à la majorité absolue des votes. Chaque directeur aura un suppléant, dont la nomination sera également faite par les Etats, qui le remplacera en cas d'empêchement.

Article 10. Cette commission établira les divers services, nommera le personnel nécessaire à l'exécution de l'accord et pourra, en tout ou en partie, charger de l'exécution une association ou entreprise nationale, sous sa fiscalisation immédiate.

Article 11. Le siège de la commission sera établi en la ville de Saint Paul, et le Gouvernement de cet Etat, comme délégué des deux autres, s'occupera de la direction de ses travaux.

Article 12. Pour l'exécution des différents services de l'accord, la commission organisera un réglement qui devra être soumis à l'approbation des Etats contractants. Ceux-ci devront se prononcer endéans les quinze jours ; passé ce délai, ils seront considérés comme ayant donné leur approbation.

Article 13. Les charges et avantages résultant de l'accord seront répartis entre les Etats contractants, proportionnellement à la somme de surtaxe mise à la charge de chacun d'eux.

Article 14. Les Etats contractants reconnaissent et acceptent le Président de la République comme arbitre des différends qui pourraient survenir dans l'exécution du présent accord.

Article 15. Le présent *Convenio* entrera en vigueur dès sa ratification par les présidents des Etats contractants et son approbation par le Président de la République, aux termes du n° 16 de l'article 48 de la constitution fédérale.

Signés : *Jorge Tibiriçá (Président de l'Etat de Saint Paul). — Nilo Peçanha (Président de l'Etat de Rio). — Francisco Antonio Salles (Président de l'Etat de Minas-Geraes). — M. J. Albuquerque Lins. — A. Candido Rodrigues. — Olavo Egydio de Souza Aranha. — José Monteiro Ribeiro Junqueira. — João Augusto Rodrigues Caldas. — José de Barros Franco Junior. — Augusto Ramos.*

Dans sa forme initiale, le Convenio de Taubaté ne rallia pas toutes les opinions ; le « Jornal do Commercio » de Rio, en effet, adversaire irréconciliable de la valorisation, lui a fait de sévères critiques : les Etats caféiers, disait-il à cette époque, semblent exiger la garantie du Gouvernement fédéral, que celui-ci reste cependant entièrement libre, de leur accorder ou de leur refuser, en vertu de la loi du 30 décembre 1905. Mais ce qui

provoqua surtout l'irritation du grand journal brésilien,
c'est que le Convenio réunissait la solution de la crise du
café et la création de la Caisse de Conversion, mesure
d'un tout autre ordre. Le produit de l'emprunt de 15 millions de livres, prévu par l'article 8 du Convenio de Taubaté, devait, avons-nous vu plus haut, être utilisé comme
lest pour la Caisse d'Emission et de Conversion et c'est le
produit de l'émission sur ce fonds qui devait être affecté
seul à la valorisation. En conséquence, au lieu d'employer
l'or, provenant de l'emprunt, directement pour les achats
de café, il devait être émis, avec la garantie de cet or, des
billets qui entreraient en circulation au fur et à mesure des
achats officiels de café ; l'or devait donc rester accumulé à
la Caisse de Conversion. Celle-ci, soit dit en passant, avait
pour but de fixer la valeur de la monnaie afin d'éviter les
trop grands écarts de change, toujours si préjudiciables à
la bonne marche des affaires d'un pays.

Lors de la signature du Convenio, le Président des
Etats-Unis du Brésil était toujours M. Rodriguez Alves ;
son successeur, M. Affonso Penna, était cependant déjà
désigné pour prendre la nouvelle présidence. Le futur
Président, voyant dans la valorisation une occasion de
créer la Caisse de Conversion, véritable moyen d'assurer
la réorganisation financière du Brésil, d'assainir ainsi la
circulation monétaire, s'attacha à la grande opération non
pas tant par souci de la question caféière que parce
qu'elle lui procurait l'éventualité de créer la Caisse de
Conversion. « L'accord, entre le Gouvernement pauliste
et le futur Président Penna, se fit, dit M. Pierre Denis,
sur ces bases : Saint Paul y trouvait le double avantage
de réaliser un projet qui lui était cher et d'obtenir de
M. Penna un appui indispensable. Ainsi s'explique cette
audacieuse tentative de législation sur des questions finan-

cières dans lesquelles le « Jornal do Commercio » reprochait au Convenio de s'être risqué.

« Fort de l'appui de M. Penna, M. Tibiriçá, Président de l'Etat de Saint Paul, espérait donc obtenir, pour le Convenio, la sanction de l'autorité fédérale. A cet effet, le **2 mars 1906,** il adressa au Président de la République, M. Rodriguez Alves, une lettre où il lui demandait de réunir le Congrès fédéral, en session extraordinaire, pour le vote des mesures urgentes qu'exigeait la réalisation du plan de Taubaté : la Caisse de Conversion et la valorisation du café. M. Rodriguez Alves lui répondit le **12 mars** qu'en décidant, par son article 8, que l'Etat de Saint Paul ferait des opérations de crédit jusqu'à concurrence d'un capital de 15 millions de livres devant servir de *lest* à une caisse de conversion qui serait créée par le Congrès national, pour fixer la valeur de la monnaie..., la convention avait oublié son caractère régional et devait être soumise à l'approbation du Congrès national ; que, pour ce qui était du programme sur la propagande du café, un certain nombre d'idées (développement de la consommation, etc..) pouvaient être appliquées immédiatement, et qu'enfin le Congrès ne serait pas convoqué en session extraordinaire. Cette lettre causa à Saint Paul une vive désillusion. Il semble qu'à partir de ce moment, M. Rodriguez Alves se soit rallié à la fraction de l'opinion qui était hostile à la valorisation. Les adversaires de la valorisation étaient, en effet, puissants; ils avaient pour eux, non seulement le Journal du Commerce, mais encore l'immense autorité de Lord Rotschild, qui se prononçait sévèrement contre les projets des Paulistes, soit qu'il considérât, en effet, la valorisation comme une aventure risquée, soit qu'il fût hostile surtout à la caisse de conversion. Quoi qu'il en soit, les partisans de la convention avaient affaire à forte partie. »

Faut-il dire qu'à Saint Paul la signature du Convenio avait suscité un enthousiasme extraordinaire en même temps que ramené la confiance dans l'avenir? Malheureusement, et c'est ce qui lui a surtout créé des adversaires, le Convenio engageait non seulement la responsabilité de l'Etat de Saint Paul, mais de la Fédération brésilienne toute entière. La valorisation fut attaquée avec violence : les uns signalaient la violation flagrante des principes économiques ; les autres demandaient à valoriser ensuite le caoutchouc, le sucre; d'autres enfin émettaient l'avis que Saint Paul était seul intéressé à la combinaison. Mais on semblait ignorer que les effets de la crise caféière n'intéressaient pas que Saint Paul mais le Brésil tout entier, le café étant le principal produit d'exportation de la République fédérale. La valorisation donc n'était pas exclusivement une question pauliste mais bien une question nationale ; c'est ce que beaucoup d'adversaires n'ont jamais compris ou n'ont jamais voulu comprendre.

A l'étranger, la valorisation commençait à peine à être connue, qu'on la discutait déjà avec acharnement : elle rencontra immédiatement dans la majorité du monde commercial une grande opposition ; le commerce n'écoutant, en effet, que ses intérêts particuliers, voyait dans la valorisation un concurrent dangereux et ne tenait pas compte des intérêts des producteurs. La valorisation avait donc aussi des adversaires à l'étranger où l'on ne possédait pas à cette époque d'éléments suffisants pour pouvoir l'apprécier convenablement.

Au mois de **mai 1906,** la forte cueillette était commencée et M. J. Tibiriçá, comprenant que le Convenio, dans les conditions où il avait été élaboré le 26 février, n'avait aucune chance d'être réalisé, se décida à y proposer quelques modifications. Ces modifications, ratifiées le **4 juillet 1906,** par les Etats, contractants le transformèrent entièrement.

L'article 1er fut entre autre modifié et libellé comme suit :

Pendant le délai qui sera jugé nécessaire, les Etats contractants s'engagent à maintenir, sur les marchés nationaux, le prix minimum de 32 \$ 000 à 36 \$ 000 par balle de 60 kgs. de café, type 7 américain, pour la première année ; ce prix pourra, les années suivantes, être porté à 40 \$ 000 suivant l'état du marché. Pour les qualités supérieures au type 7, les prix seront majorés proportionnellement.

Si les opérations de crédit, disait aussi l'acte additionnel, sont réalisées par les trois Etats sans l'endos ni la garantie de l'Union, la surtaxe de 3 francs par sac, relative à l'article 6 du premier traité, sera perçue par les Etats et son produit sera gardé en dépôt pour être appliqué conformément à l'article 7.

De plus, la perception de la surtaxe de 3 francs commencera à l'époque désignée par les Etats contractants. Tant que la Caisse de Conversion n'aura pas été créée ou ne fonctionnera pas, les Etats pourront appliquer directement le produit de l'emprunt à la valorisation du café.

Enfin l'acte additionnel portait qu'avant de conclure les emprunts dont fait mention l'article 8 du premier traité, le Gouvernement de Saint Paul en soumettrait les conditions et clauses aux autres Etats contractants ainsi qu'au Gouvernement fédéral, en cas d'endos de l'Union, afin de déterminer les responsabilités de chacun d'eux.

Le « Convenio » ainsi modifié fut approuvé par le Congrès national brésilien ; celui-ci réservait toutefois la création de la Caisse de Conversion dont le projet était présenté en même temps que le Convenio par M. le Ministre David Campista, alors député. La Caisse de Conversion n'étant pas votée (*), l'emprunt n'était pas

______

(*) La Caisse de Conversion fut créée plus tard par le Congrès national brésilien. Quoique de création relativement récente elle a déjà montré son incomparable utilité. L'idée de la Caisse de Conversion est pauliste d'origine ; la hausse du change ruinait les planteurs de l'Etat de Saint Paul et les autres producteurs brésiliens. Depuis 1903, au congrès des applications de l'alcool à Rio, M. le Dr Augusto Ramos, qui prit part aux négociations préliminaires du Convenio, avait proposé

autorisé et le Gouvernement pauliste perdait l'espoir de jamais obtenir l'endos de l'Union, condition qui était requise par la banque allemande disposée à couvrir l'emprunt. Cette dernière perdit confiance, et, intimidée par la campagne outrée menée contre le projet de valorisation, retira sa proposition.

« Telle était donc, vers le **mois d'août 1906** (*), la situation de l'Etat de Saint Paul. Les fonds lui manquaient pour se mettre à l'œuvre. Le Convenio de Taubaté et ses modifications postérieures paraissaient ne devoir être que des déclarations platoniques. Et cependant, au moment même où toute action semblait impossible, l'intervention devenait plus nécessaire que jamais. Le Convenio avait rempli les planteurs d'espérances, et chacun, dans la mesure de ses forces, avait conservé des cafés qu'il était maintenant pressé de jeter sur le marché. Et surtout, de tous côtés, arrivaient des données précises sur l'abondance inouïe de la récolte en cours ; elle dépassait toutes les prévisions. Jamais on n'a vu la nouvelle d'une récolte heureuse semer ainsi l'épouvante : déjà s'encombraient les voies ferrées aboutissant au port de Santos. Les cours qui, en février, au moment de la convention, étaient encore de 6 francs les 10 kilos (type 7) s'abaissèrent rapidement ; c'était pour la production pauliste la ruine immédiate. »

Que faire dans ces conditions ? Le Gouvernement de Saint Paul n'hésita pas un instant. Il s'engagea dans la lutte et entreprit avec ses seules forces l'œuvre dont l'Union

le plan de la caisse ; et en 1905, le Sénat de Saint Paul d'abord, l'Association Commerciale de Santos ensuite, demandèrent au Congrès fédéral d'adopter ce moyen de fixer le change.

(*) M. Pierre Denis, à qui nous empruntons ce renseignement, dit vers le mois d'octobre ; mais c'est le mois d'août vraisemblablement qu'il faut comprendre, les achats de café ayant déjà commencé en août 1906.

brésilienne n'avait pas voulu partager la responsabilité. Il se décida donc à exécuter la valorisation du café dans des conditions tout à fait différentes de celles qui avaient été élaborées à Taubaté ; le principe était cependant resté le même en tant qu'opération, mais les moyens étaient totalement différents. Saint Paul se trouvait livré à lui-même, la tâche était dure et la responsabilité très grande !

Le Gouvernement de l'Etat de Saint Paul se mit immédiatement à l'œuvre et commença ses achats de café. A cet effet il contracta, le **1ᵉʳ août 1906** par l'intermédiaire de la « Brasilianische Bank für Deutschland » (*), un emprunt d'un million de livres sterling au moyen de traites émises par le Trésor de l'Etat en faveur de la « Disconto Gesellschaft » de Berlin. Cet emprunt, qui était à courte échéance (12 mois), devait être remboursé le 1ᵉʳ août 1907. Le **8 décembre 1906,** le Gouvernement contracta un second emprunt de £ 2.000.000 avec MM. J. Henry Schröder & Cⁱ de Londres ainsi qu'un troisième de £ 1.000.000 avec la « National City Bank » de New-York. Ces deux emprunts, qui en réalité n'en formaient qu'un seul garanti par la surtaxe de 3 francs par sac perçue à Santos, étaient remboursables, à partir de l'année 1908, par quatre annuités successives. Un tiers en fut tenu en réserve par MM. J. Henry Schröder & Cⁱ, banquiers à Londres, afin d'effectuer le 1ᵉʳ août 1907, le paiement des lettres du Trésor émises le 1ᵉʳ août 1906 jusqu'à concurrence de £ 1.000.000 en faveur de la « Disconto Gesellschaft » de Berlin (**).

(*) La « Brasilianische Bank für Deutschland » a été fondée par la direction de la « Disconto Gesellschaft » de Berlin et la « Norddeutsche Bank in Hamburg » de Hambourg. Capital entièrement versé : 10 millions de marks. Siège central : Hambourg. Succursales au Brésil à Rio de Janeiro, São Paulo, Santos et Porto-Alegre.

(**) L'emprunt de la « Disconto Gesellschaft » a été payé exactement à son échéance.

Tels furent les emprunts effectués de prime abord par Saint Paul. Celui-ci ne disposait donc pas en réalité de quinze millions de livres, comme le prévoyait le Convenio, mais d'une somme de beaucoup inférieure. Il était cependant nécessaire, urgent même, de poursuivre les achats de café si l'on voulait arriver au but que se proposait la valorisation, c'est-à-dire retirer du marché l'excès de la production de la récolte 1906 1907. Mais comment continuer à acheter sans disposer des fonds nécessaires ? Saint Paul s'y prit de la manière suivante : il conclut des contrats avec les principales maisons d'exportation qui lui avancèrent jusqu'à 80 °/₀ de la valeur des cafés achetés à condition que ceux-ci seraient déposés dans leurs entrepôts ; de cette façon le Gouvernement pauliste n'a donc dû payer qu'un cinquième du prix de ces cafés ; ceux-ci furent gardés par les exportateurs comme gage de leur créance sur l'Etat.

Au début, les achats de cafés furent relativement peu importants ; cependant, déjà à la fin de l'exercice financier de 1906, c'est-à-dire le **28 février 1907,** l'Etat de Saint Paul était en possession de 2.596.566 balles de 60 kgs. à l'achat desquelles il avait consacré la somme de 89.017:976 $ 761 se répartissant comme suit :

1°. — Une *partie* du produit des emprunts extérieurs d'une
    valeur nominale de £4.000.000, c.-à-d.   26.972:189 $ 846
2°. — Les *traites* (sur banquiers et correspondants spéciaux pour les opérations de la valorisation) s'élevant à 80 °/₀ (plus ou moins) de la valeur des cafés embarqués par l'Etat, soit £ 3.454.847—12—5 ou . . . . . . 62.045:786 $ 915

Total . . . 89.017:976 $ 761
Soit francs . 139.965.372 , 00

Les achats, ainsi que nous venons de le dire, ne devaient pas s'arrêter là. «A mesure qu'on comprit de combien la récolte de 1906 avait été supérieure à la moyenne, on se résigna, dit Mr Pierre Denis, à continuer les opérations qui finirent par accumuler aux mains du Gouvernement de Saint Paul le stock énorme d'environ 8 millions de sacs. La maison Théodor Wille & C° fut chargée d'effectuer les achats ; ceux-ci se poursuivirent non sans difficultés. Le Gouvernement ne voulait à aucun prix, et pas davantage les négociants qui recevaient le café en gage de leurs avances, acheter des cafés de qualité inférieure, dont le placement eût été plus tard très difficile. Aussi la Commission des achats élimina-t-elle les types inférieurs ; et le 2 janvier 1907, la maison Wille avait déjà déclaré publiquement qu'elle était autorisée à acheter, par jour, 15.000 sacs de café du type 7, c'est-à-dire de qualité supérieure à la moyenne.

« Cette mesure souleva contre la valorisation tous les « fazendeiros » qui possédaient des cafés inférieurs. L'agitation reprit. On affirma que Saint Paul avait voulu favoriser les Paulistes dont les cafés sont en général de types supérieurs, aux dépens des planteurs de Minas et de Rio qui obtiennent le plus souvent un produit plus médiocre ; on réclama que les cafés de Minas et de Rio, insuffisamment protégés, fussent dégrevés de la surtaxe de 3 francs qui était levée sur eux comme sur les cafés de Saint Paul. Les négociations reprirent entre Saint Paul et le Gouvernement fédéral où M. Penna avait inauguré sa présidence dès novembre 1906. Il fut décidé que la Banque du Brésil prêterait 6 millions de milréis — environ 10 millions de francs — à Saint Paul, qui devraient être consacrés à l'achat de cafés inférieurs, c'est-à-dire des types 8 et 9. C'était une satisfaction donnée aux planteurs non paulistes ;

c'était aussi la première manifestation des bonnes dispositions du nouveau Président pour la valorisation.

« Ces bonnes dispositions ne devaient pas s'arrêter là, et dès ce moment, l'Union chercha à obtenir, grâce à son crédit, les fonds nécessaires à Saint Paul pour l'exécution intégrale de la valorisation. Elle fit auprès de Lord Rotschild des tentatives qui ne furent pas heureuses, car c'est alors, en réponse aux démarches faites pour obtenir de lui un emprunt de 5 millions de livres destiné à achever la valorisation, que Lord Rotschild publia la lettre fameuse que le Brésil entier lut avec une sorte d'épouvante, et où il déclarait ne pouvoir compromettre sa maison dans une pareille aventure.

« La période de la valorisation sur laquelle on a le moins d'informations est celle qui va de février à juin 1907 où le Président de Saint Paul déclara officiellement que les achats étaient terminés. Les achats cessèrent dans cette période, à une date qu'il est impossible de préciser. Il est évident que les achats officiels contribuant à maintenir les cours, la nouvelle de leur interruption devait avoir pour conséquence une nouvelle baisse, et que le Gouvernement de Saint Paul, usant de toutes ses forces pour lutter contre la baisse, n'avait aucun intérêt à publier immédiatement qu'il se retirait du marché. Il est évident qu'il interrompit ses achats prématurément, c'est-à-dire avant d'avoir réussi à enrayer la baisse. Elle dura, en effet, pendant les six premiers mois de 1907, ce qui donne la mesure de la débâcle irréparable qui se serait produite, s'il ne s'était présenté sur le marché l'acheteur inespéré que fut l'Etat de Saint Paul. Saint Paul fut arrêté par le manque de ressources et victime de la façon hâtive dont il avait été forcé d'improviser la valorisation à lui tout seul. Il fit tout pour empêcher la baisse, jusqu'à prendre des mesures d'exception, lorsqu'après l'épuisement des fonds d'achat officiels, les cafés continuèrent à affluer vers Santos. On assure qu'il y eut un moment où, sur des instructions venues d'en haut, les Compagnies de chemin de fer suspendirent ou du moins ralentirent les transports de café de l'intérieur vers la côte. »

M. Pierre Denis dit que Saint Paul interrompit ses achats prématurément. Cela n'est cependant pas conforme aux déclarations que faisait M. J. Tibiriçá, Président de l'Etat de Saint Paul, dans son message du 14 juillet 1907. « Le Gouvernement, écrivait à cette époque le Président de l'Etat de Saint Paul, ayant retiré du marché plus que l'excédent provenant de la récolte 1906 1907, n'a pas jugé nécessaire de continuer à intervenir directement et d'une façon constante sur les marchés, ce qui a donné lieu au rétablissement de la libre concurrence et à la reprise normale des affaires du commerce de café.

« Le Gouvernement, ajoutait-il encore, ne pense pas se défaire des cafés acquis par lui et dispose de ressources suffisantes pour retenir, aussi longtemps qu'il le faudra, les cafés dont il est propriétaire ; il prétend n'en disposer que lorsque les nécessités de la consommation l'exigeront, mais il ne les vendra qu'à des prix compensateurs, assurant ainsi à l'agriculture les avantages qu'il a en vue et sauvegardant les intérêts du trésor, sans se préoccuper de bénéfices ou de pertes, les opérations de la valorisation n'ayant pas été réalisées dans un but spéculatif. »

Bref, en **juin 1907** l'Etat de Saint Paul avait donc retiré du marché 8 millions environ de sacs de café de 60 kgs., dont il se trouvait par conséquent propriétaire. Acheté au cours du jour, à frs 42,50 en moyenne par 50 kgs, ce café lui revenait à plus de 400 millions de francs, dont le tiers avait été fourni par les emprunts et le reste par les maisons qui avaient consenti à faire des avances sur des cafés pris par elles en consignation.

Entretemps, Saint Paul obtint, du Gouvernement fédéral, afin de pouvoir couvrir ses achats de café, un emprunt de £ 3.000.000 qui fut voté par le Congrès fédéral et conclu entre l'Union et Lord Rotschild qui était revenu à de meilleures dispositions à l'égard de la valorisation. Cet emprunt fut émis à Londres le **4 octobre 1907** ; la maison Rotschild frères de Londres s'était chargée du placement. Dans le but de se procurer de nouvelles ressources, l'Etat de Saint Paul afferma, le 6 septembre 1907, le chemin de fer de la Sorocabana (qu'il avait racheté antérieurement) à un syndicat franco-américain, la « Sorocabana Railway Cº Ltd ». Il affecta ensuite la part annuelle qu'il a à recevoir dans le bénéfice net de l'affermage à la garantie d'un emprunt de £ 2.000.000 qui a été souscrit par la clientèle de la Banque de Paris et de la Société générale. L'émission de cet emprunt — 1.000.000 d'obligations de frs. 500 — eut lieu à Paris le 16 novembre 1907.

L'énorme quantité de café, dont l'Etat de Saint Paul était devenu le propriétaire, fut expédiée vers l'Europe et les États-Unis, emmagasinée et warrantée au Havre, à New-York, Hambourg, Anvers, Brème, Londres, Rotterdam, Trieste et Marseille suivant des contrats de consignation faits par l'Etat. Vers le mois d'août 1907, il ne restait plus sur les marchés de Santos et de Rio que 800.000 sacs qui devaient être embarqués au moment opportun et warrantés suivant les clauses des contrats antérieurs.

Les cafés, emmagasinés dans les ports européens, se trouvent sous la surveillance immédiate du Gouvernement de l'Etat de Saint Paul. Dans ce but, celui-ci a désigné comme *fiscal* M. F. Ferreira Ramos, le distingué com-

missaire général du Gouvernement de l'Etat de Saint Paul
pour le Nord de l'Europe qui, lors des visites minutieuses
qu'il a faites dans les nombreux magasins de la valorisation, a trouvé les cafés en parfait état d'ordre, de conservation et d'arrimage. Chargé de la surveillance fiscale des
cafés, M. F. Ferreira Ramos a libre entrée dans les divers
magasins, conformément aux instructions communiquées
par l'Etat de Saint Paul à ses consignataires qui les ont
d'ailleurs acceptées avec la plus grande bienveillance.
Pour les cafés emmagasinés à Anvers, M. Ruy da Trin-
dade, secrétaire général du Commissariat de Saint Paul
et vice-consul du Brésil à Bruxelles, a été nommé *fiscal*
au même titre que M. F. Ferreira Ramos. Exerçant donc
lui-même le contrôle de ses cafés, l'Etat de Saint Paul
peut avoir tous ses apaisements et toutes les garanties
au sujet des soins dont ils sont l'objet. Ces cafés sont,
ainsi que nous l'avons dit déjà, de toute première qualité :
ils proviennent, en effet, d'une récolte tout à fait exceptionnelle et il a été pris, lors de leur achat, toutes les
précautions nécessaires.

On a beaucoup discuté sur l'importance du stock de
café de la valorisation. A ce sujet, le *Bulletin de correspondance* du Havre, du 19 février 1908, s'exprimait de la
manière suivante : « Un de nos abonnés de l'intérieur nous
envoie une statistique (*), qu'il dit avoir été établie par une
maison de notre place ; elle a pour but, sans doute, de
répondre aux observations faites sur le faible stock de
Hambourg, que nous avons reproduites dans notre numéro
du 10 courant.

« Notre abonné, continue le *Bulletin de Correspondance*, nous demande quelle est notre impression sur cette

______

(*) Voir page 384.

Cafés de la Valorisation.

Balles de 60 kilogrammes.

PORTS	Consignations du Gouvernement			Filières reçues
	Santos G.E.S P (*)	Rio	Total	
Hambourg . .	1.175.000	105.000	1.280.000	500.000
New-York . .	855.000	550.000	1.405.000	650.000
Anvers. . . .	1.025.000	50.000	1.075.000	—
Brème	125.000	—	125.000	—
Londres . . .	200.000	—	200.000	—
Rotterdam . .	200.000	—	200.000	—
Trieste. . . .	80.000	40.000	120.000	—
Marseille (**) .	15.000	85.000	100.000	—
Le Havre (***) .	1.261.000	394.000	1.655.000	260.000
	4.936.000	1.224.000	6.160.000	1.410.000

(*) La marque G. E. S. P. que portent les sacs signifie « Gouvernement Etat Saint Paul ».

Dans les quantités qui précèdent ne sont pas comprises les balles marquées P.S.P. expédiées par MM. Prado, Chaves & Cº de Santos, à Marseille et au Havre, soit :

(**) Marseille. . . . 22.000 balles.
(***) Havre . . . . . 283.000 »

Total . 3o5.ooo balles.

Récapitulation

1. Santos G.E.S.P. et Rio . 6.160.000 balles
2. Cafés P.S.P. . . . . . 305.000 »
3. Filières . . . . 1.410.000 »

Total général . 7.875.000 balles

statistique. Nous constatons, répond-il, que l'on se décide à compter, dans la valorisation, les cafés expédiés par MM. Prado, Chaves & C⁰ ; que s'il est facile de suivre les Santos marqués G. E. S. P. et P. S. P., cela est impossible pour les cafés reçus en filières ainsi que pour les Rio dont pas un seul sac ne porte ces marques ; voilà donc 2.634.000 sacs que l'on peut vendre sans qu'il soit possible d'en connaître la source. »

Principaux consignataires de la valorisation.

CONSIGNATAIRES	PORTS	BALLES DE 60 KGS.
1. — Arbuckle Brothers	New-York	1.105.000
2. — Crossman & Sielcken	»	351.342
3. — Theodor Wille & C⁰	Hambourg	662.500
4. — Peimann Ziegler & C⁰	»	434.500
5. — Latham & C⁰	Havre	400.000
6. — Frederic Jung & C⁰	»	250.000
7. — Fernand Sauquet	»	200.000
8. — F. Metz & C⁰	»	150.000
9. — Westphalen & C⁰	»	100.000
10. — Société d'Importation et de Commission	»	100.000
11. — Comptoir Commercial Anversois et Bunge & C⁰	Anvers	1.000.000
12. — J. Henry Schröder & C⁰	Londres	200.000
13. — Meeus & Zoonen	Rotterdam	150.000
14. — W. Schoffer & C⁰	»	50.000
15. — C. Arnstein	Trieste	120.000
16. — Dafay Gigandet & C⁰	Marseille	15.000
	TOTAL	5.288.342

D'une manière générale, et à part quelques exceptions, le commerce a toujours manifesté peu de confiance quant à l'importance du stock de la valorisation ; c'est pourquoi nous croyons bien faire d'indiquer tout d'abord les principaux consignataires (*) qui ont fait des avances sur des cafés qui leur ont été remis en gage par l'Etat de Saint Paul et ensuite d'extraire quelques renseignements du rapport, sur l'année 1907, du Secrétaire des finances de l'Etat de Saint Paul.

« A la clôture du bilan de l'exercice de 1907, c'est-à-dire le **29 février 1908,** l'Etat de Saint Paul avait, lisons-nous dans le rapport (**) de M. le Dr Olavo Egydio de Souza Aranha (***), entièrement liquidé l'achat de 8.146.123 sacs de café ayant coûté 270.578 : 554 \$ 948 et emmagasinés dans les divers ports du Brésil, de l'Europe et des Etats-Unis de l'Amérique du Nord. Pour faire face à ces achats ainsi qu'aux dépenses diverses nécessitées depuis le début par la valorisation, le Gouvernement de l'Etat de Saint Paul a utilisé les ressources suivantes :

1°. Traites faites sur les correspondants de la valorisation contre des remises de café en consignation et avances en compte courant. . . . . . . 184.045 : 271 \$ 206

2°. Emprunt pour la valorisation du 8 décembre 1906 de £ 3.000.000 par MM. J. Henry Schröder & C° de Londres et la « National City Bank » de New-York . . . . 46.449 : 000 \$ 000

(*) Voir page 385.

(**) Ce rapport est daté du 1er juillet 1908.

(***) Dr Olavo Egydio de Souza Aranha, Secrétaire des finances de l'Etat de Saint Paul. — Relatorio apresentado ao Dr Jorge Tibiriçá, Président de l'Etat de Saint Paul.

3º. Emprunt de £ 3.000.000 contracté
en 1907 par le Gouvernement fédéral pour la valorisation ; change
de 15d. . . . .   48.000 : 000 $ 000

4º. Lettres émises par le Trésor de
l'Etat . . . .   16.060 : 422 $ 890

Soit un total de. . .   294.554 : 694 $ 096

parfaitement garanti par les cafés emmagasinés et par
la taxe de 3 francs perçue à Santos par sac de café
exporté (*).

« Durant l'exercice de 1907, les contrats de consignation ont été régulièrement renouvelés à leurs échéances et
l'Etat a rempli, avec la plus scrupuleuse ponctualité, toutes
les obligations qu'il avait assumées en prenant à sa charge
la grande responsabilité de la valorisation.

« Après la clôture du bilan de 1907, c'est-à-dire depuis
le 29 février 1908, le Gouvernement de Saint Paul a encore

(*) Nous donnons à titre de renseignements les quelques chiffres
suivants relatifs à la volarisation :

1. La *valeur des cafés achetés* emmagasinés
    était au 28 février 1907 de 89.017 : 976 $ 761
    au 29 février 1908 de 270.578 : 554 $ 948

2. La *surtaxe* de 3 francs par sac de café exporté
  avait produit
    du 1er mars 1907 au 29 février 1908 21.275 : 988 $ 022

3. Les *achats de café* effectués
    du 1er mars 1907 au 29 février 1908
    se sont élevés à 181.560 : 578 $ 187

4. Les *dépenses dérivant de la valorisation* telles que
  intérêts, commission, frais de magasinage,
  etc., etc., ont été
    du 1er mars 1907 au 29 février 1908 de 14.113 : 216 $ 395

5. Le *produit des traites* contre remises de café et
  les avances reçues en compte courant se sont
  élevés
    du 1er mars 1907 au 29 février 1908 à 121.999 : 484 $ 291

acheté 328.500 sacs de café qui, ajoutés aux 8.146.123 mentionnés plus haut, donnent un total de 8.474.623. Le trésor liquide à l'heure actuelle ces derniers achats.

« Dans les derniers jours du mois de mai et au commencement de juin de cette année (1908), par suite de la diminution sensible du stock mondial visible et aussi afin de répondre aux instantes sollicitations du commerce du café à l'étranger, l'Etat a autorisé la vente publique d'une faible partie de ses cafés en rapport avec les exigences de la consommation et à un prix non inférieur à 50 francs par 50 kgs.. Ces ventes se sont faites à Hambourg, au Havre, à Rotterdam, Londres, Trieste et New-York jusqu'à concurrence de 305.160 sacs, ce qui a ramené le stock de la valorisation à 8.169.463 sacs de 60 kgs..

Lorsque fut connue la nouvelle que l'Etat de Saint Paul s'était décidé à mettre en vente une faible partie de son stock, mais uniquement pour répondre aux exigences de la consommation, il sembla que le cours du café allait fléchir. Immédiatement les adversaires de la valorisation annoncèrent partout que cette vente était le commencement de la débâcle et qu'on allait assister au juste châtiment que méritait la violation aussi flagrante des principes économiques. Quelques-uns même, et non des moindres, annoncèrent qu'ils donneraient du fil à retordre à la valorisation et on vit, non sans étonnement, la Banque de France déclarer qu'elle n'accepterait pas les warrants sur les cafés de la valorisation à un taux supérieur à 40 francs par 50 kgs..

Or, que s'est-il produit ? Les cafés de la valorisation, étant exclusivement composés de qualités supérieures, ont été vendus non pas à 40 francs mais bien à 50 francs et plus par 50 kgs.. Un négociant qui a assisté à ces ventes à Hambourg nous disait qu'il n'avait jamais vu d'aussi beaux cafés verts ; ne proviennent-ils pas, en effet, d'une récolte tout à fait exceptionnelle, dont l'abondance et la qualité sont dues à un concours de circonstances climatologiques qui ne peut se représenter que très rarement.

En dehors de la vente des 3o5.16o sacs dont fait mention le ministre des finances, l'Etat de Saint Paul a procédé à d'autres ventes : il a vendu, en effet, environ 1.174.000 balles qui provenaient de filières qu'il avait achetées sur les marchés européens. De sorte, qu'à l'heure actuelle, le stock de la valorisation ne serait donc plus de huit millions mais bien de sept millions de balles — exactement 6.994.920 balles de 60 kgs. (*) — qui, d'après les déclarations du Gouvernement de Saint Paul, ne seront mises en vente que suivant les besoins de la consommation et à un prix de 5o francs minimum par 5o kgs. pour les qualités supérieures.

« Ayant à l'heure actuelle atteint notre but, dit M. le Dr Olavo Egydio de Souza Aranha, en terminant son rapport, c'est-à-dire ayant réussi à retirer de la circulation l'excès de la production de l'extraordinaire récolte de 1906/1907, nous pouvons considérer l'équilibre du marché mondial comme rétabli ; il convient donc, à présent, de consolider d'une seule fois, en la rendant stable, cette heureuse situation et d'adopter par conséquent un ensemble de mesures qui permettront au Gouvernement de maintenir son stock éloigné du marché jusqu'à ce que les nécessités de la consommation se fassent sentir et en exigent la vente. »

En s'exprimant ainsi à la fin du rapport qu'il adressait

(*) Voir au sujet du stock actuel de la valorisation et de sa répartition exacte le télégramme, page 3g3, du 11 novembre 1908 de Rio de Janeiro, relatif au nouvel emprunt de £ 15.000.000 de l'Etat de Saint Paul.

le 1er juillet 1908 à M. le Dr Albuquerque Lins — Président actuel de l'Etat de Saint Paul qui a joué un rôle si prépondérant dans la valorisation — le Secrétaire des finances du Gouvernement de Saint Paul fait allusion aux mesures qu'il était nécessaire de prendre afin d'assurer, en une fois et d'une manière certaine, le succès futur de la valorisation. Le stock de sept millions de balles de café de l'Etat de Saint Paul doit, en effet, pour que la grande opération puisse être menée à bonne fin, pouvoir être tenu éloigné du marché, si pas totalement du moins en grande partie, pendant plusieurs années encore. Saint Paul n'a d'ailleurs l'intention de s'en défaire que suivant les besoins de la consommation, au fur et à mesure donc que s'allégera le stock mondial. Mais, la conservation de semblable stock nécessite des dépenses extraordinaires : il ne faut pas seulement, en effet, payer les intérêts des emprunts et des avances faites par les consignataires actuels, intérêts qui, il est vrai, sont largement couverts par la surtaxe d'exportation, mais il faut aussi payer les frais de magasinage et les dépenses créées par les divers services de la valorisation. De plus, il était absolument nécessaire que l'Etat de Saint Paul se mît à l'abri des surprises désagréables que pourrait lui réserver une grande récolte, en supposant que celle-ci puisse se produire dans un avenir peu éloigné.

C'est pour consolider et unifier à la fois sa situation et en même temps pour éviter, une fois pour toutes, les inconvénients qui pourraient résulter pour la valorisation d'une trop grande production immédiate, qu'en juillet dernier, le Gouvernement de Saint Paul a demandé, aux pouvoirs législatifs de cet Etat, de lui procurer les moyens nécessaires pour poursuivre avec succès la lutte dans laquelle il s'est engagé pour défendre les intérêts de son agriculture. La demande du Gouvernement pauliste a immédiatement rencontré le meilleur accueil de la part de la Chambre et du Sénat de Saint Paul qui ont sanctionné, dans le courant de **juillet 1908,** la loi qui était soumise à leur approbation et dont nous reproduisons ci-dessous le texte. Cette loi, qui est venue à son heure, a non seulement renforcé la surtaxe d'exportation et créé des droits de sortie additionnels, au-dessus d'un certain chiffre d'exportation, mais elle a, de plus, et c'est là un point d'une importance extraordinaire, autorisé le Gouvernement à contracter un emprunt de 15 millions de livres sterling destiné à rembourser les emprunts antérieurs et à consolider et unifier la valorisation.

Article 1. Le Gouvernement percevra un impôt additionnel de 20 % *ad valorem*, suivant les formes établies dans la loi en vigueur, sur le café exporté par l'Etat, et excédant neuf millions de sacs dans le courant de l'année agricole qui a commencé le 1er juillet 1908, neuf millions et demi, dans la période égale de l'année commençant le 1er juillet 1909, et dix millions dans les années suivantes.

Article 2. La surtaxe qui avait été établie dans l'article 29 de la loi n° 984 du 29 décembre 1905 est élevée à 5 francs ou à son équivalent en monnaie courante au change officiel du jour. Cette surtaxe entrera en vigueur pour tout le café sortant de l'Etat.

Article 3. Le Gouvernement de l'Etat est autorisé dès maintenant à faire un emprunt extérieur de quinze millions de Livres sterling dont le produit sera destiné à compléter les mesures nécessaires pour la défense du café et à faire une conversion en dette consolidée des dettes flottantes ou des opérations de crédit qui ont été faites dans le même but.

§ 1°. L'emprunt à contracter aura, en dehors des garanties générales, celles spéciales au café, que l'Etat a acheté et possède encore, et celles concernant les produits de la surtaxe à laquelle se réfère l'article précédent.

§ 2°. Le produit des ventes du café appartenant à l'Etat faites en temps utile sera appliqué à l'amortissement de cet emprunt.

§ 3°. Le Gouvernement établira, dans le contrat de l'emprunt, les conditions de l'intérêt et de l'amortissement type échéance, ainsi que l'exemption de l'impôt qu'il jugera nécessaire.

Article 4. Les dispositions contraires seront annulées.

L'article 1er de cette loi est d'une importance extraordinaire car il détermine, une fois pour toutes, dans une certaine limite, la quantité de café qui sera exportée par l'Etat de Saint Paul durant les années ultérieures. N'est-ce pas de cette façon se soustraire aux effets de la surproduction si celle-ci devait se reproduire avant que la valorisation ne soit entièrement liquidée ?

La surtaxe de cinq francs par sac de café exporté dont fait mention l'article 2 de la nouvelle loi a, ainsi que nous l'avons dit dans une autre partie, été perçue à Santos à partir du **24 septembre 1908** (*). Le montant de cette surtaxe doit être affecté, comme auparavant, au paiement des intérêts des emprunts contractés ou à contracter par l'Etat de Saint Paul en vue de la valorisation.

Quant à l'emprunt de quinze millions de livres sterling, dont fait mention l'article 3, il prouve surabondamment que le Gouvernement de Saint Paul entend bien maintenir son stock aussi longtemps que les cours ne seront pas favorables aux producteurs.

Immédiatement après le vote de cette loi de juillet dernier, le Gouvernement de Saint Paul s'est mis en devoir de réaliser ses projets et de contracter son nouvel et important emprunt. Des pourparlers furent engagés avec les principaux banquiers européens et américains et, après une série de négociations, l'Etat de Saint Paul vient de s'entendre

---

(*) Les cafés prêts à être embarqués le 23 septembre 1908, mais qui n'ont pu être expédiés par suite de la grève des dockers de Santos, n'ont cependant dû payer que l'ancienne surtaxe de 3 francs, si toutefois leur exportation a eu lieu avant le 7 octobre 1908.

avec un syndicat de banquiers français, anglais, allemands, américains et belges à la tête duquel se trouvent MM. J. Henry Schröder & C⁰ de Londres et la Société Générale de Paris (*). L'entente est donc faite au sujet de cet emprunt, et il sera signé par les parties intéressées aussitôt que le Congrès fédéral brésilien aura approuvé la loi qui autorise l'Union, c'est-à-dire le Gouvernement fédéral, à le garantir en lui accordant son endos ; c'est là, en effet, une condition qui a été exigée par le syndicat contractant. Nul doute que l'Union ne donne en cette occasion pleine satisfaction à l'Etat de Saint Paul ; elle n'a d'ailleurs aucun risque à courir, l'emprunt étant largement garanti par les sept millions de balles de café emmagasinés ainsi que par la surtaxe de cinq francs perçue par sac de café exporté (**). A ce sujet, un télégramme de Rio de Janeiro, du 3 novembre 1908, dit que, d'après le « Jornal do Commercio », le Gouvernement fédéral est décidé à demander prochainement, au Congrès fédéral, l'autorisation de garantir l'emprunt de 375 millions de francs que l'Etat de Saint Paul est sur le point de lancer.

Un autre télégramme de Rio de Janeiro du **11 novembre 1908,** dont nous reproduisons ci-dessous le texte, nous apprend que le Président Penna a déjà adressé au Congrès

---

(*) La participation de la France dans l'emprunt est de £ 5.000.000, soit 125 millions de francs, que prendront la Société Générale, la Banque de Paris, la Banque de l'Union Parisienne. etc.. Cette somme ne représentera pas une sortie de capitaux, puisqu'elle servira à rembourser les avances déjà faites depuis longtemps sur le stock de café consigné et warranté en France. En Allemagne, la banque Bleichroeder et des établissements financiers de Hambourg prendront une participation. La part de l'emprunt revenant au marché anglais est de £ 5.000.000.

(**) En supposant une exportation moyenne annuelle de 9 millions de balles par le port de Santos, la surtaxe produirait chaque année une somme de frs. 45.000.000.

brésilien la demande relative à la garantie fédérale pour l'emprunt de valorisation de l'Etat de Saint Paul.

« Le Président Affonso Penna a envoyé au Congrès fédéral un message auquel est jointe la demande formelle du Président de Saint Paul d'une garantie fédérale pour l'emprunt de 375 millions de francs que prépare l'Etat de São Paulo. Cet emprunt est destiné à permettre à l'Etat de consolider les opérations de valorisation du café.

« Le Président appuie la demande de garantie comme sage et justifiée, étant donnés les grands intérêts nationaux, qui seraient compromis si une liquidation non organisée des stocks détenus par l'Etat de São Paulo venait à se produire.

« Outre la surtaxe de 5 francs par sac à prélever par l'Etat de São Paulo sur les exportations de cafés, en vertu du projet de loi de l'Etat autorisant l'emprunt, São Paulo offre comme gage additionnel son stock de 6.994.920 sacs de cafés, dont 1.876.644 sont au Havre ; 1.747.761 sont à New-York ; 1.621.023 sont à Hambourg ; 1.075.000 sont à Anvers, et de moindres quantités à Londres, Rotterdam, Brème, Trieste et Marseille. » Les chambres brésiliennes, ayant été préalablement pressenties par M. le Président Penna, nul doute qu'elles n'émettent un vote favorable. La signature de l'emprunt pauliste, destiné à la consolidation de la valorisation, n'est donc plus qu'une question de jours, car il ne manque plus que la garantie fédérale pour rendre l'accord définitif entre Saint Paul et le Syndicat avec lequel il est en rapport.

Cet emprunt de consolidation d'une valeur de £ 15.000.000 sera émis sous la forme de bons décennaux. Une partie sera utilisée pour le remboursement des £ 2.200.000 de l'emprunt de £ 3.000.000 effectué le 8 décembre 1906 avec MM. J. Henry Schröder & Cᵒ et la

« National City Bank » de New-York, une somme de
£ 800.000 ayant déjà été remboursée, dans le courant de
cette année, à l'aide du produit de la surtaxe de 3 francs
qui a été perçue sur les cafés exportés. La partie restante
sera affectée au remboursement de l'emprunt fédéral de
£ 3.000.000 et au rachat de tous les warrants des cafés
consignés qui se trouvent entre les mains des quarante consignataires qui avaient consenti à faire des avances contre
des remises de cafés de la part de l'Etat de Saint Paul.

Cet emprunt sera amorti graduellement avec le produit des ventes de cafés, du stock de la valorisation, effectuées avec opportunité. Il unifiera donc la situation de
Saint Paul et aura une quadruple garantie : le revenu et le
crédit de Saint Paul, un stock hypothéqué de 6.994.920
balles de café, la surtaxe d'exportation et la garantie fédérale qui lui sera sans aucun doute accordée.

Voilà où en sont les choses : la valorisation se montre
donc aujourd'hui sous un tout autre aspect et laisse espérer,
dans les conditions où elle se présente, à l'heure actuelle,
une solution favorable à Saint Paul ; et si à présent il est
intéressant de constater le revirement d'idées (*) qui s'est
opéré depuis le Convenio de Taubaté, il est juste de rendre
hommage aux hommes d'Etat paulistes qui, avec autant de

(*) Le commerce, à part quelques exceptions, a toujours regardé
avec méfiance la valorisation dont le stock extraordinaire a eu pour
effet d'alourdir le marché et de gêner les transactions. Mais s'il est
vrai que la valorisation a provoqué la stagnation momentanée des
affaires, il est certain que le commerce ne sera pas sans retirer certains
avantages de la combinaison pauliste. Voici d'ailleurs, à ce sujet,
l'opinion d'un grand négociant du Havre : « La valorisation a, dit-il,
rendu service au commerce du café ainsi qu'aux consommateurs ; sans
elle, en effet, les prix seraient tombés à 20 francs, ce qui aurait démo-
ralisé le marché, tandis que plus tard ils seraient, par suite de l'aban-
don de la culture par les planteurs ruinés, montés à un niveau bien
plus élevé que celui auquel les ramènera la valorisation. »

souplesse que d'énergie, ont su mener, comme ils l'ont fait, la grande opération.

4°. — FACTEURS SUR LESQUELS L'ETAT DE SAINT PAUL S'EST BASÉ POUR INTERVENIR DANS LA VALORISATION. RÉSULTATS OBTENUS. ÉTAT ACTUEL DE LA VALORISATION.

L'Etat de Saint Paul ne s'est pas engagé à la légère dans la valorisation du café et, avant d'entreprendre cette grosse opération financière, les hommes d'Etat qui avaient en mains les destinées de l'agriculture de ce pays, se sont basés sur un certain nombre de faits intimement liés à la réussite de leur intervention protectionniste.

Tout d'abord, ils sont partis de cette constatation, tirée de l'examen des statistiques les plus sérieuses, que la moyenne de la production mondiale annuelle du café est sensiblement égalée par la consommation qui, les années de petites récoltes, est supérieure même à la production ; ils s'en suit donc que, pour une période suffisamment longue, les années de surproduction ne font que maintenir la production moyenne à la hauteur de la consommation et servent à combler par conséquent les vides créés par les récoltes peu importantes. Ils se sont appuyés ensuite sur l'augmentation de la consommation : celle-ci s'accroît, en effet, de jour en jour et son augmentation constante et régulière serait à elle seule suffisante pour assurer, dans un bref délai, l'épuisement des stocks accumulés par les années de pléthore. La solution de la valorisation se trouve donc toute entière, ainsi qu'on peut s'en rendre compte, dans des déductions tirées des statistiques et qui ont trait à la production moyenne comparée à la consommation, à l'augmentation de la consommation et à l'épuisement des stocks.

Les valorisateurs s'appuient donc entièrement sur des statistiques pour démontrer la réussite possible de leur combinaison. Mais ce que leurs adversaires leur ont toujours objecté, c'est que pour établir leurs calculs, ils ont dû se baser non seulement sur des chiffres connus mais surtout sur des prévisions, c'est-à-dire sur la production des années suivant immédiatement la grande récolte de 1906/1907. Or, ces estimations, ces probabilités peuvent fort bien, répliquent les antivalorisateurs, ne pas se réaliser et mettre en échec la valorisation.

Les valorisateurs ont escompté, entre autres, que la grande récolte de 1906/1907 serait forcément suivie de quelques récoltes petites ou moyennes ; et que, partant de là, il serait nécessaire, afin d'alimenter la consommation des années correspondantes, de faire appel au stock qui diminuerait ainsi de plus en plus de manière à se trouver réduit en 1912/1913 à sept ou huit millions de balles, quantité nécessaire pour assurer la régularité des transactions commerciales.

Jusqu'à quel point peut-on partager l'avis des valorisateurs ? Sans insister à nouveau sur les raisons que nous avons discutées dans la seconde partie de cette étude, nous rappellerons que l'observation enseigne qu'une grande récolte est toujours suivie de quelques autres petites ou moyennes. Il est hors de doute, en effet, qu'après une récolte trop abondante, les caféiers se trouvent épuisés et demandent un repos de trois ou quatre années durant lesquelles la production diminue. N'est-ce pas ce qui s'est produit après la grande récolte de 1901/1902 et ce qui doit vraisemblablement se reproduire après la récolte extraordinaire de 1906/1907. En sera-t-il ainsi ? C'est ce

que la connaissance approfondie de la culture du café
permet de supposer et que les faits ont déjà, d'ailleurs,
en partie démontré.

La récolte pauliste de 1907/1908 (*) fut, on le sait,
petite car elle n'a fourni dans son ensemble que 7.203.000
balles contre 15.392.000 balles l'année précédente. Déjà
avant la fin de l'année 1906, l'Etat de Saint Paul avait la
certitude que cette récolte serait peu importante. Il avait
d'ailleurs chargé une commission composée de MM. Joaquim Lourenço Fraga, Luiz A. Almeida et Nabor Jordão
de parcourir, dans le courant de l'année 1906, les principales zones caféières de Saint Paul afin de déterminer les
effets de la grande récolte sur les plantations en même
temps qu'évaluer le montant de la récolte 1907/1908. Cette
commission publia un rapport des plus intéressants (**) à
la fin duquel elle renseignait ses évaluations. Celles-ci
n'atteignaient que 4.936.250 balles. Comme on peut facilement s'en rendre compte, à l'heure actuelle, les faits ont
confirmé l'exactitude de cette estimation puisque la récolte
de 1907/1908 a en réalité été formée de cafés de l'année
1907 (4.745.170 balles) et de l'excédent de la récolte de
1906 (2.457.830 balles).

Si la récolte pauliste 1907/1908 a été petite, on prévoit
déjà, dès à présent, que celle de cette année — récolte
1908/1909 ·· , dont la cueillette et le séchage sont entière
ment terminés et dont l'exportation a commencé le 1er juil-

(*) La récolte 1907/1908 est celle dont la floraison a eu lieu en
septembre-octobre 1906, dont la cueillette et la préparation ont commencé vers avril 1907 et dont l'exportation s'est effectuée (y compris
le reliquat de la saison 1906/1907) du 1er juillet 1907 au 30 juin 1908.

(**) Nous renvoyons pour la lecture du rapport que cette commission a remis le 29 décembre 1906 au Secrétaire d'Agriculture de
Saint Paul au très intéressant ouvrage de M. F. Ferreira Ramos : *La
valorisation du café au Brésil* qui en a reproduit une traduction textuelle.

let dernier, ne sera que moyenne, car elle n'atteindra que huit à neuf millions de balles et ce sont là les chiffres donnés par l'Association commerciale de Rio qui, pour le port de Rio de Janeiro, prévoit, pour la même année, une exportation de deux millions et demi de balles. La commission chargée par le Gouvernement de Saint Paul, vers le commencement de l'année 1908, d'évaluer le montant de la récolte pauliste 1908/1909 était arrivée à une estimation de huit à huit millions et demi de balles, restant ainsi dans les limites de la réalité.

Si l'on poursuit la vérification des prévisions des valorisateurs, on peut avancer que la récolte de Saint Paul de 1909/1910 ne sera pas supérieure à la moyenne. On possède déjà, en effet, des renseignements complets sur la floraison, qui s'est effectuée en septembre et octobre 1908, ainsi que sur l'état général des plantations. Cette récolte, disons-nous, ne sera que moyenne, car si les plantations de la Paulista laissent prévoir une bonne récolte et celles de la Sorocabana une production excellente, les plantations de la Mogyana, qui sont les plus importantes de tout l'Etat et qui règlent peut-on dire les quantités exportées, ne fourniront qu'une très petite récolte. Dans l'ensemble, la récolte pauliste 1909/1910 ne pourra donc être que moyenne. Mais comment se fait-il que la zone de la Paulista donne de si belles espérances et échappe ainsi à la loi générale qui veut qu'une grande récolte soit suivie de quelques autres petites ou moyennes ? C'est qu'on y trouve beaucoup de plantations nouvelles entrant à peine dans leur période de plein rendement.

Mais comment prévoir, aussi longtemps d'avance, diront les incrédules, l'importance d'une récolte ? Quelques explications suffiront pour les satisfaire. Déjà avant la fin de l'année 1907, on possédait suffisamment de données pour prédire que la récolte 1908/1909 ne serait que moyenne. Les pluies survinrent, en effet, d'une manière inopportune et l'hiver de 1907 (*), au lieu de rester sec, condition absolument indispensable pour permettre au caféier de se reposer et de fournir au printemps suivant une bonne floraison, fut caractérisé par des pluies qui, ayant tenu la végétation en éveil, ont fait que les arbres ne se trouvaient pas dans les conditions requises au moment de la floraison. De plus, en septembre et octobre, lorsque les caféiers étaient en fleurs, survinrent des pluies abondantes qui ont porté préjudice à la floraison.

Nous noterons encore qu'en janvier 1908, c'est-à-dire au milieu de l'été, alors que la maturation des fruits réclame une température élevée en même temps que des pluies copieuses, il ne tomba que très peu d'eau dans le district de Ribeirão Preto, le district caféier le plus important de tout l'Etat de Saint Paul puisqu'il entre environ pour le huitième dans la production caféière de ce pays. Les observations pluviométriques y renseignaient, du 1er au 17 janvier, une précipitation de 202^{mm},6 d'eau en 1906 ; 111^{mm},2 en 1907, tandis que pour la même période de l'année 1908, il n'a été relevé que 30^{mm},3. De plus, alors que la normale des pluies de février y est de 260 mm, il n'est tombé pendant ce mois en 1908 que 182^{mm},9 de hauteur d'eau.

Ce manque de pluies, en janvier et février 1908 (**), n'a pas seulement eu pour conséquence de réduire l'importance de la récolte 1908/1909, mais il a aussi causé un préjudice appréciable à la récolte de 1909/1910 dans le district de Ribeirão Preto. C'est en janvier 1908, en effet, que devaient

---

(*) Voir saisons de l'Etat de Saint Paul, pages 53 et 54.

(**) Le manque de pluies en été favorise la production de cafés « chôchos », c'est-à-dire à grains vides ce qui diminue considérablement les rendements.

se former les branches destinées à porter les fleurs au printemps suivant, c'est-à-dire en septembre et octobre 1908;
or, la formation des branches fleurales ne peut se faire
normalement qu'à la condition indispensable que le caféier
reçoive une quantité d'eau suffisante. En dehors donc de
l'état général des plantations, le manque de pluies de l'été
1908 fut un des premiers indices qui permirent d'évaluer
assez longtemps d'avance, pour la zone de Ribeirão Preto,
l'importance de la production caféière de 1909/1910.

Telles sont, rapidement exposées, quelques-unes des
nombreuses causes qui exercent une influence prépondérante sur la production caféière. Telles sont aussi les prévisions de la valorisation qui ont pu être vérifiées pour la
période déjà écoulée. Pourra-t-on en dire autant de celles
qui ont trait aux années futures et au sujet desquelles nous
n'avons encore aucune preuve certaine ? Sur ce point, il
convient d'être très réservé et nous laisserons à l'avenir
le soin de nous apprendre leur justesse ou leur inexacti-
tude.

1. — Calculs des valorisateurs.

La crise caféière, comme nous le savons, est due
aux années de surproduction qui ont augmenté subitement
le stock mondial d'une manière extraordinaire. Ainsi, après
la forte récolte de 1901/1902, le stock visible, qui auparavant n'était que de 6.834.000 balles, monta immédiatement
à 11.305.000 balles. De 1902/1903 à 1905/1906 ce stock,
par suite d'une consommation constamment supérieure à
la production, s'allégea cependant peu à peu pour tomber
finalement à 9.702.000 balles en 1906. Il ne devait pas
rester à ce niveau puisque la forte récolte de 1906/1907,
par suite de son extraordinaire importance, le fit s'élever

brusquement, le 1er juillet 1907, à 16.380.000 balles. L'excès de l'offre allait donc aggraver considérablement la crise. C'est à ce moment que le Gouvernement de Saint Paul se fit l'acheteur improvisé de huit millions de balles, qui furent retirées du marché, de manière à ramener le stock commercial disponible à son taux normal. L'intervention de Saint Paul, dans les achats de café, a donc amené une modification profonde dans la répartition du stock mondial visible au 1er juillet 1907 ; celui-ci fut, en effet, divisé en deux parts égales dont l'une restait dans les mains du commerce, tandis que l'autre devenait la propriété de l'Etat de Saint Paul qui ne prétendait s'en dessaisir qu'au moment opportun, c'est-à-dire au fur et à mesure que s'épuiserait la part du stock restée sur le marché à la disposition du commerce.

Telles étaient les intentions de l'Etat de Saint Paul qui, propriétaire de huit millions de balles de café de 60 kgs., entendait, en juillet 1907, conserver cet énorme stock, au moins en partie, aussi longtemps que les besoins de la consommation ne s'affirmeraient pas et que les prix ne seraient pas suffisamment élevés. Jusqu'à présent, Saint Paul a persévéré dans sa décision. Il a bien vendu, il est vrai, au début de juin 1908, afin de répondre aux instantes sollicitations du commerce, 305.160 balles de café ; plus tard, le stock mondial diminuant d'une manière certaine et ayant probablement besoin de ressources ou trouvant une occasion favorable, il s'est encore débarrassé d'environ 1.174.000 balles qui provenaient de filières achetées sur les marchés européens ; mais, malgré ces ventes, Saint Paul possède encore, à l'heure actuelle, un stock de 6.994.920 balles de 60 kgs.. Pourra-t-il continuer à conserver cet énorme stock de manière à pouvoir mener à bonne fin l'entreprise dans laquelle il s'est engagé ? C'est ce qu'il est permis de supposer, puisque le Gouvernement pauliste vient de consolider la valorisation par un emprunt de £ 15.000.000 dont la signature n'est plus qu'une question de jours ; de plus, il marque une entière confiance dans les prévisions sur lesquelles il a basé ses calculs.

La valorisation n'est donc pas encore entièrement terminée, et ce n'est guère qu'en l'année 1912/1913 que pourra se faire la liquidation finale de cette grande opération. Mais d'ici là, ne se présentera-t-il pas certaines circonstances qui pourraient la faire échouer? Les valorisateurs ne le pensent pas, car, depuis que la valorisation est entrée dans le domaine des faits, la récolte 1907/1908 est venue confirmer leurs prévisions. En sera-t-il de même dans l'avenir?

Pour essayer de répondre à cette question, nous ne pouvons mieux faire que de reproduire les calculs établis par les valorisateurs eux-mêmes, nous reférant en cela, en partie, au raisonnement suivi par M. F. Ferreira Ramos dans son livre sur la valorisation du café au Brésil, avec cette différence que pour les récoltes 1906/1907 et 1907/1908 nous pourrons nous appuyer sur des quantités connues alors que M. F. Ferraira Ramos n'a pu se baser que sur des estimations — qui se sont vérifiées d'ailleurs — son livre ayant été publié au début de 1907.

Les calculs, établis par les valorisateurs, reposent entièrement sur les statistiques de production et de consommation.

Afin de nous rendre compte de la production actuelle de l'Etat de Saint Paul, rappelons que la culture du café a suivi, dans ce pays, pendant le dernier siècle et surtout dans les vingt dernières années, une marche ascendante très rapide. Après l'indépendance nationale, l'exportation annuelle de café par le port de Santos n'était que de 30.000 sacs; en 1867, alors que les voies ferrées vinrent faciliter les transports, elle atteignit 1.500.000 sacs pour arriver à 2.000.000 vingt années plus tard. Depuis lors, cette exportation a toujours suivi une augmentation régulière ainsi qu'il résulte des chiffres suivants qui représentent la production moyenne annuelle de Saint Paul par séries de quatre années consécutives.

Récoltes moyennes annuelles du port de Santos.

Périodes de quatre années.	Balles de 60 kgs.
1885 86 à 1888 89	2.001.894
1889 90 à 1892 93	2.941.345
1893 94 à 1896/97	3.473.946
1897 98 à 1900/01	6.350.000
1901 02 à 1904 05	8.083.755
1905 06 à 1908/09	9.457.098

Le chiffre de 9.457.098 sacs qui représente la moyenne de la production pauliste du dernier quatriennat — 1905/06 à 1908/09 — peut être considéré comme normal, car si dans sa détermination on s'est appuyé sur l'extraordinaire récolte de 1906/1907 qui a atteint 15.392.509 sacs, on y a également fait rentrer celle de 1905/06 qui ne s'est élevée qu'à 6.982.885 sacs ainsi que celles de 1907/08 de 7.203.000 sacs et de 1908 1909 évaluée à 8.250.000 sacs. Tels sont les chiffres relatifs aux quatre dernières années écoulées. Quels seront ceux des quatre années futures, quelles seront, autrement dit, les récoltes paulistes de 1909/1910 à 1912/1913 ?

S'il est impossible, disent les valorisateurs, de calculer la récolte de chacune de ces quatre années, il est relativement facile d'en évaluer la moyenne approximative. Etant donné que depuis 1902 les nouvelles plantations ont été arrêtées à Saint Paul, ce sont donc précisément les mêmes caféiers qui ont produit les récoltes du dernier quatriennat qui sont appelés à fournir celles du quatriennat futur.

Des modifications se sont cependant produites dans ces caféiers. Si, d'une part, certains d'entre eux ont péri par suite de l'épuisement causé par l'extraordinaire récolte de 1906/1907, ce qui en a diminué le nombre — bien qu'il ait été procédé en grande partie au repeuplement en temps utile — on peut dire, d'autre part, que les jeunes arbres qui ont été plantés en 1899, 1900, 1901 et 1902 sont à présent entièrement formés et qu'ils seront, pour le prochain quatriennat, en pleine force végétative et donneront par conséquent leur maximum de production. Si, d'une part donc, la production caféière pauliste doit subir une diminution due à ce fait que certains caféiers ont péri et sont actuellement remplacés par des arbres trop jeunes, elle doit, d'autre part, se trouver augmentée du fait que certains autres auront amélioré leur capacité productive. Une autre circonstance favorisera encore la production des caféiers pendant les années 1909/1910 à 1912/1913 ; en effet, depuis 1902, c'est-à-dire depuis le moment où a été appliquée la loi de réglementation des plantations, certains planteurs paulistes ont adopté des méthodes de culture intensive, voie dans laquelle l'agriculture de ce pays entre actuellement chaque jour davantage.

Dans ces conditions, on peut admettre que la moyenne des récoltes du futur quatriennat sera d'environ 5 %, supérieure à celle du dernier quatriennat, si, bien entendu, nous déduisons préalablement la production des caféiers trop âgés et de ceux qui auront péri ou seront abandonnés pour une cause quelconque. Cela nous permet donc de prévoir, pour les années 1909, 1910, 1911 et 1912, une production moyenne de 9.929.953 balles, soit 10.000.000 de balles en chiffres ronds.

Ayant déterminé, pour l'Etat de Saint Paul, la production moyenne annuelle du futur quatriennat, examinons à présent quelle devra être vaisemblablement la situation du marché le 30 juin 1913 ? Pour répondre à cette question, il est nécessaire de connaitre, outre la production mondiale, la quantité de café qui sera réclamée par la consommation pendant la même période, le prix dépendant, en dehors d'autres causes particulières, du rapport existant entre l'offre et la demande.

Bien que jusqu'à ce jour, il n'y ait eu aucun service régulier de propagande, la consommation du café s'est cependant considérablement accrue. Il y a vingt-cinq ans, ou plutôt pour la période quinquennale de 1881/85, la consommation mondiale ne réclamait que 9.760.000 balles en moyenne par année ; elle en demandait 10.835.000 pour la période 1891/95, 13.250.000 pour 1896/1900, 15.835.000 pour 1901/05 tandis qu'à l'heure actuelle, elle exige approximativement 17.250.000 balles. Dans le court délai de vingt-cinq années, la consommation annuelle a donc augmenté d'environ 7.500.000 balles et, pour les dernières années, les statistiques accusent, dit M. F. Ferreira Ramos, une augmentation annuelle de 3 à 4 %, de telle sorte que, d'une année à l'autre, la consommation exige au minimum 400.000 balles de café en plus. Partant de là, on peut prévoir qu'à la fin du prochain quatriennat, c'est-à-dire en 1912/13, la consommation annuelle se rapprochera de 19.000.000 de balles, surtout si la propagande officielle qui est en voie d'organisation donne les résultats que l'on espère.

Quelle sera dans ces conditions la situation statistique du café au 3o juin 1913? On peut la déterminer de la manière suivante.

Le stock mondial visible était, au 30 juin 1908, exactement de 14.132.000 balles de 60 kgs.. Si l'on y ajoute le montant de la récolte mondiale de 1908/1909 estimée, par les courtiers hollandais, lesquels sont toujours bien informés, à 15.197.000 balles (*), on arrive à un total de 29.329.000 balles qui seront à la disposition du commerce au cours de cette année. Si de ce total, on déduit les 17.250.000 balles qui seront approximativement consommées du 1er juillet 1908 au 30 juin 1909, on peut conclure, qu'à cette dernière date, le stock mondial sera en chiffres ronds de 12.000.000 de balles, quantité qui constituera notre nouveau point de départ pour la détermination du stock à la fin du quatriennat 1909/1910 à 1912/1913.

Pour établir nos calculs, prenons, pour la production moyenne annuelle de l'Etat de Saint Paul, le chiffre de 10.000.000 de balles auquel nous nous étions arrêtés plus haut, tandis que nous prendrons, pour la production des autres régions caféières, la moyenne des cinq dernières années que l'on peut établir comme suit : (voir page 408).

Une production totale de 7.334.000 balles pour les régions caféières autres que Saint Paul est, nous semble-t-il, un peu trop élevée. Il a été constaté en effet que, prise dans son ensemble, la production de ces diverses régions accusait une diminution évidente. D'ailleurs, et pour n'examiner que ce qui se passe au Brésil, il est dès à présent certain que les exportations de café par le port de Rio de Janeiro se ressentiront à l'avenir de l'état de décadence des cultures de l'Etat de Rio et de l'ancienne région café-

____

(*) Voir statistiques pages 10 et 11.

ière de l'Etat de Minas-Geraes, dont les plantations sont déjà d'un certain âge et dont beaucoup ont été abandonnées en raison de leur faible productivité et du bas prix du café. Pour ce qui concerne l'Etat de Minas-Geraes, Etat où n'est pas appliquée la loi de limitation des plantations, il est juste de faire remarquer que l'on y continue à planter ; néanmoins, on peut dire que les cultures nouvelles ne pourront pas augmenter les prochaines récoltes brésiliennes.

Régions	Balles de 60 kgs.
Rio	3.206.400
Victoria	360.000
Bahia	189.400
Mexique et Amérique centrale	1.481.400
Colombie et Vénézuéla	921.000
Haïti	345.200
Indes occidentales	74.000
Indes orientales et Java	627.000
Afrique et Arabie	129.600
Total	7.334.000

En effet, M. l'ingénieur Carlos Prates, chargé par le Secrétaire des finances de Minas-Geraes, d'inspecter la zone méridionale de l'Etat de Minas, qu'on appelle zone de la forêt et à laquelle sont limitées les « fazendas », après un calcul très précis, municipe par municipe, de la superficie occupée par les plantations nouvelles, conclut, dans son rapport, que cette superficie n'est certainement pas supérieure à celle qu'occupent les plantations abandonnées : le nombre de caféiers de moins de trois ans peut, dit-il, être évalué à un dixième seulement du nombre total ; et il faut voir, dans ces plantations continuelles, non pas une extension des cultures, mais une conséquence de la nécessité où se trouvent les « fazendeiros » de Minas de renouveler sans cesse les plants, en raison de la nature de leurs terres et de la médiocrité de la main-d'œuvre nègre qu'ils y emploient.

Dans ces conditions, vis-à-vis du recul de la production dans l'Etat de Rio, du maintien de celle de Minas-Geraes, de l'état des plantations dans l'Amérique espagnole et de la baisse des prix, qui n'a pas engagé les planteurs des autres pays à donner plus d'extension à leurs cultures, il semble raisonnable d'admettre que, pour le quatriennat 1909 à 1912, la production moyenne de toutes les régions caféières autres que Saint Paul sera de 10 % inférieure à la moyenne des cinq dernières années et par conséquent égale à 7.000.000 de balles environ.

Si nons ajoutons ce chiffre de 7.000.000 à celui de 10.000.000, que nous avons admis pour l'Etat de Saint Paul, nous arrivons à une production mondiale annuelle de 17.000.000 de balles et à une production totale de 68.000.000 de balles pour les récoltes du prochain quatriennat 1909/1910 à 1912/1913.

Réunissant cette production totale de 68.000.000 de balles au stock de 12.000.000 de balles, que nous avons calculé devoir se trouver disponible au 30 juin 1909. nous obtenons un total général de 80.000.000 de balles. Or si, de ce total, nous déduisons la consommation du prochain quatriennat, soit 17.650.000 balles pour 1909,

18.050.000 balles pour 1910,

18.450.000 balles pour 1911

et 18.850.000 balles pour 1912,

nous arrivons à une estimation de 80.000.000 moins

73.000.000, soit 7.000.000 de balles pour le stock disponible au 1er juillet 1913. Quelle sera donc à cette époque la situation du café : production 17.000.000, consommation 18.850.000, café en magasin 7.000.000 !

Si les faits donnent raison aux valorisateurs, la crise caféière ne sera donc pas seulement, en 1912/1913, complètement résolue, mais le café verra s'ouvrir alors une nouvelle ère de prospérité.

A supposer même que les prévisions des valorisateurs ne se réalisent pas dans la mesure où ils l'espèrent, la valorisation sera-t-elle pour cela mise en danger ? Nous ne le pensons pas. En effet, la surproduction éventuelle qui pourrait se constater pour l'Etat de Saint Paul au cours des quelques années prochaines, a perdu, au point de vue de la valorisation, de son importance; la loi, qui a été votée en juillet dernier par les pouvoirs législatifs paulistes et qui frappe les exportations au-dessus d'un certain chiffre d'un droit additionnel de 20 % *ad valorem* (*), ne réglera-t-elle pas dorénavant les quantités de café exportées par le port de Santos? Cette loi, peut-on dire, constituera pour l'avenir un véritable régulateur de l'exportation pauliste dont l'excès éventuel sera forcément retenu au Brésil et ne viendra pas provoquer la baisse sur les marchés étrangers. De plus, dans les quelques années qui vont suivre, la production des autres pays ne pourra pas s'accroître ; les statistiques montrent qu'elle diminuera plutòt ; d'ailleurs, qui oserait, à l'heure actuelle, engager de grands capitaux dans la culture d'un produit dont le prix est descendu si bas?

2. — Propagande du café.

Le Gouvernement de l'Etat de Saint Paul ne s'est pas

(*) Voir page 391.

borné à retirer du marché l'excès momentané de la production, mais il a décidé aussi de travailler efficacement à augmenter la consommation du café, de faire connaître le véritable café de Saint Paul et de lutter, dans la mesure du possible, contre les fraudes, les falsifications et le renchérissement du produit par les intermédiaires. Il a donc engagé une propagande active qui n'est en somme que la conséquence logique de la valorisation, son corollaire et son complément.

L'augmentation de la consommation est, d'ailleurs, pour le Brésil, et spécialement pour l'Etat de Saint Paul, une question d'une importance capitale à laquelle se trouve liée la prospérité ultérieure de cet Etat. C'est dans ce but que le Gouvernement pauliste a organisé un *Service de propagande pour l'augmentation de la consommation du café* par décret n° 1566, du 29 janvier 1908, dont nous reproduisons ci-dessous le texte.

Décret N° 1566 du 29 Janvier 1908

Organisant le Service de propagande pour l'augmentation de la Consommation du café.

Approuvé par la loi n° 990 du 4 Juin 1906, ce décret a été mis en vigueur en exécution de l'article 20 de la loi n° 1117-A, du 27 Décembre 1907, autorisant le gouvernement à dépenser une somme de 700:000 $ 000 pour commencer la propagande du café.

CHAPITRE I.

De la Commission directrice du Service de Propagande du Café.

Article 1. Il est créé une commission annexée au Ministère de l'Agriculture, Commerce et Travaux Publics, sous le nom de « Commission Directrice du Service de Propagande du Café » qui sera chargée :

§ 1º. D'étudier les conditions des marchés de consommation du café et de proposer, au Ministère de l'Agriculture, les mesures qui lui paraîtront utiles pour augmenter cette même consommation, soit par son développement sur les marchés actuels, soit par l'ouverture de marchés nouveaux, soit par des mesures défensives contre la fraude et les falsifications.

§ 2º. D'étudier constamment tous les moyens utiles à la propagande du café, en conseillant ce qui lui paraît convenable pour mieux faire connaître les avantages de l'usage du café et les inconvénients ainsi que les préjudices causés au consommateur par l'usage de ses succédanés et imitations.

§ 3º. De faire un rapport toutes les fois qu'elle sera consultée par le Ministre de l'Agriculture sur les questions concernant le but de sa création.

§ 4º. De diviser et exercer la surintendance du service de propagande pour le développement de la consommation du café, en veillant à ce que les Sociétés ayant fait des contrats avec l'Etat donnent toute satisfaction quant à leurs engagements.

§ 5º. D'expédier les instructions pour que les surveillants fiscaux veillent à ce que les Sociétés, ayant fait un contrat avec le Service de propagande du café, remplissent le mieux possible les devoirs qui leur incombent.

§ 6º. De proposer la destitution des surveillants fiscaux auxquels se rapporte le paragraphe précédent lorsque ceux-ci cesseront de bien servir ou quand ils se montreront inaptes dans l'exercice de leurs fonctions.

§ 7º. D'organiser des expositions ambulantes de propagande qui devront parcourir les principaux marchés, exposer les produits de l'Etat, sous la direction d'un des membres de la commission, et montrer des vues cinématographiques démonstratives de notre degré d'avancement et de civilisation, de nos cultures et de nos industries.

§ 8º. D'organiser, où il le faudra, des conférences pour la propagande du café.

Article 2. La commission sera composée de quatre membres nommés par le Président de l'Etat, sur la proposition du Ministre de l'Agriculture.

§ 1º. Parmi les membres de la commission, le président et le secrétaire, qui seront désignés lors de leur nomination, resteront en permanence dans cette capitale pour l'exécution des services à la charge de la commission.

§ 2º. Les deux autres membres de la commission devront parcourir successivement les pays étrangers afin de se tenir toujours au courant du travail nécessaire à la propagande.

Article 3. Les membres de la commission auront droit à une gratification annuelle qui sera fixée par un acte spécial ; ils recevront, quand ils voyageront, en dehors des frais de transport, une indemnité quotidienne fixée par le Ministre de l'Agriculture.

Article 4. Il incombe spécialement au Président de la commission.

§ 1º. De la représenter auprès du Ministre de l'Agriculture.

§ 2º. De proposer la nomination et la destitution des employés.

§ 3º. De veiller à la régularité des travaux à la charge de la commission.

§ 4º. De donner les instructions aux membres de la direction de la commission se trouvant à l'étranger.

Article 5. Il appartient au Ministre de veiller à la régularité des travaux du bureau de la commission, dans cette capitale, en fournissant les informations, les données et les éclaircissements qui seront nécessaires.

Article 6. Pour le service des travaux de bureau ou pour la réalisation des expositions ambulantes auxquelles se réfère le paragraphe 7º de l'art. 1, les employés nécessaires seront nommés par le Ministre de l'Agriculture et leurs émoluments seront fixés par celui-ci dans l'acte de leur nomination.

CHAPITRE II.

Des conditions générales pour la concession de subvention pour la propagande du café.

Article 7. Une subvention pour la propagande du café pourra seulement être accordée aux individus ou aux entreprises qui se sousmettront aux obligations stipulées par le présent Décret.

Article 8. La subvention pourra être payée durant tout le délai accordé, qui ne dépassera jamais cinq années, soit en monnaie courante ou en produits — café — dont le prix sera fixé par le Gouvernement.

Article 9. La subvention en monnaie courante ne pourra dépasser 20 % du capital de l'entreprise contractante et la subvention en café, d'une valeur n'excédant pas le même pourcentage, ne devra pas être accordée si ce n'est après que celle en monnaie courante aura été dépensée.

Article 10. La subvention sera accordée de préférence aux entreprises qui ont un caractère national ou qui posséderont dans leur organisation des éléments producteurs nationaux.

Article 11. Les conditions pour obtenir une subvention sont les suivantes :

a) le contractant doit se sousmettre à la rigoureuse surveillance fiscale de l'Etat exercée par ses représentants ;

b) mettre en pratique tout ce qui a rapport à la propagande constante telles qu'annonces, réclames, expositions partielles, conférences et en général tous les actes tendant à ce but, et cela d'après le jugement de la commission directrice du service de propagande ;

c) organiser, dans différentes capitales et villes, qui seront choisies d'accord avec la même commission, l'installation de torréfactions modèles, avec leurs dépendances naturelles.

Article 12. Les contractants ne pourront vendre qu'avec une marque rendue authentique par une timbre officiel qu'ils ne pourront changer pendant la durée de leur contrat.

Paragraphe unique. Ils ne pourront vendre que du café de l'Etat de Sâo Paulo.

Article 13. La manière d'établir les types du café qui sera utilisé cru, torréfié, en grain ou moulu, sera soumise à l'appréciation de la commission de la direction de progagande, et un timbre officiel de l'Etat sera apposé sur ces types.

Article 14. L'usage du timbre officiel auquel se réfère l'art. 12 sera garanti exclusivement au contractant pour la zone de ses opérations pendant toute la durée de son contrat.

Paragraphe unique. Le délai étant terminé, le contractant

pourra continuer à vendre des cafés de Sào Paulo, en faisant usage de la marque qu'il aura adoptée, mais sans timbre officiel.

Article 15. La subvention accordée devra être appliquée de la façon suivante : une part aux fins indiquées à la lettre *b* de l'art. 11 et l'autre part au loyer et aux frais de magasins et bureaux, mais cette dernière part ne devra pas dépasser 30 % de la subvention mentionnée.

Article 16. Outre la subvention qui sera accordée plus spécialement aux entreprises de torréfaction, les établissements de démonstration de café moulu seront autorisés également à la demander, mais quand elles opèreront dans la sphère d'action des torréfactions les plus importantes subventionnées par le Gouvernement et tout en réservant les droits de celles-là.

Article 17. Les dispositions contraires sont révoquées.

Palais du Gouvernement de l'Etat de S. Paulo,
le 29 Janvier 1908.

Dr. Jorge Tibiriçá, Président.
Dr. Carlos J. Botelho, Secrétaire d'Agriculture.

Ce réglement de propagande prévoit donc l'allocation de primes aux entreprises qui encourageront l'augmentation de la consommation du café pauliste à l'étranger ou qui lui créeront de nouveaux débouchés. Le Gouvernement de Saint Paul a déjà conclu deux contrats, dont le premier a été signé le 16 mars 1908 avec les firmes Ed. Johnston & Cº Ltd. de Santos et Joseph Travers & Sons Ltd. de Londres, aux fins de faire la propagande dans la Grande Bretagne et l'Irlande. A cet effet, il a été institué une société « *The State of Sâo Paulo (Brasil) pure roasted Coffee Company Ltd* », à laquelle il sera accordé un subside pour une durée de cinq années. Le second contrat a été conclu, le 27 juin 1908, avec MM. Pio Millzuno et Raphael

Monteiro à qui il est accordé un subside en espèces et en cafés pour une durée de trois ans afin de faire la propagande au Japon. Le Gouvernement de Saint Paul a la ferme intention de persévérer dans cette voie et de choisir de préférence, pour exercer sa propagande, les pays où la consommation du café est limitée et où elle peut se développer sans créer une concurrence au commerce déjà établi. En ce qui concerne les autres pays, il se bornera à la publicité ordinaire.

Il faut bien remarquer que le Gouvernement pauliste n'entend pas organiser le commerce direct et officiel, mais seulement aider ceux qui désirent s'en occuper. Au sujet de cette propagande, il serait désirable de bien faire connaître aux consommateurs actuels la façon de préparer un bon café et de lui apprendre aussi à employer et à exiger de bonnes qualités.

Comme on le voit, le Gouvernement de Saint Paul fait tous ses efforts pour hâter la solution de la valorisation et pour ouvrir au café de plus grands débouchés. Mais il veut aussi lutter d'une manière systématique contre les spéculations et la fraude, car, il est passé dans l'usage, chez les intermédiaires du commerce, de qualifier de Java, Guatémala, Haïti, Moka, Porto-Rico, etc., les cafés de qualité supérieure provenant du Brésil, et de Saint Paul en particulier, et de réserver le nom de Santos aux cafés paulistes de qualité inférieure.

On constate couramment dans la pratique ces changements de nom : tel négociant, par exemple, achetait du café Santos de bonne qualité qu'il se contentait de transvaser dans des sacs ayant contenu du café Java pour le réexpédier ensuite vers la Hollande comme du Java véritable. Tel autre négociant, ayant besoin de café Porto Rico authentique, demandait simplement à son agent de

Santos de lui expédier du café Santos *Extra-Prime, very large bean, soft green or soft yellow*. Et ce sont là des faits qui se représentent très souvent. Ne pourrait-on pas, si les cafés paulistes peuvent ainsi servir à faire des cafés des autres provenances, leur rendre au moins cette justice ; et si le commerce tient absolument à leur conserver les noms de Guatémala, Java, Bourbon, Moka, etc., qu'il y ajoute, au moins, le nom du port exportateur et dire par exemple : Guatémala-Santos, Java-Santos, etc.. Ce serait sans doute le moyen d'éviter beaucoup de confusion ; mais, certaines convenances routinières ou intéressées empêcheront probablement cette réforme qui n'a pour elle que la loyauté et la logique.

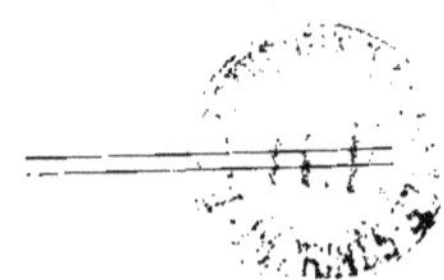

Remarque.

Le tirage de la feuille 25 (pages 385 à 400) était à peine terminé que nous parvenait la nouvelle (télégramme de Rio de Janeiro du 25 novembre 1908) que la Chambre brésilienne avait approuvé, par 97 voix contre 20, la garantie du Gouvernement fédéral pour l'emprunt de Saint Paul de £ 15.000.000. Ce vote favorable vient donc confirmer ce que nous avons dit pages 393 et 394.

APPENDICE.

STATISTIQUES DIVERSES

d'après M. E. Laneuville. Havre.

Recettes. Expéditions. Arrivages et débouchés. Stocks.
Approvisionnement. Consommation. Prix.

Recettes Intérieures de l'Etat de Saint Paul (Milliers de sacs).

1907/08	Casa Branca (env. 65 0/0 de la Mogyana)	Jundiahy (Paulista, Mogyana et Sorocabana-Ituana)	Sorocabana Bragantina Chemins de fer Central et de Saint Paul	Recettes totales à Saint Paul	Recettes à Santos	Cafés retenus à Saint Paul
Juillet	—	572	143	715	707	—
Août	—	827	67	894	896	—
Septembre . .	—	1 000	163	1.163	1.166	—
Octobre	—	1.032	269	1.301	1.296	—
Novembre. . .	—	681	182	863	871	—
Décembre . . .	—	314	205	519	520	—
Janvier	—	252	137	389	381	—
Février	—	253	78	331	337	—
Mars	—	243	76	319	330	—
Avril.	—	188	63	251	241	—
Mai	—	112	85	197	203	—
Juin	—	204	59	263	255	—
Totaux 12 mois	—	**5.678**	**1.527**	**7.205**	**7.203**	—
Contre en 1906/07	—	12.840	2.523	15.363	15.392	—
Contre en 1905/06	2.350	5.822	1.164	6.986	6.983	—
Contre en 1904/05	2.279	6.115	1.316	7.431	7.426	—

Dates de Réception des différentes fractions de la Récolte.

RIO

SAISONS	le quart	le tiers	la moitié	les deux tiers	les trois quarts
1907/08	23 Septembre	9 Octobre	13 Novembre	20 Janvier	18 Février
1906/07	24 Septembre	12 Octobre	24 Novembre	24 Janvier	6 Mars
1905/06	11 Septembre	29 Septembre	3 Novembre	21 Décembre	20 Février
1904/05	6 Septembre	21 Septembre	28 Octobre	17 Décembre	19 Janvier
1903/04	26 Août	14 Septembre	20 Octobre	11 Décembre	16 Janvier

SANTOS

SAISONS	le quart	le tiers	la moitié	les deux tiers	les trois quarts
1907/08	6 Septembre	23 Septembre	22 Octobre	26 Novembre	28 Décembre
1906/07	24 Septembre	13 Octobre	27 Novembre	14 Janvier	21 Février
1905/06	31 Août	16 Septembre	14 Octobre	17 Novembre	12 Décembre
1904/05	24 Août	6 Septembre	5 Octobre	14 Novembre	9 Décembre
1903/04	21 Août	2 Septembre	1 Octobre	5 Novembre	2 Décembre

RIO & SANTOS

SAISONS	le quart	le tiers	la moitié	les deux tiers	les trois quarts
1907 08	12 Septembre	26 Septembre	26 Octobre	9 Décembre	18 Janvier
1906/07	24 Septembre	13 Octobre	26 Novembre	16 Janvier	26 Février
1905/06	2 Septembre	20 Septembre	19 Octobre	25 Novembre	26 Décembre
1904/05	27 Août	10 Septembre	10 Octobre	22 Novembre	21 Décembre
1903/04	22 Août	5 Septembre	8 Octobre	18 Novembre	18 Décembre

I. — RIO & SANTOS.

Recettes *(Milliers de sacs).*

Saisons du 1er juillet au 30 juin.

1. — RECETTES

SAISONS	RIO					SANTOS					RIO & SANTOS				
	en Juin	%*	1er Juillet au	%*	Totales de la saison	en Juin	%*	1er Juillet au	%*	Totales de la saison	en Juin	%*	1er Juillet au	%*	Totales de la saison
1907/08 . . .	145	—	—	—	3.108	255	—	—	—	7.203	400	—	—	—	10.311
1906/07 . . .	195	5	—	—	4.234	806	5	—	—	15.392	1.001	5	—	—	19.626
1905/06 . . .	192	6	—	—	3.244	294	3	—	—	6.983	486	5	—	—	10.227
1904/05 . . .	134	5	—	—	2.542	232	3	—	—	7.426	366	4	—	—	9.968
1903/04 . . .	100	2	—	—	4.018	230	4	—	—	6.394	330	3	—	—	10.412

(*) Proportion pour cent de la récolte totale.

2. — RECETTES MENSUELLES

RIO

SAISONS	Juillet	Août	Septembre	Octobre	Novembre	Décembre	Janvier	Février	Mars	Avril	Mai	Juin
1907/08 . . .	155	299	436	496	329	231	222	269	191	156	179	145
1906/07 . . .	252	375	557	564	469	371	290	235	348	329	249	195
1905/06 . . .	248	410	442	486	378	272	139	89	139	149	300	192
1904/05 . . .	174	369	432	343	248	225	198	167	127	51	74	134
1903/04 . . .	502	59)	516	568	379	337	231	314	181	142	149	100

SANTOS

SAISONS	Juillet	Août	Septembre	Octobre	Novembre	Décembre	Janvier	Février	Mars	Avril	Mai	Juin
1907/08 . . .	707	896	1.166	1.296	871	520	381	337	330	241	203	255
1906/07 . . .	859	1.591	1.842	1.983	1.677	1.579	1.433	794	893	1.001	934	806
1905/06 . . .	668	1.128	1.198	1.179	872	508	281	227	238	220	170	294
1904/05 . . .	809	1.402	1.350	1.095	707	588	375	268	288	150	162	232
1903/04 . . .	921	1.150	1.121	968	611	424	231	187	194	177	180	230

Expéditions *(Milliers de sacs).*

II. — RIO & SANTOS.

Expéditions *(Milliers de sacs).*

Saisons du 1ᵉʳ juillet au 30 juin.

3. — EXPÉDITIONS

RIO

SAISONS	EUROPE			ÉTATS-UNIS			EUROPE & ÉTATS-UNIS		
	en Juin	1ᵉʳ Juillet au ………	Totales de la saison	en Juin	1ᵉʳ Juillet au ………	Totales de la saison	en Juin	1ᵉʳ Juillet au ………	Totales de la saison
1907/08 . . .	32	—	1.876	80	—	1.671	112	—	3.547
1906/07 . . .	30	—	1.045	71	—	2.033	101	—	3.078
1905/06 . . .	65	—	1.004	38	—	1.713	103	—	2.717
1904/05 . . .	27	—	457	32	—	1.850	59	—	2.307
1903/04 . . .	18	—	943	147	—	2.695	165	—	3.638

SANTOS

SAISONS	EUROPE			ÉTATS-UNIS			EUROPE & ÉTATS-UNIS		
	en Juin	1ᵉʳ Juillet au ………	Totales de la saison	en Juin	1ᵉʳ Juillet au ………	Totales de la saison	en Juin	1ᵉʳ Juillet au ………	Totales de la saison
1907/08 . . .	105	—	5.382	147	—	2.972	252	—	8.354
1906/07 . . .	795	—	9.869	352	—	3.852	1.147	—	13.721
1905/06 . . .	139	—	4.490	41	—	2.707	180	—	7.197
1904/05 . . .	85	—	3.270	135	—	3.818	240	—	7.088
1903/04 . . .	185	—	4.113	161	—	2.355	346	—	6.468

RIO & SANTOS

SAISONS	EUROPE			ÉTATS-UNIS			EUROPE & ÉTATS-UNIS		
	en Juin	1ᵉʳ Juillet au ………	Totales de la saison	en Juin	1ᵉʳ Juillet au ………	Totales de la saison	en Juin	1ᵉʳ Juillet au ………	Totales de la saison
1907/08 . . .	137	—	7.258	227	—	4.643	364	—	11.901
1906/07 . . .	825	—	10.914	423	—	5.885	1.248	—	16.799
1905/06 . . .	204	—	5.494	79	—	4.420	283	—	9.914
1904/05 . . .	112	—	3.727	187	—	5.668	299	—	9.395
1903/04 . . .	203	—	5.056	308	—	5.050	511	—	10.106

III. — Expéditions de Bahia, Victoria et des Indes Hollandaises.

(Milliers de sacs).

ÉPOQUES		BAHIA			VICTORIA			INDES HOLLANDAISES (Chiffres du Vereeniging voor den Koffiehandel, Amsterdam)					
		1907/08	1906/07	1905/06	1907/08	1906/07	1905/06			1907/08	1906/07	1905/06
En Juin	pour l'Europe . . .	1	5	7	1	1	3	En Juin	pour la Hollande . .	22	26	26
	pour les Etats-Unis .	—	—	—	24	28	17		pour les Etats-Unis .	—	1	—
	Europe et Etats-Unis	1	5	7	25	29	20		Hollande et Et.-Unis.	22	27	26
1er Juillet au	pour l'Europe . . .	—	—	—	—	—	—	1er Juillet au	pour la Hollande . .	—	—	—
	pour les Etats-Unis .	—	—	—	—	—	—		pour les Etats-Unis .	—	—	—
	Europe et Etats-Unis	—	—	—	—	—	=		Hollande et Et.-Unis.	—	—	—
1er Juillet au 30 Juin	pour l'Europe . . .	174	115	162	28	8	13	1er Juillet au 30 Juin	pour la Hollande . .	150	420	260
	pour les Etats-Unis .	41	20	51	452	393	388		pour les Etats-Unis .	70	19	31
	Europe et Etats-Unis	215	135	213	480	401	401		Hollande et Et.-Unis.	220	439	291

IV. — Expéditions du Brésil pendant les campagnes 1907/08, 1906/07, 1905/06 et 1904/05 (*).

Campagnes 1er juillet au 30 juin.

D'après les Manifestes publiés par la « Brazilian Review ».

(Sacs de 60 kilos.)

PORTS DE DESTINATIONS	1907/08					1907/08	1906/07	1905/06	1904/05
	Rio	Santos	Victoria	Bahia	Autres ports	Total	Total	Total	Total
Hambourg	444.340	1.930.605	19.048	29.935	2.441	2.426.369	3.329.683	1.869.348	1.579.342
Brême	503	92.223	1.000	4.855	250	98.831	159.222	88.847	42.442
Havre	450.969	1.003.978	—	86.799	12	1.541.758	2.936.269	646.443	238.135
Marseille	156.022	81.337	—	8.348	—	245.707	160.561	186.787	92.512
Bordeaux	23.059	4.714	—	5.610	—	33.383	25.577	24.439	7.020
Rotterdam	30.605	877.500	4.000	7.596	1.127	920.828	1.067.388	796.997	404.317
Trieste	225.248	554.898	750	13.186	—	794.082	916.418	807.211	576.046
Anvers	198.691	404.995	3.506	11.713	300	619.205	1.416.644	434.032	230.978
Londres.	3.931	138.308	750	251	—	143.240	348.347	117.517	126.584
Falmouth, etc., à ordre.	—	30.540	—	—	—	30.540	20.151	47.863	57.700
Copenhague	25.317	3.000	—	—	—	28.317	33.725	54.102	37.542
Barcelone	65	31.829	—	—	—	31.894	36.286	44.188	28.445
Gênes	42.018	84.172	—	10.816	—	137.006	159.707	189.507	136.795
Venise	3.250	18.098	—	3.379	—	24.727	21.303	17.040	14.710
Fiume	1.400	17.456	—	150	—	19.006	12.627	15.954	9.174
Constantinople . . .	52.841	675	—	—	—	53.516	50.526	50.413	30.108
Salonique	21.000	—	—	—	—	21.000	24.252	16.252	10.875
Smyrne.	26.288	5.626	—	—	—	31.914	26.870	41.636	31.757
Alexandrie	—	7.000	—	—	—	7.000	33.875	44.750	36.466
Algérie	63.407	—	—	—	—	63.407	45.490	41.108	31.042
Autres ports du Nord de l'Europe et de la Méditer.	116.831	95.329	1.000	6.430	1.212	220.802	251.593	223.017	71.927
Total Europe, Asie Mineure et Afrique Septentrionale.	**1.885.785**	**5.382.283**	**30.054**	**189.068**	**5.342**	**7.492.532**	**11.076.523**	**5.757.451**	**3.793.915**
New-York	1.104.714	1.893.204	305.949	40.183	662	3.344.712	4.493.810	3.248.331	4.841.152
Nouvelle Orléans. . .	566.486	1.078.590	146.550	—	—	1.791.626	1.776.639	1.507.137	1.210.148
Baltimore	—	—	—	—	—	—	28.000	80.500	107.173
Charleston	—	—	—	—	—	—	12.003	17.550	9.000
Total Etats-Unis . .	**1.671.200**	**2.971.794**	**452.499**	**40.183**	**662**	**5.136.338**	**6.310.452**	**4.853.518**	**6.167.473**
Afrique du Sud : Cap,etc.	84.533	—	—	—	—	84.533	105.483	131.500	99.203
Amérique du Sud : Rép. Argentine, etc.	119.778	101.940	—	800	17.651	240.169	209.871	214.564	162.287
Total ports étrangers	**3.761.296**	**8.456.017**	**482.553**	**230.051**	**23.655**	**12.953.572**	**17.702.329**	**10.957.033**	**10.222.878**
Cabotage	249.049	59.251	—	—	—	308.300	379.698	295.453	286.518
Expéditions totales .	**4.010.345**	**8.515.268**	**482.553**	**230.051**	**23.655**	**13.261.872**	**18.082.027**	**11.252.486**	**10.509.396**

(*) Ce tableau vient compléter ceux que nous avons reproduits pages 346 à 349.

I. — Arrivages du 1ᵉʳ Juillet au 30 Juin.

SAISONS	EUROPE (9 ports)			ETATS-UNIS			EUROPE & ETATS-UNIS		
	Brésil	Sortes Diverses(*)	Totaux	Brésil	Sortes Diverses	Totaux	Brésil	Sortes Diverses(*)	Totaux
1907/08	7.556	4.655	12.211	5.347	1.222	6.569	12.903	5.877	18.780
1906/07	9.957	4.243	14.200	5.960	1.314	7.274	15.917	5.557	21.474
1905/06	4.997	4.555	9.552	4.963	1.412	6.375	9.960	5.967	15.927
1904/05	3.450	4.480	7.930	6.422	1.331	7.753	9.872	5.811	15.683
1903/04	5.068	5.206	10.274	5.818	1.610	7.428	10.886	6.816	17.702

(*) Y compris les arrivages (Brésil et Sortes Diverses) des ports de la Statistique.

II. — Arrivages et Débouchés totaux. Réexportations,

SAISONS	ARRIVAGES TOTAUX de l'Europe (9 ports) et des Etats-Unis			DÉBOUCHÉS TOTAUX de l'Europe (9 ports et des Etats-Unis			RÉEX-PORTATIONS	ARRIVAGES RÉELS de l'Europe (9 ports) et des Etats-Unis		
	Brésil	Sortes Diverses	Totaux	Brésil	Sortes Diverses	Totaux	(Europe)	Brésil	Sortes Diverses	Totaux
1907/08	12.903	5.877	18.780	12.024	6.004	18.028	2.023	12.903	3.854	16.757
1906/07	15.917	5.557	21.474	11.929	6.165	18.094	1.984	15.917	3.573	19.490
1905/06	9.960	5.967	15.927	10.979	6.252	17.231	2.031	9.960	3.936	13.896
1904/05	9.872	5.811	15.683	10.147	5.998	16.415	1.933 (*)	9.806	3.944	13.750
1903/04	10.886	6.816	17.702	10.480	6.306	16.786	2.026 (*)	10.772	4.904	15.676

(*) Y compris 66.000 sacs Brésil expédiés d'Europe pour les Etats-Unis en 1904/05 et 114.000 sacs en 1903/04.

Débouchés du 1er Juillet au 30 Juin.

SAISONS	EUROPE (9 ports)			ETATS-UNIS			EUROPE & ETATS-UNIS		
	Brésil	Sortes Diverses(*)	Totaux	Brésil	Sortes Diverses	Totaux	Brésil	Sortes Diverses(*)	Totaux
1907/08	6.315	4.670	10.985	5.709	1.334	7.043	12.024	6.004	18.023
1906/07	6.316	4.729	11.045	5.613	1.436	7.049	11.929	6.165	18.094
1905/06	5.619	4.816	10.435	5.360	1.436	6.796	10.979	6.252	17.231
1904/05	5.134	4.607	9.741	5.283	1.391	6.674	10.417	5.998	16.415
1903/04	5.089	4.836	9.925	5.391	1.470	6.861	10.480	6.306	16.786

(*) Y compris les réexportations (Brésil et Sortes Diverses) pour les ports de la Statistique.

Arrivages et Débouchés réels du 1er Juillet au 30 Juin.

SAISONS	DÉBOUCHÉS RÉELS de l'Europe (9 ports) et des Etats-Unis.			ARRIVAGES DU BRÉSIL à Gênes, Barcelone, etc. et navires perdus	EXPÉDITIONS DU BRÉSIL Cap, République Argentine, etc. Cabotage et Consom. locale Rio et Santos	DÉBOUCHÉS RÉELS du Monde		
	Brésil	Sortes Diverses	Totaux			Brésil	Sortes Diverses	Totaux
1907/08	12.024	3.981	16.005	550	555	13.129	3.981	17.110
1906/07	11.929	4.181	16.110	521	477	12.927	4.181	17.108
1905/06	10.979	4.221	15.200	531	575	12.085	4.221	16.306
1904/05	10.351	4.131	14.482	124	601	11.376	4.131	15.507
1903/04	10.366	4.394	14.760	423	405	11.194	4.394	15.588

STATISTIQU[E]
DU SYNDICAT DU C[OMMERCE…]
Établie avec le conco[urs…]

(En mill[iers de sacs])

STOCKS — Arrivages et Débouchés du Mois

EUROPE — 9 principaux ports	1907/08 1er Juin	1907/08 Juin Arr.	1907/08 Juin Déb.	1907/08 1er Juillet	1906/07 1er Juin	1906/07 Juin Arr.	1906/07 Juin Déb.
Angleterre	549	53	53	549	530	88	95
Hambourg	2.502	178	224	2.456	2.012	237	296
Hollande	608	91	116	583	642	70	104
Anvers	1.279	43	65	1.257	829	421	49
Le Havre	3.522	109	190	3.441	2.817	405	238
Bordeaux	41	8	9	40	50	6	7
Marseille	188	13	20	181	59	13	13
Trieste	478	62	81	459	357	106	82
Brême	280	20	33	267	255	25	31
Europe — Brésil	8.300	163	431	8.032	6.290	969	468
Europe — Sortes diverses	1.147	414	360	1.201	1.261	402	447
Europe — Totaux	9.447	577	791	9.233	7.551	1.371	915
Etats-Unis — Brésil	3.167	417	382	3.202	3.624	338	398
Etats-Unis — Sortes diverses	264	70	98	236	381	91	124
Etats-Unis — Totaux	3.431	487	480	3.438	4.005	429	522
Europe et Etats-Unis — Brésil	11.467	580	813	11.234	9.914	1.367	866
Europe et Etats-Unis — Sortes diverses	1.411	484	458	1.437	1.642	493	571
Europe et Etats-Unis — Totaux	12.878	1.064	1.271	12.671	11.556	1.800	1.437

APPROVISIONNEMENT VISIBLE

	1907/08 1er Juin	1907/08 Augmentation ou Diminution pendant le mois	1907/08 1er Juillet	1906/07 1er Juin	1906/07 Augmentation ou Diminution pendant le mois
EUROPE					
Stocks	9.447		9.233	7.551	
Flottant du Brésil	190		132	960	
En charge au Brésil	17		15	85	
Flottant de Java, Sumatra, etc.	24		28	26	
» des Etats-Unis	26		14	24	
Approvisionnement visible de l'Europe	9.704	— 282	9.422	8.646	+ 282
ETATS-UNIS					
Stocks	3.431		3.438	4.005	
Flottant du Brésil	395		229	313	
En charge au Brésil	10		21	44	
Flottant de Java, Sumatra, etc.	34		28	14	
» des Etats-Unis	—		..	—	
Approvisionnement visible d. Etats-Unis	3.870	— 154	3.716	4.376	+ 7
BRÉSIL					
Stock à Rio	215		221	923	
» à Santos	748		722	2.347	
» à Bahia	52		51	58	
Stocks au Brésil	1.015	— 21	994	3.328	— 259
Approvisionnement visible du monde — Brésil	13.094	— 469	12.625	14.644	+ 109
Approvisionnement visible du monde — Sortes diverses	1.495	+ 12	1.507	1.706	— 79
Approvisionnement visible du monde — Total	14.589	— 457	14.132	16.350	+ 30
Augmentation ou Diminution du Visible depuis le 1er Juillet — Brésil	—1.659		—2.128	+ 7.154	
Augmentation ou Diminution du Visible depuis le 1er Juillet — Sortes Diverses	— 132		— 120	— 506	
Augmentation ou Diminution du Visible depuis le 1er Juillet — Total	—1.791		—2.248	+6.648	

IENSUELLE
ERCE DES CAFÉS
M. E. Laneuville

(Sacs).

1905/06				1904/05				1903/04			
1er Juin	Juin Arr.	Juin Déb.	1er Juillet	1er Juin	Juin Arr.	Juin Déb.	1er Juillet	1er Juin	Juin Arr.	Juin Déb.	1er Juillet
424	68	107	385	652	79	112	619	753	118	94	777
1.221	186	251	1.156	1.465	96	175	1.386	1.675	232	279	1.628
471	65	91	445	565	59	90	534	930	69	85	914
292	32	45	279	193	28	5	216	286	37	39	284
2.121	78	182	2.017	2.660	64	171	2.553	3.554	141	173	3.522
52	11	10	53	50	10	9	51	68	9	7	70
78	22	23	77	74	10	11	73	100	10	14	96
261	71	74	258	187	35	69	153	284	34	63	255
187	20	25	182	145	25	20	150	—	—	—	—
3.336	232	118	3.150	4.010	99	337	3.772	5.609	228	381	5.456
1.771	321	390	1.702	1.981	307	326	1.963	2.041	422	373	2.090
5.107	553	808	4.852	5.991	406	662	5.735	7.650	650	754	7.546
3.370	263	416	3.217	3.837	150	373	3.614	2.545	277	347	2.475
452	125	107	470	537	63	106	494	568	113	127	554
3.822	388	523	3.687	4.374	213	479	4.108	3.113	390	474	3.029
6.706	495	834	6.367	7.847	249	710	7.386	8.154	505	728	7.931
2.223	446	497	2.172	2.518	370	431	2.457	2.609	535	500	2.644
8.929	941	1.331	8.539	10.365	619	1.141	9.843	10.763	1.040	1.228	10.575

1905/06				1904/05				1903/04			
1er Juin	Augmentation ou Diminution pendant le mois		1er Juillet	1er Juin	Augmentation ou Diminution pendant le mois		1er Juillet	1er Juin	Augmentation ou Diminution pendant le mois		1er Juillet
5.107			4.852	5.991			5.736	7.650			7.546
291			247	131			116	231			190
9			14	2			17	21			3
28			31	40			22	31			25
16			8	8			6	14			9
5.451	—	299	5.152	6.172	—	276	5.896	7.947	—	174	7.773
3.822			3.687	4.374			4.108	3.113			3.029
239			74	129			168	253			293
10			19	22			4	74			39
1			1	2			—	25			15
—			—	—			—	—			19
4.072	—	291	3.781	4.527	—	247	4.280	3.465	—	70	3.395
230			235	145			182	600			511
401			506	855			833	638			563
33			28	31			25	28			35
664	+	105	769	1.031	+	9	1.040	1.266	—	157	1.109
7.919	—	429	7.490	9.162	—	431	8.731	9.999	—	415	9.584
2.268	—	56	2.212	2.568	—	83	2.485	2.679	+	14	2.693
10.187	—	485	9.702	11.730	—	514	11.216	12.678	—	401	12.277
— 812			— 1241	— 422			— 83	+ 322			— 93
— 217			— 273	— 125			— 208	+ 483			+ 497
— 1029			— 1514	— 547			— 1061	+ 805			+ 404

Approvisionnement visible du monde au premier de chaque mois.

(Milliers de sacs).

ÉPOQUES	1907/08			1906/07			1905/06			1904/05			1903/04		
	Brésil	Sortes Diverses	Total	Brésil	Sortes Diverses	Total	Brésil	Sortes Diverses	Total	Brésil	Sortes Diverses	Total	Brésil	Sortes Diverses	Total
1er Juillet......	14.753	1.627	**16.380**	7.490	2.212	**9.702**	8.731	2.485	**11.216**	9.584	2.693	**12.277**	9.677	2.196	**11.873**
1er Août	14.470	1.577	**16.047**	7.814	2.197	**10.011**	9.003	2.463	**11.466**	9.799	2.757	**12.556**	10.207	2.196	**12.403**
1er Septembre....	14.534	1.471	**16.005**	8.749	2.020	**10.769**	9.699	2.376	**12.075**	10.759	2.654	**13.413**	11.018	2.124	**13.142**
1er Octobre......	15.314	1.445	**16.759**	10.163	1.939	**12.102**	10.332	2.233	**12.565**	11.584	2.543	**14.127**	11.675	1.956	**13.631**
1er Novembre	15.636	1.260	**16.896**	11.374	1.785	**13.159**	10.881	2.163	**13.044**	11.908	2.422	**14.330**	12.028	1.820	**13.848**
1er Décembre.....	15.717	1.190	**16.907**	12.239	1.611	**13.850**	10.937	2.042	**12.979**	11.761	2.327	**14.088**	12.093	1.780	**13.873**
1er Janvier......	15.605	1.156	**16.761**	13.217	1.586	**14.803**	10.614	1.965	**12.579**	11.685	2.314	**13.999**	12.023	1.763	**13.786**
1er Février......	15.202	1.128	**16.330**	13.574	1.587	**15.161**	9.959	1.933	**11.892**	11.358	2.262	**13.620**	11.427	1.889	**13.316**
1er Mars	14.838	1.174	**16.012**	13.738	1.545	**15.283**	9.418	1.902	**11.320**	10.976	2.272	**13.248**	11.189	2.038	**13.227**
1er Avril.......	14.187	1.272	**15.459**	14.026	1.534	**15.560**	8.757	2.028	**10.785**	10.525	2.430	**12.955**	10.751	2.168	**12.919**
1er Mai.........	13.498	1.460	**14.958**	14.428	1.733	**16.161**	8.308	2.154	**10.462**	9.874	2.435	**12.309**	10.362	2.445	**12.807**
1er Juin	13.094	1.495	**14.589**	14.644	1.706	**16.350**	7.919	2.268	**10.187**	9.162	2.568	**11.730**	9.999	2.679	**12.678**
30 Juin.........	12.625	1.507	**14.132**	14.753	1.627	**16.380**	7.490	2.212	**9.702**	8.731	2.485	**11.216**	9.584	2.693	**12.277**
Augmentation ou Diminution pendant la Campagne	—2128	— 120	— **2248**	+7263	— 585	+ **6678**	—1241	— 273	— **1514**	— 853	— 208	— **1.061**	— 93	+ 497	+ **404**

Cours de Clôture à Terme au Havre, New-York, Hambourg et Londres.

MOIS	HAVRE EN FRANCS PAR 50 KGS		NEW-YORK EN CENTS PAR LIVRE		HAMBOURG EN PFENNIGE PAR 1/2 KG. OU EN MARKS PAR 5o KGS.		LONDRES EN SHILLINGS PAR CWT DE 5o 3/4 KGS.	
	31 Mai 1908	30 Juin 1908	31 mai 1908	30 Juin 1908	31 Mai 1908	30 Juin 1908	31 Mai 1908	30 Juin 1908
Juillet 1908	42.75	42.00	6.15	6.00	32.» »	30.1/2	29/3	28/7 1/2
Septembre 1908 . . .	42.25	41.75	6.10	6.00	32.»/»	31.»/»	29/7 1/2	28/10 1/2
Décembre 1908 . . .	41.50	41.00	6.05	5.95	31.3/4	31.»/»	29/10 1/2	29/6
Mars 1909	41.00	40.50	6.10	6.00	32.»/»	31.1·4	30/1 1 2	29/10 1/2

Le café se cote en Hollande en centen par 1/2 kg..

Change, Cours et Stocks du BRESIL.

DATES	Change Deniers par mil réis	RIO N.-Y. Type 7 (Droits d'exportation compris) PAR 1O KGS.	SANTOS Type 7 (*) PAR 1O KGS.	SANTOS G.-A.(*) C. & F. SHS	SANTOS G.-A.(*) PARITÉ EN FRANCS Conditions du Havre	STOCK Balles de 60 kilogrammes RIO	STOCK Balles de 60 kilogrammes SANTOS	STOCK Balles de 60 kilogrammes RIO & SANTOS
31 Mai 1908.	15 3/16	3 $ 600	3 $ 500	—	—	215.000	748.000	963.000
30 Juin 1908	15 3/16	3 $ 600	3 $ 450	—	—	221.000	722.000	943.000
Contre 30 Juin 1907 . .	15 1/4	3 $ 225	2 $ 600	—	—	958.000	2.055.000	3.013.000
» 30 Juin 1906 . .	16 29/32	4 $ 500	—	38/6	50.50	235.(00	506.000	741.000
» 30 Juin 1905 . .	16 13/32	4 $ 550	—	37/»	48.75	182.000	833.000	1.015.000
» 30 Juin 1904 . .	12 9/32	5 $ 775	—	35/»	46.—	511.000	563.000	1.074.000
» 30 Juin 1903 . .	12 1/8	4 $ 025	—	25/6	33.75	505.000	659.000	1.164.000

(*) Avant le 31 Janvier 1907 c'est le Santos Good Average, G.-A., qui était coté.

SAISONS du 1er Juillet au 30 Juin	PRODUCTION						
	Brésil					Exportation des autres pays pour l'Europe et les Et. Unis	Production totale
	Rio (Recettes)	Santos (Recettes)	Total Rio et Santos	Bahia et Victoria	Totaux Brésil		
1850/51 à 1859/60	2.200	300	2.500	50	2.550	2.345	4.895
1860/61 à 1869/70	2.385	450	2.835	95	2.930	3.040	5.970
1870/71 à 1879/80	2.850	825	3.675	140	3.785	3.925	7.710
1880/81 à 1889/90	3.605	1.868	5.473	155	5.628	4.324	9.952
1890/91 à 1894/95	2.879	3.098	5.977	429	6.406	4.327	10.733
1895/96 à 1899/00	3.347	5.127	8.474	581	9.055	4.523	13.578
1900/01 à 1904/05	3.760	8.061	11.821	579	12.400	3.993	16.393
1905/06 à 1909/10	—	—	—	—	—	—	—
1895/96	2.400	3.090	5.490	515	6.005	4.390	10.395
1896/97	3.580	5.100	8.680	635	9.315	4.600	13.915
1897/98	4.300	6.160	10.460	750	11.210	4.840	16.050
1898/99	3.190	5.580	8.770	550	9.320	4.405	13.725
1899/00	3.265	5.705	8.970	455	9.425	4.380	13.805
1900/01	2.930	7.970	10.900	385	11.285	3.785	15.070
1901/02	5.330	10.165	15.495	650	16.145	3.645	19.790
1902/03	3.975	8.350	12.325	620	12.945	3.720	16.665
1903/04	4.020	6.395	10.415	686	11.101	4.891	15.992
1904/05	2.542	7.426	9.968	555	10.523	3.923	14.446
1905/06	3.244	6.983	10.227	617	10.844	3.948	14.792
1906/07	4.234	15.392	19.620	564	20.190	3.596	23.786
1907/08	3.108	7.203	10.311	690	11.001	3.861	14.862
1908/09							
1909/10							

(1) Réexportations entre ports de la Statistique déduites. Y compris les expéditions du Brésil pour les ports en dehors et Santos. (2) A partir de 1907/08 : Santos n° 7.

NEMENT VISIBLE ET PRIX DEPUIS 1850.

saison de 1895/96 à 1907/08 (Milliers de sacs).

Juillet au 30 Juin.

Débouchés réels du Monde (1)			Approvisionnement visible du Monde au 30 Juin			Prix moyen du G.-A. en Mil Réis (2)	Change moyen	Prix moyen du G. A. au Havre et du Mois
Cafés Brésil	Sortes diverses	Totaux	Cafés Brésil	Sortes diverses	Total	plus bas - plus haut	plus bas - plus haut	plus bas - plus haut
—	—	4.825	—	—	—	—	—	52 40—73
—	—	5.950	—	—	—	—	—	74 48—86
—	—	7.650	—	—	—	—	—	93 52—148
—	—	10.012	—	—	2.435	4$950 2$800—9$950	22 1/2 17 5/8—28 1/4	70 41—123
—	—	10.608	1.812	1.248	3.060	12$200 6$200—18$000	13 1/4 9 1/8—24 1/4	97 79—132
8.699	4.345	13.044	3.593	2.136	5.729	9$700 5$700—15$800	8 1/4 5 5/8—11 1/4	52 31—96
11.372	3.923	15.295	8.731	2.485	11.216	4—950 3$600—7$800	12 9 3/4—17	39 1/2 29 1/2—56
—	—	—	—	—	—	...	...	—
6.546	4.420	10.966	1.271	1.218	2.489	14$200 11$000—15$800	9 3/4 8 1/2—11 1/4	87 71—96
7.997	4.430	12.427	2.589	1.388	3.977	10$700 9$000—13$400	8 1/2 7 1/2—9 7/8	58 43—70
10.099	4.483	14.582	3.700	1.745	5.445	8$550 7$200—10$200	7 5 5/8 — 7 7/8	39 33—48
8.935	4.059	12.994	4.085	2.091	6.176	7$300 6$400—8$500	7 5/8 6 3/4 — 8 3/4	36 33—40
9.917	4.335	14.252	3.593	2.136	5.729	7$800 5$700—9$600	8 7 1/8—11 1/4	39 31—48
10.134	3.831	13.965	4.744	2.090	6.834	5$850 4$000—7$800	11 9 3/4 — 14 1/2	42 1/2 35—56
11.502	3.817	15.319	9.387	1.918	11.305	4$650 3$900—5$800	11 3/4 9 3/4 — 12 3/4	38 33—49
12.655	3.442	16.097	9.677	2.196	11.873	4$200 3$600—5$100	12 11 5/8 — 12 3/4	34 30—39
11.194	4.394	15.588	9.584	2.693	12.277	4$900 3$600—6$700	12 1/8 11 7/8 — 12 1/2	38 1/2 29 1/2 — 49 3/4
11.376	4.131	15.507	8.731	2.485	11.216	5$150 3$900—6$000	13 3/4 12—17	45 40 1/4—50 1/2
12.085	4.221	16.306	7.490	2.212	9.702	4$250 4$000—4$700	16 1/2 14 3/4 — 18 1/8	47 43 1/2—49 1/4
12.927	4.181	17.108	14.753	1.627	16.380	non coté	15 3/4 15 1/4—17	41 1/2 34 3/4—49 1/2
13.129	3.981	17.110	12.625	1.507	14.132	3$450 2$550—3$700	15 1/4 15 3/16—15 5/16	41 1/2 35 1/4—45

de la Statistique (la Méditerranée, le Cap, la Rép. Argentine, etc.), le cabotage brésilien et la consommation locale de Rio

PAYS	1881 85	1886 90	1891 95	1896 00	1901	1902	190[3]
Allemagne . . . . (1)	1.795	1.840	1.980	2.355	2.750	2.740	
France . . . . (1)	1.065	1.065	1.130	1.265	1.350	1.375	
Autriche-Hongrie . . . . . . (1)	565	555	585	665	715	700	
Hollande . . . . (4)	450	450	500	580	625	625	
Belgique . . . . (2)	430	380	405	480	545	550	
Suède . . . . (3)	250	250	275	430	510	435	
Russie d'Europe. . . . . . (3)	175	140	145	230	250	260	
Italie. . . . . (1)	240	215	205	215	255	260	
Grande Bretagne . . . . . (1)	230	215	200	205	265	235	
Norvège. . . . . (3)	130	125	140	180	190	205	
Danemark. . . . . (3)	110	85	100	135	205	215	
Suisse . . . . (1)	150	130	135	160	145	135	
Espagne. . . . . (3)	65	60	80	85	125	120	
Portugal . . . . (1)	40	40	35	40	45	45	
Grèce, Roumanie, Serbie, Bulgarie et Roumélie Orientale . . . (3)	70	70	75	85	90	95	
Turquie d'Europe et d'Asie. . . (3)	200	145	150	160	170	180	
Algérie . . . . (1)	55	65	65	75	90	100	
Egypte et autres pays de l'Afrique du Nord . . . . (3)	30	25	30	35	45	50	
Europe et Méditerranée	**6.050**	**5 855**	**6.235**	**7.380**	**8.370**	**8.325**	9[…]
États-Unis (Livraisons)	**3.505**	**3.580**	**4.320**	**5.510**	**6.730**	**6.460**	7[…]
Cap, Argentine, etc. et Ports brésiliens	205	175	280	360	380	420	
TOTAUX MONDE	**9.760**	**9.610**	**10.835**	**13.250**	**15.480**	**15.205**	16[…]

(1) Acquittements. — (2) Acquittements jusqu'en 1903. Estimations à partir de 1904. — (3) Importations. — (4) Estimations. [...]
62 kil. 50'. Le fort excédent dans les chiffres de consommation en 1903 et la diminution en 1904, proviennent en grande parti[e...]

...MATION.

...les importations officielles.

Décembre (Milliers de Sacs).

	1903	1904	1905	1906	1907	Accroissement moyen annuel depuis 1901 (*)	Consommation par tête d'habitant en 1907	Droits Francs par 100 kil.
	2.920	2.895	2.885	2.960	3.050	1 ¾ %	3 kil. 05	49.50
	1.785	1.220	1.455	1.550	1.625	3 ¼ »	2 » 60	136.00
	740	780	755	835	840	2 ¾ »	1 » 15	92.50
	650	650	650	650	650	¾ »	7 » 50	exempts
	490	575	550	560	560	½ »	4 » 90	exempts
	480	475	500	585	510	—	5 » 75	16.75
	240	265	285	285	305	3 ½ »	0 » 15	95.50
	270	275	300	325	345	4 ½ »	0 » 60	130.00
	220	210	210	215	215	—	0 » 30	35.00
	210	220	190	215	210	1 ½ »	5 » 05	41.50
	260	240	260	270	270	4 ½ »	6 » 00	23.50
	170	155	145	175	180	4 »	3 » 40	2.00
	125	140	180	215	190	7 »	0 » 60	140.00
	50	50	50	50	50	2 »	0 » 60	100.00
	100	95	100	90	95	1 »	0 » 40	25 à 78
	195	190	195	210	205	3 »	0 » 95	8 % ad.val.
	115	85	100	120	120	5 »	1 » 45	31 20
	55	55	60	60	60	4 »	0 » 20	8 % ad.val.
	9.075	**8.575**	**8.860**	**9.370**	**9.480**	2 »	—	..
	7.040	**6.890**	**6.425**	**7.040**	**6.980**	½ »	4 » 75	exempts
	410	485	730	435	485	3 ½ »	—	—
	16.525	**15.950**	**16.015**	**16.845**	**16.945**	1 ½ »	—	—

— Les acquittements étant donnés en tonnes, nous les avons réduits en sacs, à raison de 16 sacs par tonne (poids moyen du sac des acquittements en France, en 1903, en prévision d'une augmentation éventuelle des droits.

(*) Voir remarque page suivante.

Remarque relative à la Consommation.

D'après les statistiques qui précèdent l'augmentation moyenne annuelle de la consommation mondiale du café n'est que de $1\frac{1}{2}$ °/₀ de 1901 à 1907.

Pour se faire une idée plus exacte de cette augmentation de la consommation, il serait préférable de prendre deux périodes éloignées et de comparer, par exemple, tout en se servant des chiffres du tableau précédent, la moyenne annuelle de la période quinquennale 1903/1907 à celle de la période correspondante 1896/1900.

Consommation moyenne annuelle.

PÉRIODES	Balles de 60 kgs.
1903 à 1907	16.456.000
1896 à 1900	13.250.000
Augmentation	3.206.000

Dans l'intervalle compris entre les années 1900 et 1907 la consommation moyenne a donc augmenté de 3.206.000 balles ce qui fait 458.000 balles par année.

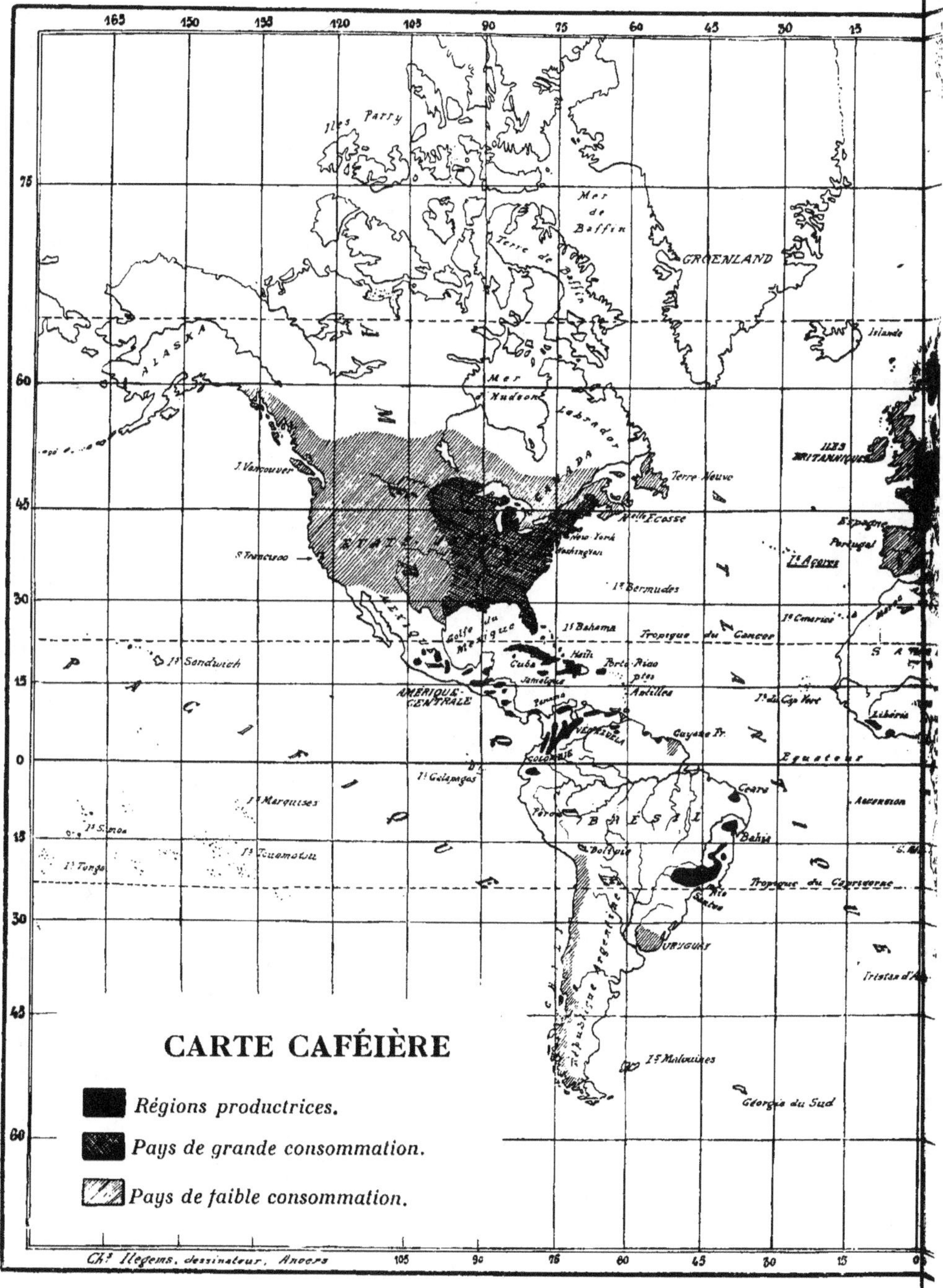

CARTE CAFÉIÈRE

■ *Régions productrices.*

▨ *Pays de grande consommation.*

▧ *Pays de faible consommation.*

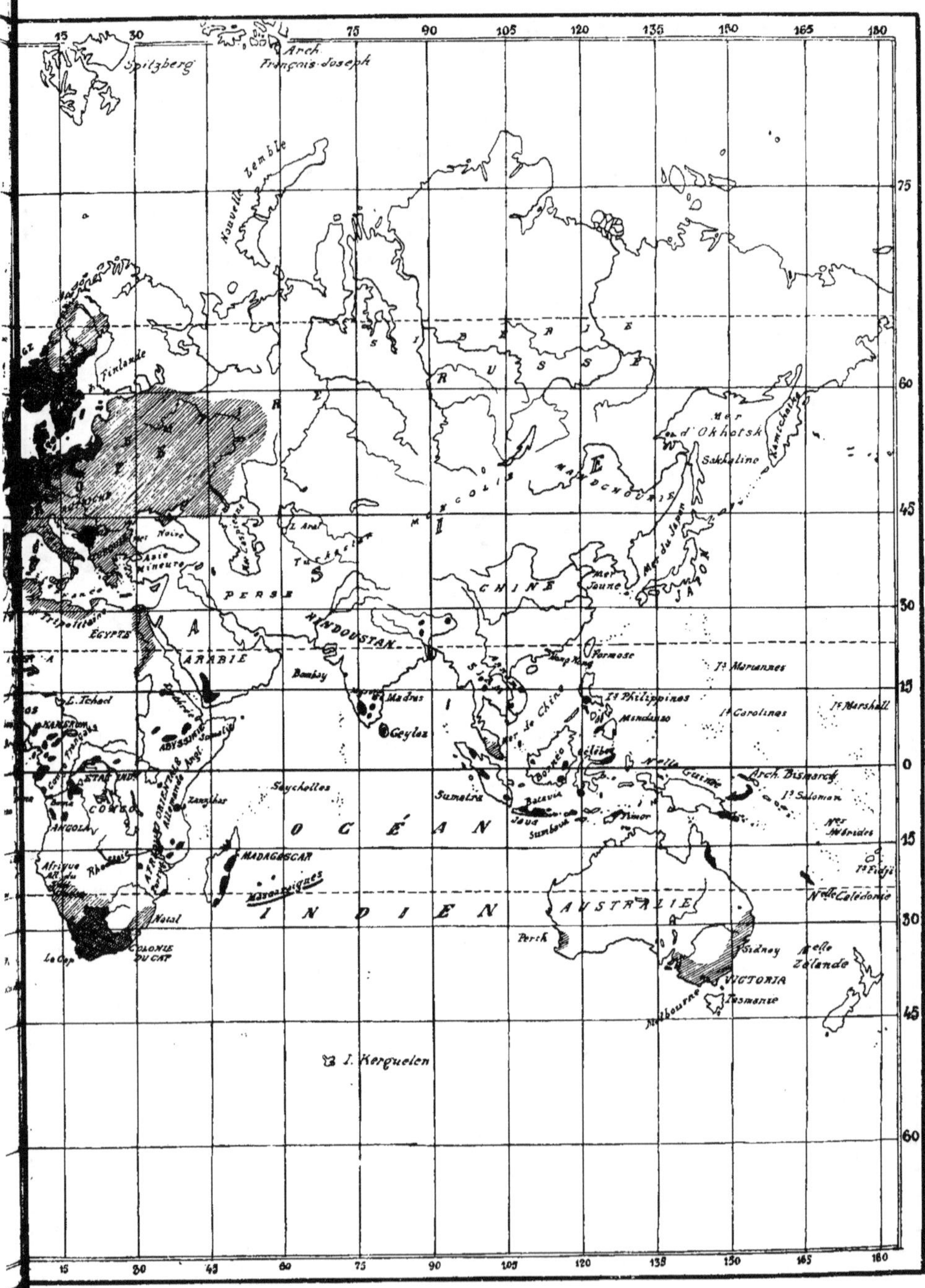

Spitzberg
Arch.
François-Joseph
Nouvelle Zemble
Finlande
SIBÉRIE
RUSSIE
Mer d'Okhotsk
Kamtchatka
Sakhaline
MANDCHOURIE
Mer Noire
Asie Mineure
L. Aral
Turkestan
CHINE
Mer du Japon
JAPON
Mer Jaune
Tripolitaine
ÉGYPTE
PERSE
ARABIE
HINDOUSTAN
Bombay
Madras
Ceylan
Hong Kong
Formose
Is Marianncs
Is Philippines
Mindanao
Is Carolines
Is Marshall
L. Tchad
KALAHARI
ABYSSINIE
AFR. ORIENTALE Angl.
Mer de Chine
Bornéo
Célèbes
N'elle Guinée
Arch. Bismarck
Is Salomon
AFR. OCC.
CONGO
ANGOLA
Zanzibar
Seychelles
Sumatra
Batavia
Java
Sumbava
Timor
Nces Hébrides
Afrique
Rhodesia
AFR. OR. ANGL.
MADAGASCAR
Mayotte
Is Fidji
Natal
N'elle Calédonie
Le Cap
COLONIE
DU CAP
OCÉAN
INDIEN
AUSTRALIE
Perth
Sidney
N'elle
Zélande
VICTORIA
Melbourne
Tasmanie
I. Kerguelen

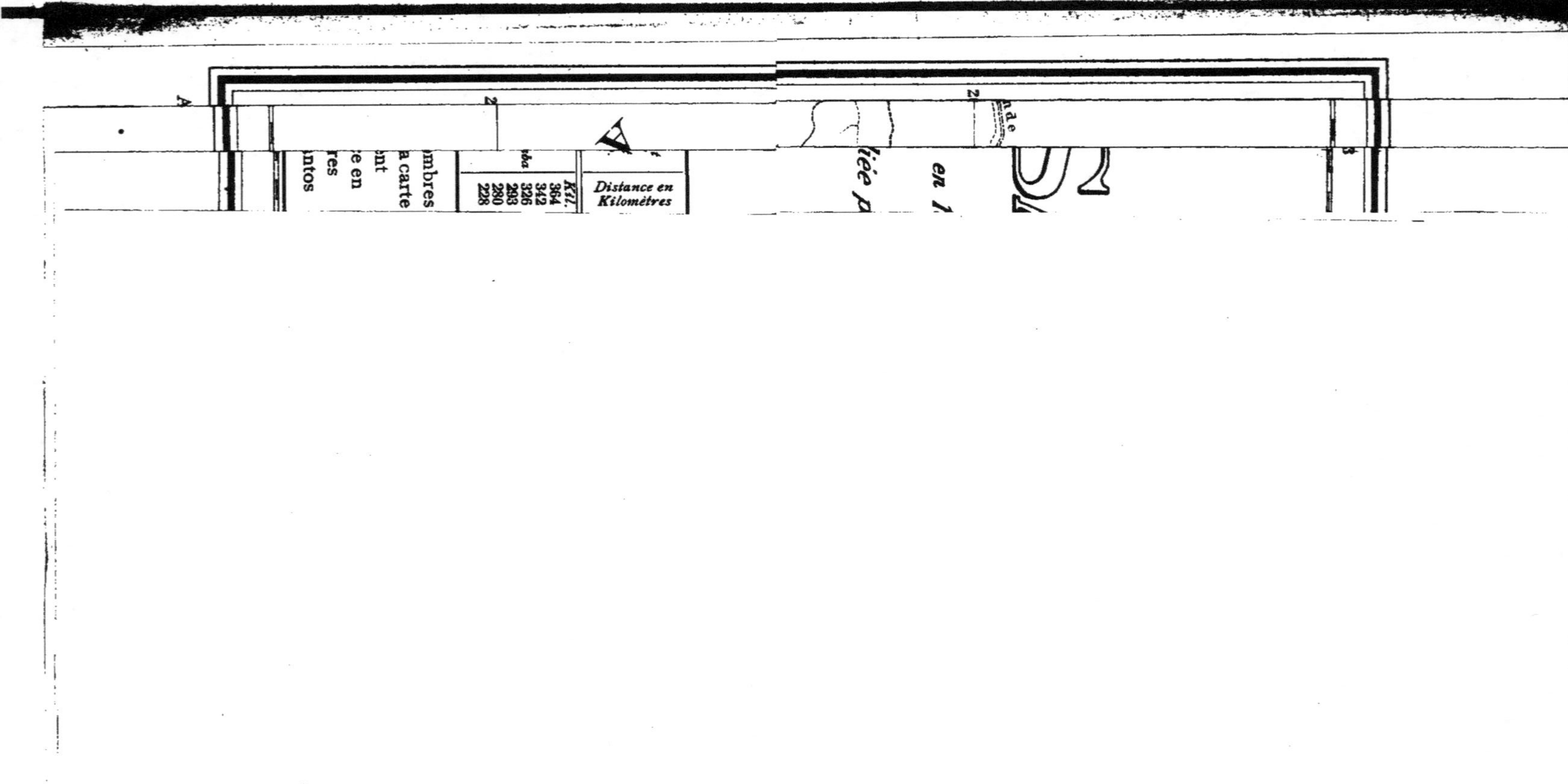

Distance en
Kilomètres
Kil.
364
342
326
293
280
228
en 1
liée p

A SUPPRIMER

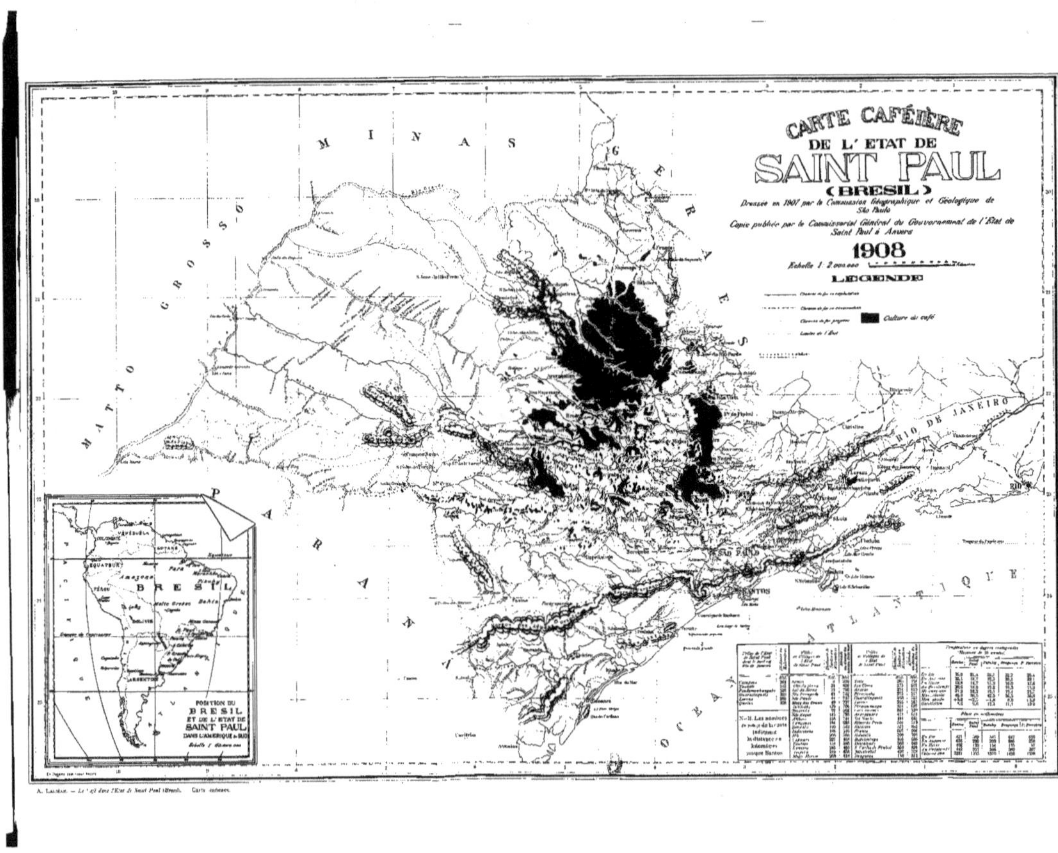

CARTE CAFÉIÈRE
DE L'ETAT DE
SAINT PAUL
(BRESIL)
Dressée en 1907 par la Commission Géographique et Géologique de São Paulo
Copie publiée par le Commissariat Général du Gouvernement de l'Etat de Saint Paul à Anvers
1908
Echelle 1 : 2 000 000
LEGENDE
MINAS GERAES
MATTO GROSSO
PARANA
RIO DE JANEIRO
OCEAN ATLANTIQUE
POSITION DU BRESIL ET DE L'ETAT DE SAINT PAUL DANS L'AMERIQUE DU SUD
BRESIL

L'

BF
Gêne
int
de la
mits
rêts

...E AGRICOLE
...L'ETAT DE
...T PAUL
...BRESIL)

...Général du Gouvernement de l'Etat de
...int Paul à Anvers.

...le la Commission Géographique et Géologique
...mitation des zones culturales a été faite d'après
...rétariat d'Agriculture de São Paulo de 1902

...lles ...lages de ...Etat ...int Paul	Distance de Santos en Kilomètres	Altitude au-dessous du niveau de la mer
	Kil.	Mét.
	265	498
...ro	273	612
	274	616
...aba	273	517
...nguetá	203	527
	216	537
...munga	324	637
...ranca	357	720
...uara	401	651
...do	444	635
...o Preto	504	519
...s	551	883
	607	996
...á	390	769
...singa	306	636
...ado	363	649
...os do Pinhal	350	829
...nbal	497	578
...ça	180	815

Température en degrés centigrades
(Moyenne de 10 années)

	Santos	Saint Paul	Tatuhy	Bragança	P. Ferreira
En Eté	25,0	21,4	22,7	22,2	25,4
En Automne	23,1	18,7	19,3	20,1	22,1
En Hiver	18,8	14,7	15,3	16,0	17,6
Au Printemps	20,6	18,0	19,2	19,3	21,9
Moyenne ann.	21,9	18,2	19,1	19,4	21,7
Max. absolu	40.0	38,5	42,5	36,5	35,0
Min. absolu	+5,0	—2,5	—1,8	0,0	+3,0
Oscillation	8,6	9,6	12,3	11,1	10,2

Pluie en millimètres

	Santos	Saint Paul	Tatuhy	Bragança	P. Ferreira
En Eté	851	569	587	647	616
En Automne	636	290	292	605	258
En Hiver	402	139	154	115	57
Au Printemps	442	317	346	389	307
Colonne ann.	2331	1315	1379	1456	1238

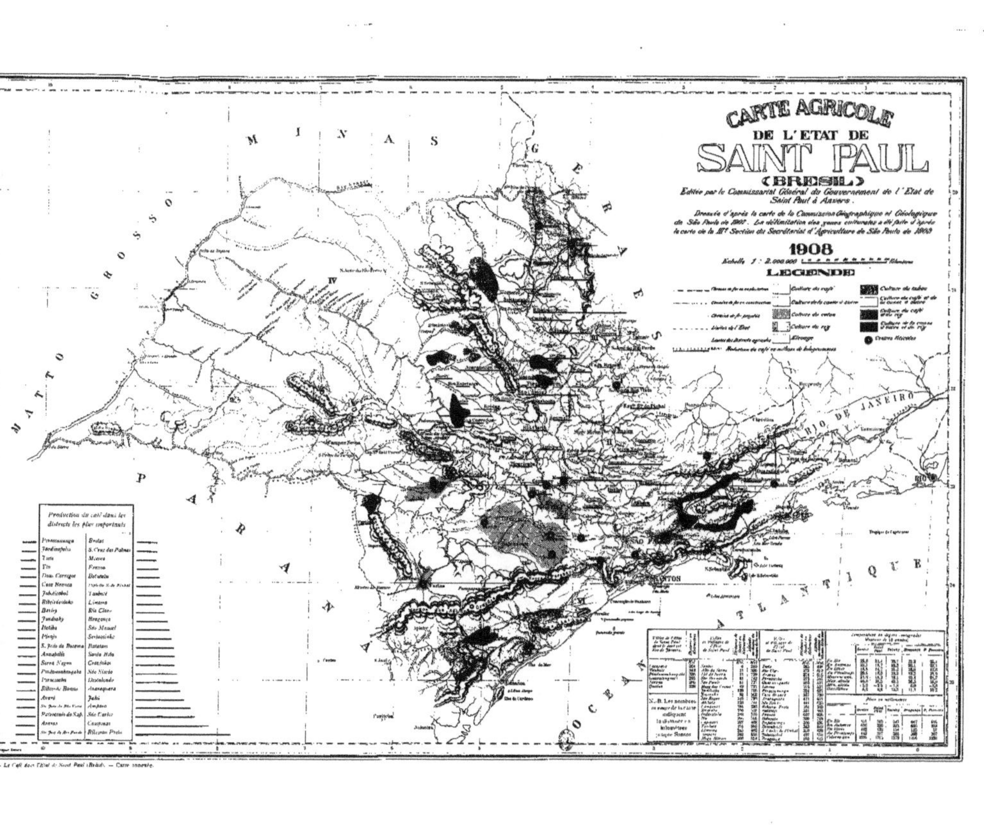

CARTE AGRICOLE
DE L'ETAT DE
SAINT PAUL
(BRESIL)
Editée par le Commissariat Général du Gouvernement de l'Etat de Saint Paul à Anvers.
Dressée d'après la carte de la Commission Géographique et Géologique de São Paulo de 1900. La délimitation des zones cultivées a été faite d'après la carte de la IIIe Section du Secrétariat d'Agriculture de São Paulo de 1903
1908
Echelle 1 : 2.000.000
LEGENDE
MINAS GERAES
MATTO GROSSO
PARANA
RIO DE JANEIRO
OCEAN ATLANTIQUE

Imprimerie
J.-E. BUSCHMANN
Anvers

—

Clichés de la maison
VAN DER VEN & SANO
Anvers